机械设计基础实训指南

（第3版）

主　编　徐起贺　武正权　程鹏飞

副主编　徐文博　孟凡净

北京理工大学出版社

BEIJING INSTITUTE OF TECHNOLOGY PRESS

内容简介

本书是根据教育部制定的普通高等工科教育“机械设计基础课程教学基本要求”，结合近年来普通高等工科院校实验及课程教学改革的成果编写而成。在内容安排上体现了普通高等工科教育应用型的特色，适应了当前教学改革的需要，是与普通高等工科院校机械设计基础课程配套使用的学习与实验教材。

全书共包括两大部分，第一篇为机械设计基础实训指南，由20个实验组成，包括机械原理实验、机械设计实验、机械创新设计实验等。每个实验都编写了实验目的、实验设备、实验原理、实验步骤及注意事项，并附有实验报告与思考题，可指导学生顺利完成实验工作。激发学生的创新意识，强化学生工程实践能力的培养。第二篇为机械设计基础学习指南，针对机械设计基础教材各章的主要内容，有针对性地编写了一些典型例题分析、基本知识测试及答案以及机械设计基础试卷及解答，为本课程基本知识的学习和重点内容的掌握提供了良好的方法和指导。

本书可作为普通高等工科院校及高职高专院校机械类及近机械类专业学生学习机械设计基础课程的辅助教材，也可供有关专业师生及工程技术人员参考。

图书在版编目（CIP）数据

机械设计基础实训指南/徐起贺，武正权，程鹏飞主编. —3版. —北京：北京理工大学出版社，2019. 11

ISBN 978-7-5682-7489-0

Ⅰ. ①机…　Ⅱ. ①徐…②武…③程…　Ⅲ. ①机械设计-高等职业教育-教学参考资料　Ⅳ. ①TH122

中国版本图书馆CIP数据核字（2019）第188607号

出版发行／北京理工大学出版社有限责任公司
社　　址／北京市海淀区中关村南大街5号
邮　　编／100081
电　　话／(010)68914775(总编室)
　　　　　(010)82562903(教材售后服务热线)
　　　　　(010)68948351(其他图书服务热线)
网　　址／http://www.bitpress.com.cn
经　　销／全国各地新华书店
印　　刷／三河市天利华印刷装订有限公司
开　　本／787毫米×1092毫米　1/16
印　　张／16.5
字　　数／388千字
版　　次／2019年11月第3版　2019年11月第1次印刷
定　　价／46.00元

责任编辑／高　芳
文案编辑／高　芳
责任校对／周瑞红
责任印制／李志强

图书出现印装质量问题，请拨打售后服务热线，本社负责调换

前　言

机械设计基础课程是我国普通高等工科院校机械类、近机械类专业的技术基础课，主要由机械原理和机械设计课程的内容有机地融合在一起而组成。而机械设计基础课程实验是机械设计基础课程教学中一个十分重要的实践性教学环节。通过实验教学使学生了解机械的工作原理及具体结构，了解机械零部件在各类机械中的功用及性能，便于加深学生对课程理论教学内容的理解，巩固该课程所学的基本知识，为学生今后在生产实际中设计、制造和维修机械设备提供必要的基础。

本书根据教育部制定的普通高等工科教育“机械设计基础课程教学基本要求”，结合近年来普通高等工科院校机械设计基础实验及课程教学改革的成果编写而成。全书共包括两大部分，第一篇为机械设计基础实训指南部分，由20个实验所组成，包括机械原理实验、机械设计实验、机械创新设计实验等。每个实验都编写了实验目的、实验设备、实验原理、实验步骤及注意事项，并附有实验报告与思考题，可指导学生顺利完成实验工作。激发了学生的创新意识，强化了学生工程实践能力的培养。第二篇为机械设计基础学习指南部分，针对机械设计基础教材各章的主要内容，有针对性地编写了一些典型例题进行了分析解答，以帮助学生掌握正确的解题思路和方法；同时针对教材的基本内容，编写了一些基本知识测试题及机械设计基础试卷，并给出了全部解答。使学生能够自己检查对基本内容的掌握程度，并发现学习中存在的问题，为本课程基本知识的学习和重点内容的掌握提供了良好的方法和指导。

本书可作为普通高等工科院校及高职高专院校机械类及近机械类专业机械设计基础课程的实验及学习指导教材，也可供相关专业工程技术人员参考。本书与河南工学院徐起贺主编的“机械设计基础”“机械设计课程设计”教材，构成一套完整的机械设计基础课堂教学、课程设计与课程实验体系。

本书主要有以下特点：

（1）本书中不仅介绍了实验大纲规定的基本实验项目，还介绍了包括设计性、综合性和应用性等提高性实验项目。任课教师可根据教学需要选择合适的实验项目进行实验。

（2）根据教育部关于加强学生创新能力和实践动手能力培养的要求，本书增加了创新实验和设计性实验项目，为提高学生的创新能力和工程实践能力打下了良好的基础，有利于课外科技创新活动的开展。

（3）全书力求概念准确、层次清晰、内容规范，对每个实验的目的、设备、实验原理、实验操作步骤及注意事项叙述清楚，简明易懂，具有良好的可读性和可操作性，便于学生预习。

（4）针对机械设计基础教材各章的内容，有针对性地编写了一些典型例题分析、基本知识测试及答案以及机械设计基础试卷及解答，为本课程基本知识的学习和重点内容的掌握提供了良好的方法和指导。

（5）此外，本书尽量引用较新的国家标准、规范，并采用国家标准规定的各种术语和符号。

参加本书编写的同志有：河南工学院孟凡净（实验 1、实验 2）、武正权（实验 3、实验 4、实验 19、实验 20），程鹏飞（实验 5、实验 15、实验 16），徐文博（实验 8、实验 9、实验 17、实验 18）、康玉辉（实验 14），本书其他部分由河南工学院徐起贺等编写。全书由徐起贺、武正权、程鹏飞担任主编，由孟凡净、徐文博担任副主编，并由徐起贺同志负责统稿工作。

本书承郑州大学秦东晨教授和国家级教学名师杨占尧教授精心审阅，对本书的编写提出了许多宝贵的意见和建议，对提高本书的编写质量给予了很大帮助，编者在此表示衷心的感谢。在本书的编写过程中，参考了书后所列的参考文献，在此我们向各参考文献的作者表示衷心的感谢。本书的编写得到了现代机械设计系列课程教学团队全体成员的大力支持和帮助，在此谨向他们表示衷心的感谢。

随着面向 21 世纪教学改革的不断深入及教学内容的不断充实和完善，本书必将成为一本适应 21 世纪培养机械工程技术应用型人才需要的机械设计基础实验及学习指导教材。由于编者水平所限和编写时间仓促，误漏欠妥之处在所难免，恳请广大教师、读者给予批评指正。

编　者

目 录

第一篇 机械设计基础实训指南

第二篇 机械设计基础学习指南

第一篇

机械设计基础实训指南

绪　论

0.1　机械设计基础实验教学的重要性及其意义

实验就是根据某种研究的目的，运用一定的物质手段（实验仪器、设备等），主动干预或控制研究对象，在典型环境中或特定条件下，为检验某种科学理论或假设而进行的一种探索活动。实验的目的是获得实验要素中相互联系、相互作用的结果，以便为人们利用其中有利的一面，避免不利的一面，从而推动科学技术的发展，造福于人类社会。因此，科学实验是人们正确认识客观世界、开展科学研究的主要途径，是获取客观事实的基本方法，是获得创造性成果的一种创造智慧。

实验是科技创新的重要手段，在现代科技创新中运用实验手段具有非常重要的意义。据统计，20 世纪获得诺贝尔物理学奖的项目，其中 60%都与新的实验手段的运用有关。科学发现离不开实验，几乎所有的科学发现成果都是“实验的女儿”。在技术发明中，许多新设想、新方案只有经过实验（试验）这种手段的检验，才能得到完善和认可。

在高等学校的教学过程中，实验教学是必不可少的重要实践环节。培养学生掌握科学实验的基本方法和技能，提高学生的动手能力和创新能力，是实验教学的基本目标，对于培养具有创新精神与实践能力的高等技术应用型人才具有十分重要的意义。机械设计基础实验，是以培养学生掌握机械学科实验基本方法和技能为价值取向的实践教学活动，是培养高素质机械类专门人才的重要手段。实验的目的在于培养学生认识机械、掌握机构运动简图的绘制方法、了解实验设备、明白实验原理、掌握对机械作参数测试的手段，使学生从实验中理解理论的价值，从实践中发现实验结果与理论计算异同的原因，进而促进学生创新意识与实践能力的提高。因此不断提高实验教学效果，确保实验教学质量，是机械设计基础实验教学改革的重要课题。

在传统的机械设计基础教学观念中，实验教学仅被看作是理论教学的附庸，实验的目的仅仅是验证书本理论。实验内容基本是验证型的，缺乏设计性、综合性和研究性实验内容，学生不能从中获得探求未知和开拓创新的能力。实验设备陈旧，实验手段落后，不能反映当代实验技术的发展。实验台套数少，实验过程中学生参与动手的机会少，成绩不能反映学生的实验能力和水平。实验教学方法也是以教师为主体，学生被动地接受实验，缺乏主观能动性和独立思考，更无从培养创新能力。由此，导致实验本身缺乏吸引力，从而挫伤学生进行实验的积极性，客观上助长了重理论轻实验的错误倾向，影响实验教学的效果以及学生实践能力与创新能力的提高。

因此，21世纪的机械设计基础实验教学，必须突破传统的思想观念，树立以下实验教学观：

1. 实验教学与理论教学协同观

在机械设计基础教学过程中，实验教学与理论教学具有同等重要的地位，实验教学既不是理论教学的附庸，也不是分道扬镳的环节，而是一种一体两面、相互协同的课程关系。实验教学的设计必须以学科知识体系为平台，以培养学科实验方法与技能为目标。理论教学的目标是帮助学生构建合理的知识结构和认知结构，它需要借助理性思辨的力量，也离不开实验和实践的检验。当然，在实际教学中，理论教学与实验教学的协同可以根据具体情况采取不同的方式。如通过统一的课程教学进行协同，或通过分设理论教学环节和实践教学环节来协同。不管采用哪种方式，都要强调理论与实践的密切联系。

2. 传统实验与创新实验协同观

在实验教学为理论教学服务的过程中，形成了验证性实验的传统。由于验证性实验在帮助学生理解机械原理或工作特性方面具有重要的作用，在机械设计基础实验教学的改革与发展过程中依然需要保留验证性实验项目。但是，从实验教学改革与发展的大势出发，在传统实验教学基础上还必须进行实验教学创新。从培养创新精神与实践能力的基本价值取向出发，建立在机械设计学科知识体系平台上的实验体系，必须是传统实验与创新实验的协同，是认知实验、验证实验、综合实验和创新设计实验的集成。这种实验教学观，体现了知识、能力和素质协调发展的现代教育理念。

3. 被动实验与主动实验协同观

机械设计基础实验教学改革与发展，期望能够通过实验教学让学生成为实验的主体。要实现这种愿望，必须改变过去那种重被动实验轻主动实验的定势。

所谓被动实验，是指以教师为主体，按照事先设计好的实验内容和实验步骤进行“教”实验的教学方式，学生被动地接受实验安排与实验结果。主动实验是相对被动实验而言的，是指在实验教学过程中让学生作为主体参与实验全过程的一种实验教学思想。在实验过程中，学生在教师的指导下，自己根据实验要求进行实验设计，选择实验设备，安排实验步骤，体验实验过程，获得实验结论。

倡导主动实验，并非要取消被动实验，两种实验都是实验能力所需要的认识活动。被动实验是一种“学中干”，而主动实验则是一种“干中学”，二者的协同对培养学生的实验能力是有利的。

值得指出的是，主动实验并不是一种实验类型，而是一种实验理念与实验要求。无论在认识实验、验证实验、综合实验还是创新实验中，都需要发挥学生的主观能动性，变被动实验为主动实验。主动认知、主动验证、主动综合与主动创新实验，才是我们所需要的实验方式。

0.2 机械设计基础实验教学的主要内容及其要求

1. 机械设计基础实验教学的内容及类型

在高等教育教学改革中，课程内容改革是关键。对机械原理与机械设计实验教学改革来说，必须以培养学生的工程实践能力、综合设计与分析能力及创新能力为基本要求，以机械设计学科知识平台为依据，并结合学校实验教学条件来设计实验内容体系。机械设计基础课程实验在精选和完善了侧重于理解基本概念、基本理论的传统实验的基础上，开发并培养学生创新能力的设计型、综合性实验，注重实验过程，积极推进主动式教学，突出创新思维能力的培养，将先进的测试手段引入实验，使学生能够了解现代测试技术的发展。

机械设计基础实验的内容，可分为认识实验、验证试验、综合实验和创新设计实验等类型。① 认知实验与验证性实验是使学生对所学的理论知识和客观事实有更深刻的认识和理解，让学生通过实验来认识或验证课堂所学的理论，了解仪器设备的原理和使用方法。② 综合性实验使学生掌握机械系统的工作原理、承载特性、影响因素分析方法，了解典型机械零件的实验方法和力学、机械量的测定原理与方法，进一步了解机械性能指标的重要性，促进学生在机械设计中能力的提高，有利于培养学生的动手能力、数据采集能力、分析与解决问题的能力，使不同的知识点在实验中得到综合应用。③ 创新设计性实验重在培养学生的创新意识和创新能力，通过创新性实验使学生自行设计实验方案，并完成装配和测试，为学有余力的学生提供个性化培养，使优秀学生得到更好的锻炼和个性化发展，提高学生的工程实践能力和创新意识。同时创新设计实验为大学生参加课外科技活动，如机械创新设计大赛等提供学习与训练的平台。

机械设计基础实验教学的具体项目设置如下表所示，这些实验之间具有相对独立性，以便于不同专业、不同层次要求的学生根据实际情况进行选择。

序号	实验名称	实验学时	实验类型
1	机械原理现场认识实验	2	认知
2	机构运动简图测绘实验	2	验证
3	渐开线齿轮范成原理实验	2	验证
4	插齿原理演示实验	2	验证
5	渐开线直齿圆柱齿轮参数测定实验	2	验证
6	机械设计现场认识实验	2	认知
7	带传动实验	2	验证
8	齿轮传动效率测试实验	2	综合
9	液体动压滑动轴承实验	2	综合
10	减速器拆装训练实验	2	验证
11	机械创新设计现场认识实验	2	认知
12	机构组合创新操作训练实验	2	验证
13	轴系结构创意组合训练实验	2	综合
14	现代健身产品创新设计实验	2	创新设计
15	基于机构组成原理的创新设计实验	2	创新设计
16	自行车拆装训练实验	2	验证

续表

序号	实验名称	实验学时	实验类型
17	机械运动参数测定实验	2	综合
18	回转构件的动平衡实验	2	综合
19	螺栓组连接特性试验	2	验证
20	机械传动性能综合测试实验	2	综合

2. 机械设计实验教学的步骤及要求

机械设计基础课程实验的实验者为学生，实验对象是被测试的物体，实验手段包括实验方法和实验设备、仪器等。实验者在充分理解实验要求和实验原理的基础上，采用各种测试手段取得相应的实验数据，以及对数据进行处理和分析。

实验的基本步骤为：① 预习实验内容，明确实验目的。② 掌握基本原理，复习相关知识。③ 实验方案设计，选择实验设备。④ 进行实验，获取实验数据。⑤ 数据整理，分析实验结果。⑥ 进行总结，撰写实验报告。

在实验过程中，不仅要按照实验步骤完成实验，同时还应思考为什么要采用这样的实验装置和实验方法，是否有比这更好的实验方法，实验装置是否可以设计得更合理些等问题，特别是当实验中出现的一些现象或数据与理论有差异时，应大胆地提出自己的观点与指导教师探讨。另外，在实验中要爱护仪器设备，注意实验过程中的人身安全，培养良好的科学实验态度。

在实验过程中学生应做到：① 了解科学实验的意义和作用。② 认真做好实验前的准备，如在实验中所需的绘图工具等。③ 会使用实验常用的量具、工具和仪器设备。④ 通过实验掌握实验原理、实验方法、数据的采集和处理。⑤ 积极思考，努力创新，设计更好的实验方案。

0.3 面向技术创新的机械创新设计实践体系的构建

一、创新设计实践体系构建的意义

高等学校作为国家知识创新和技术创新体系的基础，承担着培养具有创新精神和实践能力的高级技术人才的重任。加强对大学生的创新意识和创新能力的培养，对于增强我国自主创新能力，建设创新型国家具有重要的战略意义。因此强化实践环节，突出动手能力和创新能力的培养成为高等教育改革的重要内容。显然学生创新精神和创新能力的培养不是靠某几门课程能够解决的，它是一个系统工程，涉及整个教育模式和教育环境的改革与创新问题。因此要想使培养的学生具有强烈的创新意识和创新能力，一定要转变教育观念，给学生提供能够实现创新的学习氛围和进行创新实践的舞台。

因此创新教育应该贯穿于整个教学过程中的各个环节，特别是实践环节，更应该具有系统而合理的设置，全方位培养学生的创新实践能力，为生产一线输送具有创新意识和能力的高等技术应用型人才。这是因为实践教学天然具备促进学生创造力的教学因素，因而决定了它在高等院校实施创新教育中的重要地位，因此在教学中应明确提出通过实践教学进行创新学习。根据工科教学的特点，构建了从产品设计和制造的全过程来进行创新能力培养的实践教学体系，从中定位应用型人才的创新集中点及对应的实验室建设承担的作用，以便为学生提供丰富的实践机会。

二、创新设计实践教学体系的建立

创新人才的培养不但要有扎实的理论基础，更重要的是要加强系统的创新实践训练。实践性教学环节是实施创新设计能力培养的重要部分，具有课程教育所不可替代的重要作用。为了突出实践教学在创新人才培养中的作用，应该依据产品实际开发过程，系统地规划实践教学内容，从而建立完善的创新设计实践体系，最终形成一个与理论教学体系紧密联系又相对独立的实践教学体系，在理论教学的基础上，把机械创新设计能力培养目标分解到具体的实践教学环节中去，根据岗位需要系统地培养学生的机械创新设计能力。由于产品的设计过程分为产品规划阶段、方案设计阶段、技术设计阶段、施工设计阶段和改进设计阶段等，因此应针对产品设计与制造的全过程，建立相应的创新设计实践教学环节，来培养应用型人才的技术创新能力。根据这一思路构建有利于创新能力培养的实践教学体系，该体系主要包括创新认知模块、结构分析与拆装模块、创新设计与实践模块、产品设计与制作模块、创新活动等模块。这样有助于按照“创新实验—工程应用—技术创新”的人才培养模式来实施对创新人才的培养，为全方位培养高素质强能力的机械类创新人才开辟了一条合适的途径。

1. 构建机械玩具和机械创新设计陈列室

从教学实践中体会到，每当录像中有机械玩具或与工程实际相结合的内容时，学生总是表现出浓厚的兴趣，这不能说是学生的童心未泯，而只能说明机械原理知识如此广泛的应用深深地吸引着学生，极大地调动了他们强烈的求知欲望。由于受诸多因素的限制，不可能组织学生参观和研究各种典型的机械，因此在教学资金投入有限的前提下，以较少的投资建立机械玩具展示室显得十分必要，在一定程度上可以调动和激励学生的学习兴趣，增强学生的创新意识和创新能力。当学生观察一定数量的机械玩具之后，便积累了一定的感性认识，结合机械原理课的理论，可使学生产生创造新型机械玩具的强烈愿望。只要教师及时对学生的创新热情加以正确引导，启发他们在亲身体验中不断探索，就能扩展眼界并开发他们的智力潜能。通过对各种玩具的基本运动分析，可以探索为满足运动和工作要求设计这些机械的基本方法。在掌握机构的分析和设计方法之后，进行具体机械系统设计时，就可以比较熟练地进行机构选型及组合，为培养学生的创新意识及创新能力打下基础。

广泛收集一些新、奇、特的机械，构建机械创新设计陈列柜。陈列柜采用国内外各种设计新颖的机电产品或模型，配合相应的图文资料，介绍机械创新设计的基本原理和方法，对于启迪创新思维、提高机械创新意识与创新设计能力具有重要的作用。其优点是增加了模型或实物数量，精选富有创造性的机电类新产品，图文展示简明扼要，布局更加科学合理。结合创新陈列柜，讲解创新思维方法和创新案例，展出反映创新意识和巧妙构思的各种创新产品，培养学生的形象思维能力和创新意识，增强学生创造性构思、方案设计和结构设计的能力。此外，经常组织学生参观国际国内科技或新产品展览，较多地接触机械发明中具有新颖巧妙结构的机电产品、模型或照片，使学生了解机械工程领域的最新成果和发展动向，以开阔学生的视野，培养学生的创新思维。还可以购买历年国际和国内创新设计大赛部分获奖作品的演示光盘，通过观看以启发学生的创新思维。

2. 机构运动方案创新设计实验

机构运动方案创新设计实验台基于机构组成原理，即杆组迭加原理而设计，可以拼接成结构不同、性能各异的各种机构。该实验的核心是进行机构运动方案的创新设计，学生自己构思设计满足不同要求的机构运动方案，使用实验装置提供的电动机、皮带传动装置、低副杆组、高副杆组、各种构件和机架等，进行积木式组合、拼装机构系统，亲手组装成实物模型，通过机电控制动态演示机构的运动情况；通过直观调整布局、连接方式及尺寸来验证和改进设计；直到该模型机构灵活、可靠地按照设计要求运动到位，最终使学生用实验方法确定了切实可行、性能较好的机械设计方案和参数，也就是通过创新实验——模拟实施环节来培养学生创新动手能力。该实验重点培养学生综合设计能力、创新意识和实践动手能力，为机构创新设计打下良好基础。

3. 机械传动系统创新组合与分析实验

该实验是使学生根据对所设计机械的功能要求，进行机械传动系统方案设计和动手组装，并对机械传动系统进行运动分析、动力分析及装配方案分析。学生自主创新设计组合多种实现该功能的机械传动方案，并进行传动连接，拼装各机械传动系统，同时对各机械传动系统在传递运动与动力过程中的参数曲线进行测试与分析，对多种可行方案进行比较、评价，加深对常见机械传动性能的认识和理解，掌握机械传动合理布置的基本要求，从而确定最佳传动方案，有利于培养学生机械传动系统方案设计的能力。通过实验还使学生认识了机械传动性能综合测试实验台的工作原理，掌握了一定的计算机辅助实验的方法，培养了进行设计性实验与创新性实验的能力。

4. 机电产品组合创新设计实验的建立

利用德国慧鱼创新组合模型，开设智能型机械创新设计实验，使学生能将多学科、多领域的综合知识融会贯通于综合应用中，并在机械创新设计中，能有利于将机、电、控制方面的理论和实际结合起来，激发兴趣和创造力。“慧鱼”产品中各种型号和规格的零件近千种，一般工程机械制造所需要的零部件如连杆、齿轮、马达、蜗轮以及气缸、压缩机、发动机、离合器，甚至热敏传感器、信号转换开关、计算机接口在慧鱼中都能找到。因此慧鱼创新组合模型的仿真度，几乎能实现任何复杂技术过程和大型设计的模型。在实验中，学生自己动手组装模型，建造自己设计的有一定功能的机器人模型产品，在制作过程中使学生了解一些计算机控制、软件编程、机电一体化等方面的基础知识，通过实验学习进行创新设计的方法，能够激发学生无限的创造力，为后续课程的学习做一个很好的铺垫。由此可知，在创新设计中有机地融入相关领域的知识，在实验过程中增强学生的综合运用能力是创新实验课的核心任务。

5. 机械结构创新设计能力培养实验

利用轴系结构设计与分析实验箱，开发出轴系结构设计创新组合实验，该实验要求学生创新设计出不同的轴系结构方案并进行分析、比较。实验利用模块化设计思想，针对典型轴系结构设计出一套可重组的轴系零部件，提供了可组成圆柱齿轮轴系、小圆锥齿轮轴系和蜗杆轴系结构模型的成套零件，有齿轮类、轴类、套筒类、端盖类、轴承类及连接件类等多种零件，按照组合创新法，采用较少的零件便可组装出尽可能多的功能各异的轴系部件。每组学生根据实验方案规定的设计条件和要求，确定需要的模块化轴段和轴上零件，进行轴系结构的创新组合设计。通过组装、分析，对轴的结构设计与滚动轴承组合设计有了实质性的认识，掌握了轴系结构设计的基本要求和方法，为机器的正确设计奠定了技术基础，提高了学生对机械结构创新设计的能力。

机械产品拆装和分析实验是在现有机械设备的基础上，增加可拆装机器的类型，让学生接触更多的机器、机构，通过产品分析和拆装，使学生对机械产品的功能组成、零部件的具体结构和作用有更深入的认识，提高对机械设备结构的认知和工程设计能力。实验设备可以是多功能数控车床、三维电脑雕刻机、工业机器人等。拆装实验的重点是使学生了解结构、名称、原理和相互连接关系，熟悉工具使用，掌握拆装方法等。拆装实验的优点是拆装过程充分显示出各零件之间真实的装配关系，使学生学会专用工具的使用方法，不仅可以帮助学生消化吸收理论知识，而且能使学生对零部件有感性认识，对于机构的工作原理以及结构特点有更深刻的理解，培养学生的工程意识和实践能力，激发学生的创新意识和创新思维。

6. 建立计算机辅助创新设计平台

计算机辅助创新设计平台是把发明问题解决理论 TRIZ（Theory of Inventive Problem Solving）、本体论，现代设计方法学与计算机软件技术结合的新一代计算机辅助创新工具。由于 TRIZ 理论将产品创新的核心——产生新的工作原理过程具体化，并提出了规则、算法与发明创造原理供研究人员使用，具有很强的可操作性和可实施性，它已经成为一种较完善的创新设计理论，形成了解决工程问题的系统化的方法学体系。借助其综合分析工具和创新方案库，不同工程领域技术人员在面临技术难题时，能打破思维定式、拓宽思路，以全新的视角和思路分析问题，快速得到可操作的高效解决办法。不仅在苏联得到广泛的应用，在美国的很多企业特别是大企业，如波音、通用、摩托罗拉等公司的新产品开发中也得到了应用，取得了可观的经济效益。对于通过计算机辅助创新设计所构思的具体结构，要通过三维设计与数控加工来实现。

7. 三维产品创新设计实验

随着计算机技术的迅猛发展，使零部件的设计正逐步从二维转向三维。这种直接用三维造型建模的现代设计理念和创新设计方法更符合人们进行创新设计的思维方式，因为任何产品在设计构思时，人们头脑中的形象都是三维的。过去由于技术的限制，无法迅速实现人们头脑中三维形体的构建。现在三维设计 CAD 软件（如 Pro/E，UG，CAXA，Solidworks 等）已经提供了这种可能性，满足了从三维入手进行产品设计的需求，这种做法更符合设计活动的客观规律。目前较高端的机械零部件设计软件完全可以实现从概念设计、三维零部件建模到装配干涉分析等功能，面对这种从设计理念到设计方法的全新变革，企业更需要的是掌握三维设计的人才。从设计到制造的一体化，CAD/CAM/PDM 缩短了大学生到岗位的适应期。因此应加强数控加工、CAD/CAM/PDM 的教学内容，充分利用三维实体设计软件的集成性，将三维实体设计得到的数字化模型信息源传递给数控加工，以实现从三维实体设计到计算机辅助制造的有机结合。另外，也可以把一些零件的三维设计数据模型输入至 3D 打印设备，快速打印出零件样品。在此基础上，针对岗位技术中所面对的零部件改进设计问题，通过三维设计软件进行创新设计，可迅速改变其结构设计中的缺陷，提高产品性能。

8. 机械创新设计模型制作室的建立

创新设计制作训练是世界先进国家机械工程教育广泛采用的模式，目前一些学校建立了不同规模的学生实践教学基地、实践训练中心等，为学生进行制作类设计训练提供了必备的条件。同时针对学生创新能力培养的需要，也应该建立机械创新设计模型制作室，为学生提供了一个开放的、可以自己动手制作的实践性教学场所。该室可购置各种小型机床、电路设计和制作的软硬件平台等，在富有经验的技术人员指导下，学生可以自己动手制作电路、加工零件模型并进行装配，为学生的科技制作提供技术支持。在创新设计活动中，当学生完成设计方案时，要求学生自己动手将设计的产品制造出来，通过机电控制，实现预定的动作，将纸上的设计变为真实的机器模型。当看到自己设计的产品在教师指导下逐渐成形，实实在在地感受创新、设计、生产、调试的工程实践过程，都有一种满足感和成就感。在此过程中，既巩固了理论知识，又培养了实践能力，从而激发了对专业课的学习兴趣。

三、开展课外科技创新实践活动

为了实现机械创新设计，必须面向市场开展多种形式的创新设计实践，才能真正提高学生的机械创新能力。创新产品都是为了满足社会和工程的实际需要，所以从日常生活和工程实践中，特别是从机械工程中可以挖掘很多设计题目，利用课堂上讲授的理论知识，让学生真刀真枪地干，品尝创新的滋味。开展课外科技创新设计活动，例如搞科技小制作、小发明、小革新等，这些活动能大大激发学生的创新欲望，在实践中培养他们的创新能力，从而提高了学生的就业竞争能力。

参加大学生科技制作活动时，要求学生独立完成构思、方案确定、图样设计、加工制作和调试等。各项工作都具有开拓性，尤其是构思和方案确定更具创造性。设计作品一般都做成电动机器模型，对于有价值的作品，再通过毕业设计，绘出全部图样。这种方式耗资耗时少，便于推广，并能使学生学到科技创新方法，为学生创造性思维的发挥和工程实践能力的培养提供了一个广阔的空间。利用设计制作的实践环节，通过学生自己选题、设计、制作和调试，极大地激发了学生的创造激情和对专业的热爱，增强了学习的信心，受到了从设计到制造直至试验的全过程锻炼，从而使他们能够更快、更好地适应实际工作。这种培养学生产品设计、制造综合能力的独特模式，必将对应用型人才的培养产生巨大的促进作用。

开展机械创新设计大赛是鼓励学生在已掌握知识的基础上，从实际生活和生产应用出发构思出一些新颖的机构或机器，然后进行设计、加工，并进行装配调试，制作出参赛作品的演示实物或模型。在这个实践过程中，学生扩大了知识面，加深了对课本知识的理解，培养了不同专业的团队协作精神，增强了创新意识和创新能力，提高了分析问题和解决问题的能力。从而形成了创新设计课堂教学、实验教学及课外科技创新实践活动一体化的教学模式。

机械创新设计是在机械设计过程中产生新颖、有价值构思方案的活动，机械设计中的创新体现在：产品功能的创新，完成产品功能的新的科学原理应用，实现功能的工艺动作新规划，完成工艺动作的机械系统的创新组合，机构创新，结构创新，检测控制系统创新，产品造型创新等。通过以上实践体系的运作，充分体现了现代设计的理念和创新的实践教学思想。使学生经历从方案设计、结构设计、加工制造、组装调试的产品开发全过程、全方位的训练，进一步提高了实践能力和创新能力。

实验 1

机械原理现场认识实验

1.1 机械原理现场认识实验指导书

一、实验目的

（1）初步了解各种常用机构的结构类型、组成、运动特性、特点及应用实例。

（2）增强学生对机构与机器的感性认识。

二、实验设备

JY-10DB 机械原理陈列柜。

三、实验方法

组织学生参观机械原理陈列柜展示的各种常用机构的模型，通过模型的动态演示，增强学生对机器和机构的感性认识。通过观察和听声控解说了解常用机构的结构、运动及运动特性、特点及应用。

四、实验内容

1. 机构的组成

蒸汽机、内燃机、转动副、移动副、螺旋副、球面副和曲面副等模型。

2. 平面连杆机构

平面连杆机构是由若干刚性构件连接而成、且各构件的运动平面相互平行的机构。在平面连杆机构中，结构最简单且应用最广泛的是平面四杆机构。认识平面四杆机构中的铰链四杆机构、单移动副机构、双移动副机构。

铰链四杆机构：曲柄摇杆机构、双曲柄机构和双摇杆机构。

单移动副机构：对心曲柄滑块机构、偏置曲柄滑块机构、偏心轮机构、摆动导杆机构、转动导杆机构、摇块机构、移动导杆机构。

双移动副机构：正弦机构、双滑块机构。

3. 平面连杆机构的应用

平面连杆机构的应用包括颚式碎石机机构、飞剪机构、惯性筛机构、摄影平台升降机

构、机车车轮的联动机构、鹤式起重机机构、牛头刨床的主体机构等。

4. 空间连杆机构

空间连杆机构是由若干刚性构件连接而成、且各构件的运动平面不相互平行的机构。了解空间连杆机构的类型，如 RSSR 空间机构、4R 万向联轴节、RRSRR 机构、RCCR 联轴节、PSSR 机构、SARRUT（萨特勒）机构等。

5. 凸轮机构

凸轮机构是由凸轮、从动件与机架所组成的高副机构。只要适当设计凸轮的廓线，便可以使从动件获得任意的运动规律。由于凸轮机构结构简单紧凑，因此，广泛应用于各种机械中。凸轮机构的类型也很多，通常按凸轮的形状和从动件的形状来分类。

凸轮机构主要有：直动尖顶推杆盘形凸轮机构、直动滚子推杆盘形凸轮机构、直动平底推杆盘形凸轮机构、槽形凸轮机构、移动凸轮机构、等宽凸轮机构、共轭凸轮机构、反凸轮机构、球面凸轮机构、圆柱凸轮机构、圆锥凸轮机构等。

6. 齿轮机构

在各种机器中，齿轮机构是应用最广泛的一种传动机构。齿轮机构种类很多，根据两齿轮啮合传动时其相对运动是平面运动还是空间运动，可分为平面齿轮机构和空间齿轮机构两大类。平面齿轮机构常见的类型有直齿圆柱齿轮机构（外啮合直齿圆柱齿轮机构、内啮合直齿圆柱齿轮机构、齿轮齿条机构）、斜齿圆柱齿轮机构和人字齿轮机构。空间齿轮机构常见的类型有圆锥齿轮机构（直齿圆锥齿轮机构、斜齿圆锥齿轮机构）、螺旋齿轮机构、蜗杆蜗轮机构。

7. 轮系的类型

所谓轮系，是指由一系列齿轮所组成的齿轮传动系统。轮系可分为定轴轮系、周转轮系、复合轮系三大类。定轴轮系的各个齿轮轴线都是固定的，周转轮系的各个齿轮中有一个或几个齿轮轴线的位置并不固定，而是绕着其他齿轮的固定轴线回转。若周转轮系的自由度等于 1，则称为行星轮系；自由度为 2 则称为差动轮系。周转轮系还常根据基本构件的不同加以分类。2K—H 型周转轮系，包含一个系杆 H，两个中心轮 K。3K 型周转轮系，包含有三个中心轮。K-H-V 型周转轮系，包含一个太阳轮 K，一个行星架 H 和一根带有孔销式输出机构的输出轴 V。目前，这种轮系的应用日益广泛。复合轮系既包含定轴轮系部分，也包含周转轮系部分，或者是由几部分周转轮系组成。

8. 轮系的功用

在各种机械中，轮系机构的应用是十分广泛的，其功用大致可以归纳为以下几方面。

利用轮系获得较大的传动比；利用轮系实现分路传动；利用轮系实现变速传动；利用轮系实现换向传动；利用轮系作运动的分解；利用轮系作运动的合成。

轮系在应用过程中也不断得到发展，摆线针轮减速器和谐波齿轮减速器就是其中的两例。摆线针轮减速器是一种少齿差行星齿轮传动装置，它和渐开线齿轮减速器相比，具有重合度大、承载能力高、传动效率高、运转平稳、结构紧凑等特点。谐波齿轮减速器主要由波发生器、刚轮和柔轮三个基本构件组成。谐波齿轮减速器与一般齿轮减速器相比，具有传动比大而范围宽，承载能力较强、零件少、体积小、质量轻、运动精度高、运转平稳等优点。

9. 间歇运动机构

间歇运动机构广泛用于各种需要非连续传动的场合。通过观察齿式棘轮机构、摩擦式棘轮机构、超越离合器、外槽轮机构、内槽轮机构、渐开线不完全齿轮机构、摆线针轮不完全齿轮机构、凸轮式间歇运动机构等，了解间歇运动机构的运动特点及应用。

10. 组合机构

由两类或两类以上基本机构组成的机构称为组合机构。组合机构可以是同类基本机构的组合，也可以是不同类型基本机构的组成，常见的组合方式有串联、并联、反馈以及叠加等。通过观察凸轮-蜗杆组合机构、联动凸轮组合机构、凸轮-齿轮机构、凸轮-连杆组合机构、齿轮-连杆组合机构，认识组合机构的一般组成与传动特性。

五、实验步骤

（1）按照机械原理陈列柜所展示机构与机器的顺序，由浅入深、由简单到复杂进行参观认知，指导教师作简要讲解。

（2）在听取指导教师讲解的基础上，分组仔细观察各种机构和机器的结构、类型、运动特点以及应用范围，并了解应用实例。

1.2 机械原理现场认识实验报告

一、平面连杆机构

1. 根据机构中移动副数目的不同，平面四杆机构可分为____________、____________、____________三种类型。

2. 根据连架杆是否能整周转动，平面铰链四杆机可分为____________、____________、____________。

3. 在平面四杆机构中，由主动件的转动转换为从动件的移动的机构有______________、____________。

二、凸轮机构

1. 凸轮机构是由______________、______________、______________三个基本构件组成的高副机构。

2. 凸轮机构按其从动件的形状可分为________、________、________。

3. 凸轮机构按凸轮形状可分为________、________、________。

4. 凸轮机构按凸轮与从动件保持高副接触的方式可分为______________________、____________________。

三、齿轮机构

1. 在平面齿轮机构中，传递两平行轴间回转运动的齿轮机构有____________、____________、____________。

2. 在平面齿轮机构中，由转动转换为移动的齿轮机构是________________。

3. 在空间齿轮机构中，传递两相交轴间回转运动的齿轮机构是__________。传动两交错轴间回转运动的齿轮机构有__________、__________。

四、轮系

1. 根据轮系在传动中各个齿轮的轴线在空间的位置是否固定，可将轮系分为哪几类？

2. 你所观察到的轮系的功用有哪些？

五、间歇运动机构

1. 常用的间歇机构有__________、__________、__________、__________。

2. 能实现由连续转动转换为单向间歇回转的间歇机构有哪几类？

六、通过机械原理现场认识实验后，你有何收获、体会和建议

实验 2

机构运动简图测绘实验

2.1 机构运动简图测绘实验指导书

一、实验目的

（1）通过对各种机械实物或模型的测绘，绘制出机构运动简图，了解运动副的实际结构。

（2）熟练掌握机构自由度的计算方法，验证机构具有确定运动的条件。

二、实验设备和工具

（1）若干机械实物或机构模型。

（2）钢直尺、卷尺，精密测绘时还应配备游标卡尺及内外卡钳。

（3）自备铅笔、橡皮、草稿纸。

三、实验原理

机构的运动仅与机构中构件的数目，各构件组成的运动副的类型、数目以及各运动副的相对位置有关，而与构件的复杂外形和运动副的具体结构无关。用简单的线条或图形轮廓表示构件，以规定的符号代表运动副，按一定比例尺寸关系确定运动副的相对位置，绘制出反映机构在某一位置时各构件间相对运动关系的简图，即为机构运动简图。

四、实验内容

（1）绘制机械实物或机构模型，指出它是什么机构类型，并计算机构的自由度。

（2）判断原动件数目与机构的自由度是否相等，分析机构运动的确定性。

五、实验步骤

1. 确定机构中构件的数目

缓慢地驱动被测绘的机械实物或机构模型，确定原动件。从原动件开始仔细观察所测绘机构中各构件的运动，分出运动单元，确定机构的构件数目，进而确定原动件、执行构件、机架及各从动件。

2. 确定运动副的类型和数目

根据相连接的两构件间的接触情况及相对运动性质，确定各运动副的类型和数目。

3. 合理选择机构运动简图的投影面

一般选择与机构的多数构件的运动平面相平行的平面作为投影面，必要时也可以就机构的不同部分选择两个或两个以上的投影面，然后展开到同一平面上，或者把主运动简图上难以表达清楚的部分，另绘一局部简图。总之，以简单清楚地把机构的运动情况正确地表示出来为原则。

4. 画出机构运动简图的草图

将原动件转到某一适当位置，以便在绘制机构运动简图时，能清楚地表示各构件之间和运动副之间的相对位置。根据各构件在投影面上的投影状况，从原动件开始，循着运动传递路线，在草稿纸上，按规定的符号，目测各运动副的相对位置，使实物与机构运动简图大致成比例，徒手画出机构简图的草图。

5. 计算机构的自由度

机构的自由度用 F 表示，计算平面机构自由度的公式为 $F=3n-2P_L-P_H$，其中 n 为机构中活动构件的数目，P_L 为平面低副数目，P_H 为平面高副数目。将计算结果与实物对照，观察自由度是否与原动件数目相等，应特别注意机构中存在虚约束、局部自由度、复合铰链情况下自由度的计算。

6. 确定比例尺，作正式的机构运动简图，注明构件的运动学尺寸

仔细测量机构的运动学尺寸，任意假定原动件的位置，并按一定的比例绘制机构运动简图。

运动学尺寸是指同一构件上两运动副元素之间的相对位置参数。通常包含以下几类：

（1）对于同一构件上任意两转动副，其中心间的距离即为运动学尺寸，若该构件是机架，则还需加上两转动副中心连线与参考直线之间的夹角。如图 2-1 所示，构件 1 中的 L_{AB}、L_{AD}，构件 2 中的 L_{BC}，构件 4 中的 L_{DE}，构件 5 中的 L_{FE}、L_{FG}，构件 6 中的 L_{GH}以及机架构件 8 中的 L_{AF}和夹角 α。

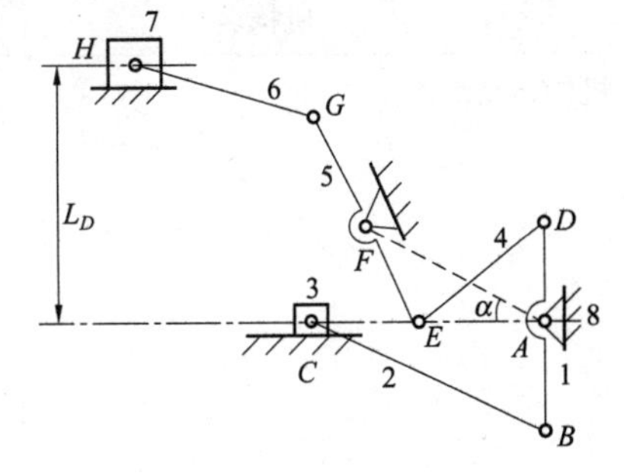

图 2-1　蒸汽机机构运动简图

（2）对于同一构件上两移动副，如果其导路方向线平行，其导路中心线间的垂直距离即为机构的运动学尺寸。如图 2-1 所示，机架 8 上 C、H 两处移动副导路中心线之间的垂直距离 L_D，即为其运动学尺寸；若两移动副导路方向线不平行，则其导路中心线间的夹角即为机构的运动学尺寸，特殊的当其夹角为 90°时，可以省略。

（3）对于同一构件上某一转动副与另一移动副，则从转动副中心到移动副导路中心线间的垂直距离即为机构的运动学尺寸。如图 2-1 所示，机架 8 上转动副中心 A 到移动副 C 的导路中心线的垂直距离等于零，故可以省略。

（4）在高副中，凸轮副的轮廓形状应按实际描绘。

根据测量的运动学尺寸，选定比例尺 μ_l 为

$$\mu_l=\frac{\text{实际长度 m}}{\text{图示长度 mm}}$$

在实验报告纸上，用三角板和圆规，将上述草图按选定的比例尺，画出正式的机构运动简图。用箭头标示原动件，以阿拉伯数字（1，2，3，…）依次标注各构件，大写英文字母（A，B，C，…）标注各运动副，并列表说明构件的运动学尺寸，如图 2-1 所示为蒸汽机机构运动简图。

六、注意事项

（1）绘制机构运动简图时，须将原动件转到某一适当位置，使各构件不相互重叠。

（2）注意一个构件在中部与其他构件用转动副连接的表示方法。

（3）机架的相关尺寸不应遗漏。

（4）两个运动副不在同一运动平面时，应注意其相对位置尺寸的测量方法。

2.2 机构运动简图测绘实验报告

一、实验目的

二、绘制机构运动简图

<table>
<tr><th>机构名称</th><th>$\mu_l=$</th></tr>
<tr><td>机构运动简图</td><td>运动学尺寸</td></tr>
<tr><td colspan="2">原动件数目</td></tr>
<tr><td colspan="2">机构自由度</td></tr>
<tr><td colspan="2">该机构是否具有确定的运动规律</td></tr>
</table>

<table>
<tr><th>机构名称</th><th>$\mu_l=$</th></tr>
<tr><td>机构运动简图</td><td>运动学尺寸</td></tr>
<tr><td colspan="2">原动件数目</td></tr>
<tr><td colspan="2">机构自由度</td></tr>
<tr><td colspan="2">该机构是否具有确定的运动规律</td></tr>
</table>

注意：上面所画的机构运动简图中，如有复合铰链、局部自由度、虚约束应在图中指明。

实验 3

渐开线齿轮范成原理实验

3.1 渐开线齿轮范成原理实验指导书

一、实验目的

（1）掌握用范成法加工渐开线齿廓的基本原理。

（2）了解渐开线齿轮产生根切现象的原因及避免根切的方法。

（3）分析、比较渐开线标准齿轮和变位齿轮齿形的异同点。

二、实验设备和工具

（1）齿轮范成仪。

（2）自备：ϕ220 mm 圆形绘图纸一张（圆心要标记清楚）。

（3）HB 铅笔、橡皮、圆规（带延伸杆）、三角尺、剪刀、计算器。

三、实验原理

范成法是利用一对齿轮（或齿条与齿轮）相互啮合时其共轭齿廓互为包络线的原理来加工齿轮的一种方法。刀具刀刃为渐开线齿轮（齿条）的齿形，它与被切削轮坯保持固定的传动比传动，与相互啮合的一对齿轮（或齿条与齿轮）的啮合传动完全一样；同时刀具还沿着轮坯的轴向作切削运动。这样切制得到的齿轮的齿廓就是刀具的刀刃在各个位置时的包络线，若用渐开线作为刀具齿廓，则其包络线亦为渐开线。由于实际加工时看不到刀刃在各个位置形成包络线的过程，故通过齿轮范成仪来实现刀具与轮坯间的范成运动，并用铅笔将刀具刀刃的各个位置画在图纸上，这样就可以清楚地观察到齿轮范成的过程。

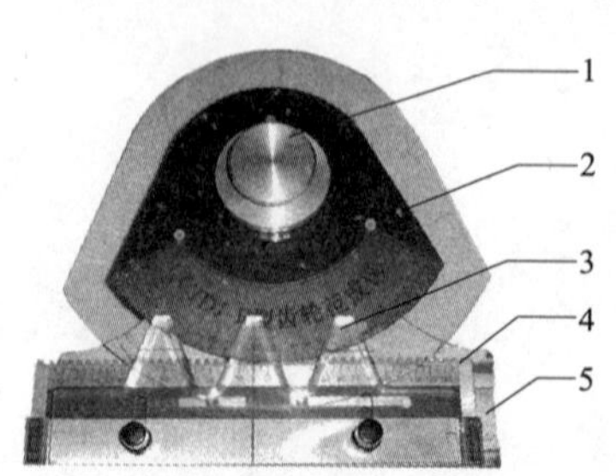

图 3-1　范成仪结构简图

1—压板；2—圆盘；3—齿条刀；4—滑板；5—机架

本范成仪所用的两把刀具模型为齿条型插齿刀，其参数为 $m_1 = 20$ mm 和 $m_2 = 8$ mm，$\alpha = 20°$，$h_a^* = 1$，$c^* = 0.25$。范成仪的结构简图如图 3-1 所示。圆盘 2 代表齿轮加工机床的工作台；固定在它上面的圆形纸代表被加工齿轮的轮坯，它们可以绕机架 5 上的轴线 O 转动。齿条 3 代表切齿刀具，安装在滑板 4 上，移动滑板时，齿轮齿条使圆盘 2 与滑板 4 作纯滚动，用

铅笔依次描下齿条刀刃在各瞬时的位置，即可包络出渐开线齿廓。齿条刀具 3 可以相对于圆盘作径向移动，当齿条刀具分度线与轮坯分度圆之间移距为 xm 时（由滑板 4 上的刻度指示），被切齿轮分度圆则和与刀具分度线相平行的节线相切并作纯滚动，可切制出标准齿轮（$xm=0$）或正变位（$xm>0$）、负变位（$xm<0$）齿轮的齿廓。

四、实验内容

要求完成切制 $m_1=20$ mm、$z=8$ 的标准，正变位（$x_1=0.5$）和负变位（$x_2=-0.5$）渐开线齿廓，三种齿廓每种都须画出两个完整的齿形，比较这三种齿廓。

五、实验步骤

1. 实验课前准备

根据刀具的原始参数和被加工齿轮分度圆直径分别计算标准、正变位、负变位三种渐开线齿廓的分度圆直径 d、齿顶圆直径 d_a、齿根圆直径 d_f、基圆直径 d_b。将作为轮坯的圆形绘图纸均分为三个扇形区，分别在三个扇形区内画出三种齿廓的上述四个圆，并沿最大圆的圆周剪成圆形纸片，作为实验的轮坯。此步骤应在实验课前完成。

2. 绘制标准齿轮齿廓

（1）将圆形纸片（轮坯）安装在范成仪的圆盘上，使二者圆心重合，然后使标准齿轮扇形区正对齿条位置，旋紧螺母用压板 1 压紧轮坯。

（2）调整齿条刀 3 的位置，使其分度线与轮坯分度圆相切，并将齿条刀 3 与滑板 4 固紧。

（3）将齿条刀推至一边极限位置，依次移动齿条刀（单向移动，每次不超过 1 mm），并依次用铅笔描出刀具刀刃各瞬时的位置，要求绘出两个以上完整齿形。

（4）观察根切现象，并分析根切的原因。

3. 绘制正变位齿轮齿廓

（1）松开压紧螺母，转动轮坯，将正变位扇形区正对齿条位置，并压紧轮坯。

（2）将齿条刀 3 分度线调整到远离轮坯分度圆 $x_1 m=0.5\times20=10$ mm 处，并将齿条刀 3 与滑板 4 固紧。

（3）绘制出两个以上完整齿形［重复 2 中第（3）步］。

（4）观察此齿形与标准齿形的区别（齿顶圆、齿根圆、分度圆齿厚和齿槽宽）。

4. 绘制负变位齿轮齿廓

（1）松开压紧螺母，转动轮坯，将负变位扇形区正对齿条位置，并压紧轮坯。

（2）将齿条刀 3 分度线调整到靠近轮坯中心，距分度圆 $x_2m=|-0.5\times20|=10$ mm 处，并将齿条刀 3 与滑板 4 固紧。

（3）绘制出两个以上完整齿形［重复 2 中第（3）步］。

（4）观察此齿形与标准、正变位齿形的区别及根切现象。

六、注意事项

（1）代表轮坯的纸片应有一定的厚度，纸面应平整无明显翘曲，以防在实验过程中顶在齿条刀 3 的齿顶部。

（2）轮坯纸片装在圆盘 2 上时应固定可靠，在实验过程中不得随意松开或重新固定，否则可能导致实验失败。

（3）在做实验步骤（3）时，应自始至终将滑板从一个极限位置沿一个方向逐渐推动直到画出所需的全部齿廓，不得来回推动，以免范成仪啮合间隙影响实验结果的精确性。

七、范成齿廓的轮坯图样

轮坯图样如图 3-2 所示。

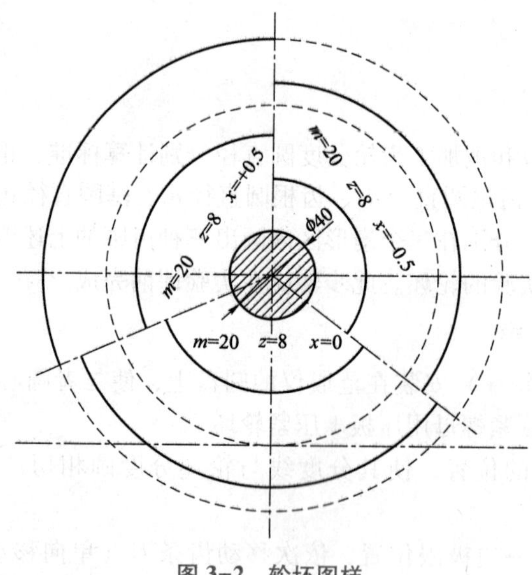

图 3-2 轮坯图样

说明：

1. 图示齿轮毛坯图参数

$m=20$ mm、$z=8$、$x=0$

$m=20$ mm、$z=8$、$x=\pm0.5$

2. 制作方法

（1）根据齿轮参数，计算几何尺寸：分度圆、齿根圆、齿顶圆直径。

（2）用绘图纸绘制毛坯图，如图 3-2 所示。

（3）沿最大的虚线圆将轮坯剪下备用。

3.2 渐开线齿轮范成原理实验报告

一、实验目的

二、实验设备

三、齿轮几何尺寸计算

$m=20$ mm，$\alpha=20°$，$z=8$，$h_a^*=1$，$c^*=0.25$，变位系数 $x_1=0.5$，$x_2=-0.5$

项　目	公　式	计算结果		
		标　准	正变位	负变位
分度圆直径 d	$d=mz$			
齿顶圆直径 d_a	$d_a=d+2(h_a^*+x)m$			
齿根圆直径 d_f	$d_f=d-2(h_a^*+c^*-x)m$			
基圆直径 d_b	$d_b=d\cos\alpha$			
齿条刀移距	$X=xm$			
是否发生根切				

四、回答问题

1. 记录得到的标准齿轮齿廓和正、负变位齿轮齿廓形状是否相同？为什么？

2. 通过实验，你观察到的根切现象发生在基圆之内还是在基圆之外？是由于什么原因引起的？如何避免根切？

3. 比较同一齿条刀具加工出的标准齿轮和正变位齿轮的以下参数尺寸：m、α、r、r_b、h_a、h_f、p、s、s_a，哪些变了？哪些没有变？为什么？

五、附齿廓范成图

插齿原理演示实验

4.1 插齿原理演示实验指导书

一、实验目的

（1）通过观察插齿加工齿轮的全过程，加深对范成法加工齿轮的理解。

（2）了解各种常用机构的特点和用途。

二、实验设备

YJ-79 插齿原理教具一台，蜡坯一个。

三、工作原理

插齿机是采用范成法来加工齿轮的，加工时具有以下运动。

（1）切削运动——为切出齿轮宽度，插齿刀作与被加工工件中心线平行的往复运动。

（2）范成运动——为切出完整齿轮，插齿刀和工件就像一对互相啮合的齿轮一样，工件随插齿刀按一定速比作回转运动。

（3）径向进给运动——为切削出全齿高，工件需作径向进给运动。

（4）让刀运动——在插齿刀退刀时为使插齿刀不受磨损，插齿刀需作一让刀运动。

以上各运动链均无速度调整，径向进给采用一次进刀凸轮，具体可见传动示意图 4-1。

四、加工过程

（1）把预先加工好的“轮坯”安装在工作台上，合上开关开始加工。

（2）观察四种运动的传递过程，分析各种机构和零件的作用。

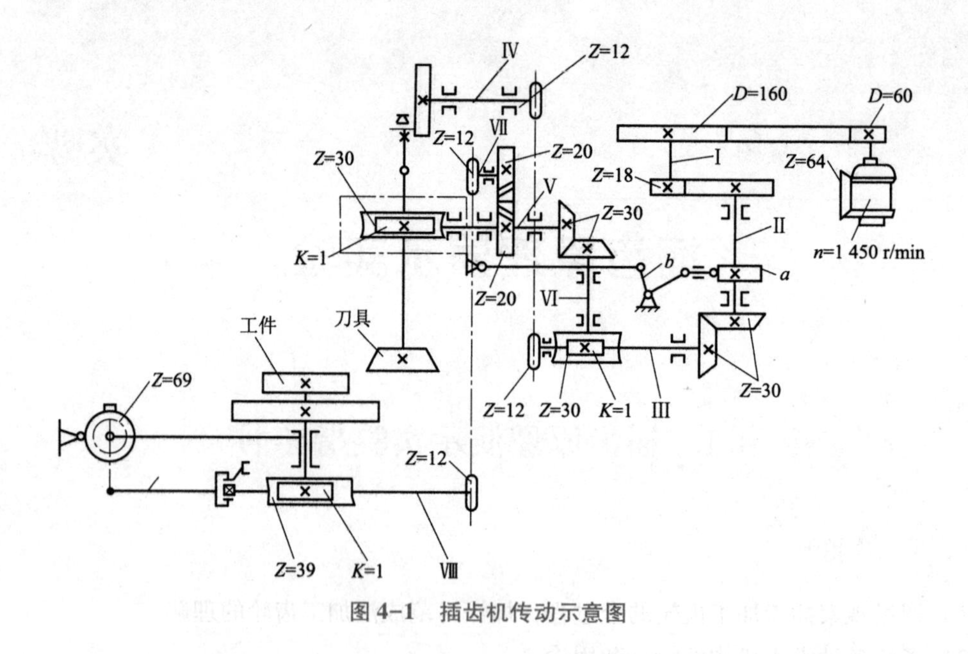

图4-1　插齿机传动示意图

4.2　插齿原理演示实验报告

一、实验目的

二、实验设备

三、回答问题

1. 范成法加工齿轮的理论依据是什么？

2. 用插齿法加工齿轮有哪些优缺点？

3. 插齿演示机的传动中采用了哪些机构？作用如何？

实验 5

渐开线直齿圆柱齿轮参数测定实验

5.1 渐开线直齿圆柱齿轮参数测定实验指导书

一、实验目的

（1）掌握用游标卡尺测定渐开线直齿圆柱齿轮几何尺寸的方法。

（2）通过测量和计算，确定渐开线直齿圆柱齿轮的基本参数。

二、实验设备和工具

（1）齿轮一对（齿数为奇数和偶数各一个）。

（2）游标卡尺：0～200 mm。

（3）渐开线函数表（自备）。

（4）计算器（自备）。

三、实验原理

渐开线齿轮的基本参数有五个：z、m、α、h_a^*、c^*，其中 m、α、h_a^*、c^* 均应取标准值，z 为正整数。对于变位齿轮，还有一个重要参数，即变位系数 x，变位齿轮及变位齿轮传动的诸多尺寸均与 x 有关。通过测量齿顶圆直径 d_a、齿根圆直径 d_f、公法线长度 W_k' 与 W_{k+1}' 可以确定齿轮的基本参数。

四、实验内容

1. 标准齿轮

由标准直齿圆柱齿轮公法线长度的计算知，如跨 k 个齿时，其公法线长度应为

$$W_k=(k-1)p_b+s_b$$

如跨 k+1 个齿时，则其公法线长度应为

$$W_{k+1}=kp_b+s_b$$

故

$$p_b=W_{k+1}-W_k$$

又因为

$$p_b=p\cos\alpha=\pi m\cos\alpha$$

所以

$$m=\frac{p_b}{\pi\cos\alpha}$$

式中，因 α 一般只为 20°或 15°，m 应符合标准模数系列。分别用 20°和 15°代入模数公式，算出两个模数，其中最接近标准模数值的一组 m 和 α，即为所求齿轮的模数和压力角。

2. 变位齿轮

若被测齿轮是变位齿轮，还需确定变位系数 x。首先将被测齿轮的公法线长度的测量值 W_k' 与理论计算值 W_k（可从机械设计手册中查出）相比较。若 $W_k'=W_k$，则被测齿轮为标准齿轮，若 $W_k' \neq W_k$，则被测齿轮为变位齿轮。

因为

$$W_k'=W_k+2xm\sin\alpha$$

所以

$$x=\frac{W_k'-W_k}{2m\sin\alpha}$$

若 $x>0$，则被测齿轮为正变位齿轮；若 $x<0$，则被测齿轮为负变位齿轮。

3. 确定齿轮的齿顶高系数 h_a^* 和顶隙系数 c^*

通过测量齿顶圆直径 d_a 与齿根圆直径 d_f，确定齿顶高系数 h_a^* 和顶隙系数 c^*。偶数齿齿轮的 d_a 与 d_f 可直接用游标卡尺测得，如图 5-1（a）所示。奇数齿齿轮的 d_a 与 d_f 须间接测量，如图 5-1（b）所示。先量出孔径 D，再分别量出孔壁到某一齿顶的距离 H_1 和孔壁到某一齿根的距离 H_2。则 d_a 与 d_f 可按下式求出

$$d_a=D+2H_1 \qquad d_f=D+2H_2$$

则

$$h=\frac{d_a-d_f}{2}=H_1-H_2$$

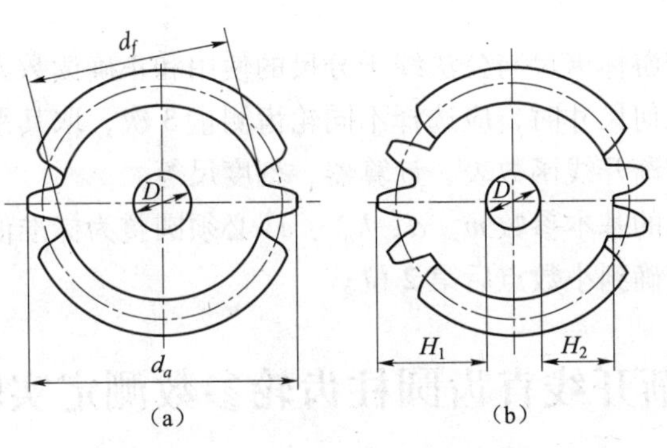

图 5-1　齿轮 d_a 与 d_f 的测量

（a）偶数齿齿轮；（b）奇数齿齿轮

对于标准齿轮 $h=(2h_a^*+c^*)m$，分别将 $h_a^*=1$、$c^*=0.25$（正常齿制）或 $h_a^*=0.8$、$c^*=0.3$（短齿制）代入，若等式成立，即可确定齿轮是正常齿或是短齿，进而确定 h_a^* 和 c^*。

五、实验步骤

（1）数出各轮齿数，确定测量公法线长度的跨测齿数 k。

确定跨测齿数是为了保证在测量时，跨 k 及 $k+1$ 个齿时卡尺的量爪均能与齿廓渐开线相切，并且最好能切于分度圆附近。跨测齿数 k 可从有关表格中查出。

（2）分别测出各齿轮的公法线长度 W'_k 和 W'_{k+1}。

按照图5-2所示用游标卡尺测出跨 k 个齿时的公法线长度 W'_k。为减少测量误差，W'_k 值应在齿轮一周的三个均分部分测量三次，取其平均值。按同样方法可测出跨 k+1个齿时的公法线长度 W'_{k+1}。

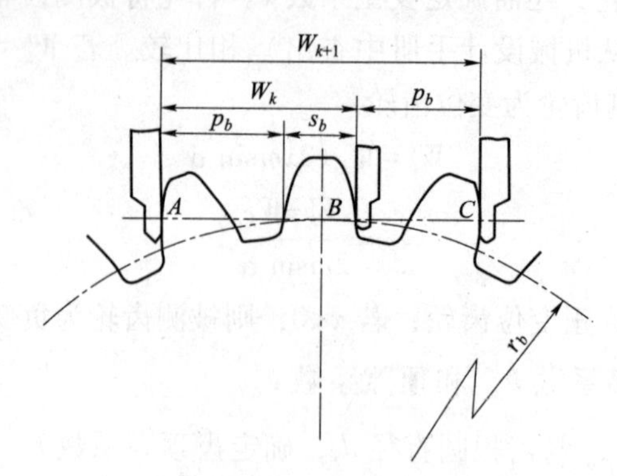

图5-2 用游标卡尺测公法线长度

（3）测量偶数齿齿轮的 d_a、d_f。

（4）测量奇数齿齿轮的 D、H_1、H_2，算出 d_a、d_f。

（5）确定各被测齿轮的基本参数：z、m、α、h_a^*、c^* 及变位系数 x。

六、注意事项

（1）实验前应检查游标卡尺与公法线千分尺的使用和正确读数方法。

（2）测量齿轮的几何尺寸时，应选择不同轮齿测量3次，取其平均值作为测量结果。

（3）实验时应携带渐开线函数表、计算器、刻度尺等。

（4）通过实验求出的基本参数 m、α、h_a^*、c^* 必须圆整为标准值。

（5）测量的尺寸精确到小数点后第2位。

5.2 渐开线直齿圆柱齿轮参数测定实验报告

一、实验目的

二、实验设备及工具

三、实验数据记录及计算

被测齿轮编号								
z								
跨齿数 k								
测量次数	1	2	3	平均值	1	2	3	平均值
W'_k								
W'_{k+1}								
d_a（mm）								
d_f（mm）								
m（mm）								
α								
h_a^*								
c^*								
x								

实验 6

机械设计现场认识实验

6.1 机械设计现场认识实验指导书

一、实验目的

（1）了解各种常用零件的基本类型、结构形式、工作原理及特点。

（2）了解各种常用部件的类型、安装、定位、张紧、润滑与维护。

（3）了解各种传动的特点、应用及相关的国家标准。

（4）增强对各种零部件的结构及机器的感性认识，便于机械设计课程的教学，提高机械设计能力。

二、实验设备

CQSG-18B 机械零件陈列柜，共有 18 个展柜，由 300 多个零部件模型及实物组成。机械设计陈列柜主要展示各种机械零部件的类型、工作原理、应用及结构设计，所展示的机械零部件既有实物也有模型，部分结构做了剖切。由 18 个展柜组成的机械设计陈列柜展出的内容如下：螺纹连接的基本知识、螺纹连接的应用与设计、键、花键和无键连接、铆焊、胶接和过盈配合连接、带传动、链传动、齿轮传动、蜗杆传动、滑动轴承、滚动轴承类型、滚动轴承装置设计、联轴器、离合器、轴的分析与设计、弹簧、减速器、润滑与密封、小型机械结构设计实例等。

三、现场教学内容简介

第 1 展柜　螺纹连接的基本知识

螺纹连接和螺旋传动都是利用螺纹零件工作的，常用的螺纹类型很多，陈列柜里展示的是两类 8 种，即用于紧固的粗牙普通螺纹、细牙普通螺纹、圆柱螺纹、圆锥管螺纹和圆锥螺纹；用于传动的矩形螺纹、梯形螺纹、锯齿形螺纹以及左、右旋螺纹。

螺纹连接在结构上有 4 种基本类型，即螺栓连接、双头螺柱连接、螺钉连接和紧定螺钉连接。在螺栓连接中，又有普通螺栓连接与配合螺栓连接之分。普通螺栓连接的结构特点是连接件上通孔和螺栓杆间留有间隙，而配合螺栓连接的孔和螺栓杆间则采用过渡配合。除了这 4 种基本类型外，还可以看到吊环螺钉连接、T 形槽螺栓连接、地脚螺栓连接和配合螺栓连接等特殊类型。设计时，可根据需要加以选择。

螺纹连接离不开连接件，螺纹连接件种类很多，柜中陈列有常见的螺栓、双头螺柱、螺钉、螺母、垫圈等，它们的结构形式和尺寸都已标准化，设计时可根据有关标准选用。

第 2 展柜　螺纹连接的应用与设计

在螺纹连接中，为了防止连接松脱以保证连接可靠，设计螺纹连接时必须采取有效的防松措施，柜中陈列有靠摩擦防松的对顶螺母、弹簧垫圈、自锁螺母；靠机械防松的开口销与六角开槽螺母、止动垫圈、串联钢丝，以及特殊的端铆、冲点等防松方法。

绝大多数螺纹连接在装配时都必须预先拧紧，以增强连接的可靠性和紧密性。对于重要的连接，如缸盖螺栓连接，既需要足够的预紧力，但又不希望出现因预紧力过大而使螺栓过载拉断的情况。因此，在装配时要设法控制预紧力。控制预紧力的方法和工具很多，柜中陈列的测力矩扳手和定力矩扳手就是常用的工具，测力矩扳手的工作原理是利用弹性变形来指示拧紧力矩的大小，定力矩扳手则利用了过载时卡盘与柱销打滑的原理，调整弹簧的压紧力可以控制拧紧力矩的大小。

螺纹连接应用广泛，柜中陈列了一些应用方面的模型。在应用中，作为紧固用的螺纹连接，要保证连接强度和紧密性，作为传递运动和动力的螺旋传动，则要保证螺旋副的传动精度，效率和磨损寿命等。

为了提高螺栓连接的强度，可以采取很多措施，柜中陈列的腰状杆螺栓、空心螺栓、螺母下装弹性元件以及在汽缸螺栓连接中采用刚度较大的硬垫片或密封环密封，都能降低影响螺栓疲劳强度的应力幅。采用悬置螺母、环槽螺母、内斜螺母等均载螺母，能改善螺纹牙上载荷分布不均现象。采用球面垫圈，腰环螺栓连接，在支承面加工出凸台或沉孔座，倾斜支承面处加斜面垫圈等，都能减少附加弯曲应力。此外，采用合理的制造工艺方法，也有利于提高螺栓强度。

第 3 展柜　键、花键和无键连接

键是一种标准零件，通常用于实现轴与轮毂之间的周向固定，并传递转矩。陈列柜里展示的有键连接的几种主要类型，依次为普通平键连接、导向平键连接、滑键连接、半圆键连接、楔键连接和切向键连接。在这些键连接中，普通平键应用最为广泛。

花键连接，它由外花键和内花键组成。花键连接按其齿形不同，分为矩形花键，渐开线花键和三角形花键，它们都已标准化。花键连接虽然可以看做是平键连接在数目上的发展，但由于其结构与制造工艺不同，所以在强度、工艺和使用上表现出新的特点。

当轴与毂的连接不用键或花键时，统称无键连接。陈列柜里展示的型面连接模型，就属于无键连接的一种。无键连接因减少了应力集中，所以能传递较大的转矩，但加工比较复杂。

销主要用来固定零件之间的相对位置，也可用于轴与毂的连接或其他零件的连接，并可传递不大的载荷。还可以作为安全装置中的过载剪断元件，称为安全销。销可分为圆柱销、圆锥销、槽销、开口销等。

第 4 展柜　铆焊、胶接和过盈配合连接

铆接是一种很早就使用的简单机械连接，主要由铆钉和被连接件组成。柜中陈列有三种

典型的铆缝结构形式，依次为搭接、单盖板对接和双盖板对接。此外，陈列柜里展示的还有常用的铆钉在铆接后的七种形式。铆接具有工艺设备简单、抗振、耐冲击和牢固可靠等优点，但结构一般较为笨重，铆件上的钉孔会削弱强度，铆接时一般噪声很大。因此，目前除在桥梁、建筑、造船等工业部门仍常采用外，应逐渐减少，并为焊接、胶接所代替。

焊接的方法很多，如电焊、气焊和电渣，其中尤以电焊应用最广。电焊焊接时形成的接缝叫焊缝。按焊缝特点，焊接有正接填角焊、搭接填角焊、对接焊和塞焊等基本形式。

胶接是利用胶黏剂在一定条件下把预制元件连接在一起，并具有一定的连接强度。采用胶接时，要正确选择胶黏剂和设计胶接接头的结构形式。陈列柜里展示的是板件接头、圆柱形接头、锥形及盲孔接头及角接头等典型结构。

过盈配合连接是利用零件间的配合过盈来达到连接目的的，陈列柜里展示的是常见的圆柱面过盈配合连接的应用示例。

第5展柜 带 传 动

在机械传动系统中，经常采用带传动来传递运动和动力。带传动由主、从动带轮及套在两轮上的传动带所组成，当电动机驱动主动轮转动时，由于带和带轮间摩擦力的作用，便驱动从动轮一起转动，并传递一定的动力。

传动带有多种类型，陈列柜里展示的有平带、标准普通V带、接头V带、多楔V带及同步带，其中以标准普通V带应用最广。这种传动带制成无接头的环带，按横剖面尺寸为Y、Z、A、B、C、D、E七种型号。

V带轮结构：有实心式、腹板式、孔板式和轮辐式等常用形式。选择什么样的结构形式，主要取决于带轮的直径。带轮尺寸由带轮型号确定。

为了防止V带松弛，保证带的传动能力，设计时必须考虑张紧问题。常见的张紧装置有：滑道式定期张紧装置、摆架式定期张紧装置、利用电动机自重的自动张紧装置以及张紧轮装置。

第6展柜 链 传 动

链传动属于带有中间挠性件的啮合传动，链传动由主、从动链轮和链条所组成。按用途不同，链可分为传动链和起重运输链。在一般机械传动中，常用的是传动链。陈列柜里展示的有常见的单排滚子链、双排滚子链、齿形链和起重链。

链轮是链传动的主要零件。陈列柜里展示的有整体式、孔板式、齿圈焊接式和齿圈用螺栓连接式等不同结构的链轮。滚子链链轮的齿形已经标准化，可用标准刀具加工。

传动链类型：传动链有许多种，陈列柜里展示的有套筒滚子链、双列滚子链、起重链条和链接头，它们都广泛地应用在机械传动中。

链传动的布置与张紧：链传动的布置是否合适，对传动的工作能力及使用寿命都有较大影响。水平布置时，紧边在上在下都可以，但在上好些；垂直布置时，为了保证有效啮合，应考虑中心距可调，设置张紧轮，使上下两轮偏置等措施。

链传动张紧的目的：主要是为了避免在链条垂度过大时产生啮合不良和链条的振动现象。陈列柜里展示的有张紧轮定期张紧、张紧轮自动张紧和压板定期张紧等方法。

第7展柜　齿轮传动

齿轮传动是机械传动中最主要的一类传动，形式很多，应用广泛。陈列柜里展示的是最常用的直齿圆柱齿轮传动、斜齿圆柱齿轮传动、人字齿轮传动、齿轮齿条传动、直齿锥齿轮传动和曲齿锥齿轮传动。

陈列柜里展示了齿轮常见的五种失效形式模型，它们是轮齿折断、齿面磨损、点蚀、胶合及塑性变形。针对不同的失效形式，可以建立相应的设计准则。目前设计一般用途的齿轮传动时，通常只按保证齿根弯曲疲劳强度及保证齿面接触疲劳强度两准则进行计算。

为了进行强度计算，必须对轮齿进行受力分析，陈列柜里展示的直齿轮、斜齿轮和锥齿轮轮齿受力分析模型，有助于形象地了解作用在齿轮上的法向力如何分解成圆周力、径向力及轴向力等，至于各分力的大小，可由相应的计算公式确定。

齿轮的结构形式：陈列柜里展示的有齿轮轴、实心式、腹板式、带加强筋的腹板式、轮辐式等常用结构，设计时主要根据齿轮的尺寸确定。

第8展柜　蜗杆传动

蜗杆传动是用来传递空间互相垂直而不相交的两轴间的运动和动力的传动机构。由于它具有传动比大而结构紧凑等优点，所以应用较广。陈列柜里展示的是普通圆柱蜗杆传动、三头蜗杆传动、圆弧面蜗杆传动和锥蜗杆传动等常见类型，其中应用最多的是普通圆柱蜗杆传动，即阿基米德蜗杆传动。在通过蜗杆轴线并垂直于蜗轮轴线的中间平面上，蜗杆与蜗轮的啮合关系可以看做是直齿齿条和齿轮的啮合关系。

蜗杆的结构：由于蜗杆螺旋部分的直径不大，所以常和轴做成一个整体。陈列柜里展示的有两种结构形式的蜗杆，其中一种无退刀槽，加工螺旋部分时只能用铣制的办法；另一种则有退刀槽，螺旋部分可以车制也可以铣制，但这种结构的刚度较前一种差。当螺杆螺旋部分的直径较大时，也可以将蜗杆与轴分开制造。

常用的蜗轮结构形式也有多种，陈列柜里展示的有齿圈式、螺栓连接式、整体浇铸式和拼铸式等典型结构，设计时可根据蜗杆尺寸选择。

在设计蜗杆传动时，要进行受力分析。陈列柜里展示的受力分析模型，展示出齿面法向载荷分解为圆周力、径向力及轴向力的情况，各分力的大小由计算公式计算。

第9展柜　滑动轴承

滑动摩擦轴承简称滑动轴承，用来支承转动零件。按其所能承受的载荷方向不同，有向心滑动轴承与推力滑动轴承之分。对开式向心滑动轴承，用来承受径向载荷。从结构上看，它由对开式轴承座、轴瓦及连接螺栓组成，这是独立使用的向心轴承的基本结构形式。此外，还有整体式向心滑动轴承、带锥形表面轴套轴承、多油楔轴承和扇形块可倾轴瓦轴承等结构形式。

推力滑动轴承用来承受轴向载荷。它由轴承座与推力轴颈组成。陈列柜里展示的是固定的推力轴承的几种结构形式，依次为实心式、单环式、空心式和多环式。

在滑动轴承中，轴瓦是直接与轴颈接触的零件，是轴承的重要组成部分，常用的轴瓦可分为整体式和剖分式两种结构。为了把润滑油导入整个摩擦表面，轴瓦或轴颈上须开设油孔或油槽。油槽的形式一般有纵向槽、环形槽及螺旋槽等。

根据滑动轴承两个相对运动表面间油膜形成原理的不同，滑动轴承分为动压轴承和静压轴承，陈列柜里展示有向心动压滑动轴承的工作状况，由此可以看出，当轴颈转速达到一定值后，才有可能处于完全液体摩擦状态。

静压轴承是依靠外界供给一定的压力油而形成承载油膜，使轴颈和轴承相对转动时处于完全液体摩擦状态的，模型展示了这种滑动轴承的基本原理。

第10展柜　滚动轴承类型

滚动轴承是现代机器中广泛应用的部件之一。滚动轴承由内圈、外圈、滚动体和保持架四部分组成。滚动体是形成滚动摩擦的基本元件，它可以制成球状或不同的滚子形状，相应的有球轴承和滚子轴承。

滚动轴承按承受的外载荷不同，可以概括地分为向心轴承、推力轴承和向心推力轴承三大类。在各个大类中，又可做成不同结构、尺寸、精度等级，以便适应不同的技术要求。陈列柜里展示的有常用的10大类轴承，它们分别为深沟球轴承、调心球轴承、圆柱滚子轴承、调心滚子轴承、滚针轴承、螺旋滚子轴承、角接触球轴承、圆锥滚子轴承、推力球轴承和推力调心滚子轴承。

为便于组织生产和选用，国家标准GB/T 272—1993规定了轴承代号的表示方法。大家应先熟悉基本代号的含义，据此可以识别常用轴承的主要特点。

滚动轴承工作时，轴承元件上的载荷和应力是变化的。连续运转的轴承有可能发生疲劳点蚀，因此需要按疲劳寿命选择滚动轴承的尺寸。

第11展柜　滚动轴承装置设计

要保证轴承顺利工作，必须解决轴承的安装、紧固、调整、润滑和密封等问题，即进行轴承装置的结构设计或轴承组合设计。

常用的10种轴承部件结构模型如下。

第1种为直齿轮轴承部件，它采用深沟球轴承，两轴承内圈一侧用轴肩定位，外圈靠轴承盖作轴向紧固，属两端固定的支承结构。右端轴承外圈与轴承盖间留有间隙。采用U型橡胶油封密封。

第2种也是直齿轮轴承部件，它采用深沟球轴承和嵌入式轴承盖，轴向间隙靠右端轴承外圈与轴承盖间的调整环保证，采用密封槽密封。显然，这也是两端固定的支承结构。

第3种为人字齿轮轴承部件，采用外圈无挡边圆柱滚子轴承，靠轴承内、外圈作双向轴向固定。工作时轴可以自由地作双向轴向移动，实现自动调节。这是一种两端游动的支承结构。

第4种为斜齿轮轴承部件，采用角接触轴承，两轴承内侧加挡油盘，进行内部密封。靠轴承盖与箱体间的调整片以保证轴承有合适的轴向间隙，采用U型橡胶油封密封。这也是两端固定的支承结构。

第5种、第6种都是斜齿轮轴承部件，请自己分析它们的结构特点。

第7种、第8种为小圆锥齿轮轴承部件，都采用圆锥滚子轴承，一种正装，一种反装。套杯内外两垫片可分别用来调整轮齿的啮合位置及轴承的间隙，采用毡圈密封。正装方案安

装调整方便，反装方案可使支承刚度稍大，但结构复杂，安装调整不便。

第 9、第 10 种为蜗杆轴承部件。第 9 种采用圆锥滚子轴承，呈两端固定方式。第 10 种则为一端固定，一端游动的方式，固定端采用一对角接触球轴承，游动端采用一个深沟球轴承。这种结构可用于转速较高载荷较大的场合。

在轴承组合设计中，轴承内、外圈的轴向紧固值得注意。陈列柜里展示了轴承内外圈紧固的常用方法。

为了提高轴承旋转精度和增加轴承装置刚性，轴承可以预紧，即在安装时用某种方法预先在轴承中产生并保持一轴向力，以消除轴承侧向间隙。陈列柜里展示有轴承的常用预紧方法。

第 12 展柜　联　轴　器

联轴器是用来连接两轴以传递运动和转矩的部件。本柜陈列有固定式刚性联轴器、可移式刚性联轴器和弹性联轴器等基本类型。

固定式刚性联轴器：陈列柜里展示的是凸缘联轴器和套筒式联轴器，由于它们无可移性，无弹性元件，对所联两轴间的偏移缺乏补偿能力，所以适用于转速低、无冲击、轴的刚性大和对中性较好的场合。

无弹性元件挠性联轴器：陈列柜里展示的有十字滑块联轴器、滑块联轴器、十字轴式万向联轴器和齿式联轴器。这类联轴器因具有可移性，故可补偿两轴间的偏移。但因无弹性元件，也不能缓冲减振。

非金属弹性元件挠性联轴器的种类也很多，陈列柜里展示的有弹性套柱销联轴器、柱销联轴器、轮胎联轴器、星形弹性联轴器和梅花形弹性联轴器。它们的共同特点是装有弹性元件，不仅可以补偿两轴间的偏移，而且具有缓冲减振的能力。

上述各种联轴器已经标准化或规格化，设计时只需要参考手册，根据机器的工作特点及要求，结合联轴器的性能选定合适的类型。

第 13 展柜　离　合　器

离合器也用来连接两轴以传递运动和转矩，但它能在机器运转中将传动系统随时分离或接合，本柜陈列有牙嵌离合器、摩擦离合器和特殊结构与功能的离合器三大类型。

牙嵌离合器：离合器由两个半离合器组成，其中一个固定在主动轴上；另一个用导向键或花键与从动轴连接，并可用操纵机构使其做轴向移动，以实现离合器的分离与接合。这类离合器一般用于低速接合的场合。

摩擦离合器：有单盘摩摩擦离合器、多盘摩擦离合器和锥形摩擦离合器。与牙嵌离合器相比，摩擦离合器不论在任何速度时都可离合，接合过程平稳，冲击振动较小，过载时可以打滑，但其外廓尺寸较大。

除一般结构和一般功能的离合器外，还有一些特殊结构或特殊功能的离合器。陈列柜里展示的有只能传递单向转矩的滚柱式定向离合器，过载自行分离的滚珠安全离合器以及控制速度的离心离合器等。

第14展柜　轴的分析与设计

轴是组成机器的主要零件之一，一切作回转运动的传动零件，都必须安装在轴上才能进行运动及动力传递。

轴的种类很多，陈列柜里展示有常见的光轴、阶梯轴、空心轴、曲轴及钢丝软轴。直轴按承受载荷性质的不同，可分为心轴、转轴和传动轴。心轴只承受弯矩；转轴既承受弯矩又承受扭矩；传动轴则主要承受扭矩。

设计轴的结构时，必须考虑轴上零件的定位。这里介绍常用的零件定位方法。左起第一个模型，轴上齿轮靠轴肩轴向定位，用套筒压紧；滚动轴承靠套筒定位，用圆螺母压紧。齿轮用键做周向固定。第二个模型，轴上零件用紧定螺钉固定，适用于轴向力不大之处。第三个模型，轴上零件利用弹簧挡圈定位，同样只适用于轴向力不大的情况。第四个模型，轴上零件利用圆锥形轴端定位，用螺母压板压紧，这种方法只适用于轴端零件固定。

轴的结构设计：轴的结构设计是指定出轴的合理外形和全部结构尺寸。这里以圆柱齿轮减速器中输出轴的结构设计为例，介绍轴的结构设计过程。

左起第一个模型表示设计的第一步。这一步要确定齿轮、箱体内壁、轴承、联轴器等相对位置，并根据轴所传递的转矩，按扭转强度初步计算出轴的直径，此轴径可作为安装联轴器处的最小直径。第二个模型，它表示设计的第二步，设计内容为确定各轴段的直径和长度。设计时以最小直径为基础，逐步确定安装轴承、齿轮处轴段直径。各轴段长度根据轴上零件宽度及相互位置确定。经过这一步，阶梯轴初具形态。往右看第三个模型，它表示设计的第三步，设计内容是解决轴上零件的固定，确定轴的全部结构形状和尺寸。从模型可见，齿轮靠轴环的轴肩作轴向定位，用套筒压紧。齿轮用键周向定位。联轴器处设计出定位轴肩，采用轴端压板紧固，用键周向定位。各定位轴肩的高度根据结构需要确定，尤其要注意滚动轴承处的定位轴肩，其高度不应超过轴承内圈，以便于轴承拆卸。为减小轴在剖面突变处的应力集中，应设计有过渡圆角。过渡圆角半径必须小于与之相配的零件倒角尺寸或圆角半径，以使零件得到可靠的定位。为便于安装，轴端应设计倒角。轴上的两个键槽设计在同一母线上，以利于加工。

对于不同的装配方案，可以得到不同的轴的结构形式。最右边的模型，就是另一种设计结果。

第15展柜　弹　簧

弹簧是一种弹性元件，它具有多次重复地随外载荷的大小而作相应的弹性变形，卸载后又能立即恢复原状的特性。很多机械正是利用弹簧的这一特性来满足某些特殊要求的，陈列柜里展示的几个模型，便是弹簧应用的例子。

除圆柱螺旋弹簧外，陈列柜里展示的还有其他类型的弹簧，如用作仪表机构的平面蜗卷形盘簧，只能承受轴向载荷但刚度很大的碟形弹簧及常用于各种车辆减振的板簧。

弹簧种类较多，但应用最多的是圆柱螺旋弹簧。按照载荷划分，它有拉伸弹簧、压缩弹簧和扭转弹簧三种基本类型。陈列柜里展示的有这些弹簧的结构形式及典型的工作图。

第16展柜 减 速 器

减速器是指用于原动机与工作机之间独立的闭式传动装置，用来降低转速和相应的增大转矩。

减速器的种类很多，陈列柜里展示的有单级圆柱齿轮减速器、二级展开式圆柱齿轮减速器、圆锥齿轮减速器、圆锥-圆柱齿轮减速器、蜗杆减速器和蜗杆-齿轮减速器的模型。

无论哪种减速器，都是由箱体、传动件和轴系零件以及附件所组成。

箱体用于承受和固定轴承部件，并提供润滑密封条件。箱体一般用铸铁铸造，它必须有足够的刚度。通常剖分面与齿轮轴线所在平面相重合的箱体应用最广。

由于减速器在制造、装配及应用过程中的特点，减速器上还设置一系列的附件。如用来检查箱内传动件啮合情况和注入润滑油用的窥视孔及视孔盖，用来检查箱内油面高度是否符合要求的油标，更换污油的油塞，平衡箱体内外气压的通气器，保证剖分式箱体轴承座孔加工精度用的定位销，便于拆卸箱盖的起盖螺钉，便于拆装和搬运箱盖用的吊耳、吊环螺钉，用于整台减速器的起重吊钩以及润滑用的油杯等。

第17展柜 润滑与密封

在摩擦面间加入润滑剂进行润滑，有利于降低摩擦、减轻磨损，保护零件不遭锈蚀，而且在采用循环润滑时可起到散热降温的作用。陈列柜里展示的是常用的润滑装置，如手工加油润滑用的压注油杯、旋套式注油杯、手动式滴油油杯和油芯式油杯等，它们适用于使用润滑油分散润滑的机器。此外，还陈列有用于润滑的直通式压注油杯和连续压注油杯。

机器的密封：机器设备密封性能的好坏，是衡量设备质量的重要指标之一。机器常用的密封装置可分为接触式与非接触式两种，陈列柜里展示的毡圈密封、皮碗密封、O形橡胶圈密封模型，就属于接触式密封形式。接触式密封的特点是结构简单、价廉，但磨损较快、寿命短，适合于速度较低的场合。

非接触式密封适合于速度较高的场合，陈列柜里陈列的油沟密封槽密封和迷宫密封槽密封就属于非接触式密封方式。

密封装置中的密封件都已经标准化或规格化，陈列柜里有部分密封件实物，设计时应查阅有关标准选用。

第18展柜 小型机械结构设计实例

通过系统地学习前面各柜所展示的连接、传动、轴系，以及其他通用机械零件的基本类型、结构形式和工作原理后，本柜展示了一些日常生活中常见的外形美观、使用简单、运用上述知识的机械设计实例。为了便于了解这些机械的内部结构，机械的外壳被切割剖开或能拆下来。

这些小型机械都是由动力装置、传动装置、工作器件和托架机座等部分组成，它们构成了一个能完成某种和多种特定功能的装置。这些机械设计巧妙、制作精细、使用方便，在人们的日常生活和工作中发挥了巨大的作用，极大地减轻了人们的劳动强度，提高了工作效率。

这些机械的动力装置绝大部分采用小型电机带动，但对于家用压面机也可采用手动。而传动装置则根据工作器件的特点采用不同的方式，例如木工电刨和粉碎机则采用带传动方式；电动剪刀和角磨机则采用蜗轮蜗杆传动方式；榨汁机、家用压面机和手电钻则采用齿轮传动方式。对于用在高速转动的场合，如雕刻机和手电钻，还应用轴承进行支承。同时，通过对各种机械内部结构的仔细观察，还可以了解到轴的类型及零件在轴上的定位方法。

四、现场教学方式及要求

（1）现场教学方式以学生参观、自学为主，教师辅导答疑为辅，并进行讨论、分析，因此是开放的教学形式，学生可利用业余时间到实验室参观。

（2）现场教学时间可根据课堂教学进程分不同阶段进行。例如，在讲绪论部分时来实验室参观，可参观部分概念性的内容、建立宏观印象；而在讲课过程中来实验室参观，则可选择各章的相关内容；在复习时来实验室参观则可以全面参观、巩固复习所学过的内容。

（3）实验报告，同样可按课堂教学的进度选择对应的思考题填写，在复习阶段最后填写完毕。

6.2 机械设计现场认识实验报告

一、实验目的

二、实验设备

三、回答问题

1. 螺纹的类型有__________、__________、__________、__________。
   螺纹连接的类型有__________、__________、__________、__________。
   螺纹连接的防松有__________、__________、__________。
2. 键连接的类型有__________、__________、__________、__________。
   花键连接的类型有__________、__________。
3. 普通 V 带的型号有__________。
   V 带轮的结构形式有__________、__________、__________、__________。
   V 带传动的张紧装置有__________、__________、__________。
4. 链传动的形式有__________、__________、__________。
5. 齿轮的结构形式有__________、__________、__________。
6. 蜗轮的结构形式有__________、__________、__________、__________。
7. 滑动轴承按其所承受载荷方向的不同分为______________、______________、______________。

向心滑动轴承的结构形式有__________、__________、__________、__________、__________。

8. 常用滚动轴承的类型及其代号有__________、__________、__________、__________、__________、__________、__________、__________、__________、__________。

滚动轴承内圈的轴向固定方法有__________、__________、__________、__________。

滚动轴承外圈的轴向固定方法有__________、__________、__________、__________。

滚动轴承的接触式密封形式有__________、__________。

滚动轴承的非接触式密封形式有__________、__________。

9. 联轴器可分为__________、__________、__________三大类。

刚性联轴器的形式有__________、__________、__________、__________、__________、__________。

10. 离合器的类型有__________、__________、__________、__________、__________、__________。

11. 轴按承载类型有__________、__________、__________。

轴上零件的轴向固定方式有______________________________。

轴上零件的周向固定方式有______________________________。

12. 按照所受载荷的不同，弹簧可分为__________、__________、__________、__________。

四、谈谈你对这次现场认识的感想

实验 7

带传动实验

7.1 带传动实验指导书

一、实验目的

（1）了解带传动实验台的结构和工作原理，掌握带传动转矩、转速的测量方法。

（2）观察带传动中的弹性滑动和打滑现象，以及它们与带传递载荷之间的关系。

（3）比较预紧力的大小对带传动承载能力的影响。

（4）测定并绘制带传动的弹性滑动曲线和效率曲线，了解带传动所传递载荷与弹性滑动率及传动效率之间的关系。

二、实验设备

1. 实验台的主要技术参数

带传动实验所用的实验设备为 CQP—C 型带传动实验台，其主要技术参数如下：

（1）直流伺服电动机：功率 355 W，调速范围 50～1 500 r/min，精度 ±1 r/m；

（2）预紧力最大值：35 N（3.5 kgf）；

（3）转矩力测杆力臂长：$L_1=L_2=120$ mm（L_1、L_2为电机转子轴心至力传感器中心的距离）；

（4）测力杆刚度系数：$K_1=K_2=0.24$ N/格；

（5）带轮直径：V 带轮 $d_1=80$ mm，$d_2=120$ mm；

（6）压力传感器：精度 1%，量程 0～50 N；

（7）直流发电机：功率 355 W，加载范围 0～320 W（40 W×8）；

（8）外形尺寸：800 mm×400 mm×1 000 mm；总质量：110 kg。

2. 实验台结构及工作原理

本实验台主要结构如图 7-1 所示。

（1）实验带 6 装在主动带轮和从动带轮上。主动带轮装在直流伺服电动机 5 的主轴前端，该电动机为特制的两端外壳由滚动轴承支承的直流伺服电动机，滚动轴承座固定在移动底板 1 上，整个电动机可相对两端滚动轴承座转动，移动底板 1 能相对机座 10 在水平方向滑移。从动带轮装在发电机 8 的主轴前端，该发电机为特制的两端外壳由滚动轴承支承的直流伺服电动机，滚动轴承座固定在机座 10 上，整个发电机也可相对两端滚动轴承座转动。

（2）砝码及砝码架 2 通过尼龙绳与移动底板 1 相连，用于张紧实验带，增加或减少砝码，即可增大或减少实验带的初拉力。

（3）发电机 8 的输出电路中并联有 8 个 40 W 灯泡 9，组成实验台加载系统，该加载系统可用实验台面板上触摸按钮 6、7（见图 7-2）进行手动控制并显示。

（4）实验台面板布置如图 7-2 所示。

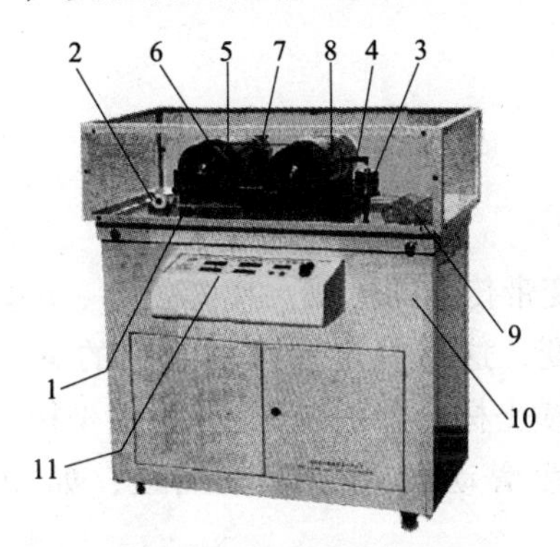

图 7-1 CQP—C 带传动实验台主要结构图

1—电动机移动底板；2—砝码及砝码架；3—力传感器；4—转矩测力杆；5—电动机；6—实验带；7—光电测速装置；8—发电机；9—负载灯泡组；10—机座；11—操纵面板

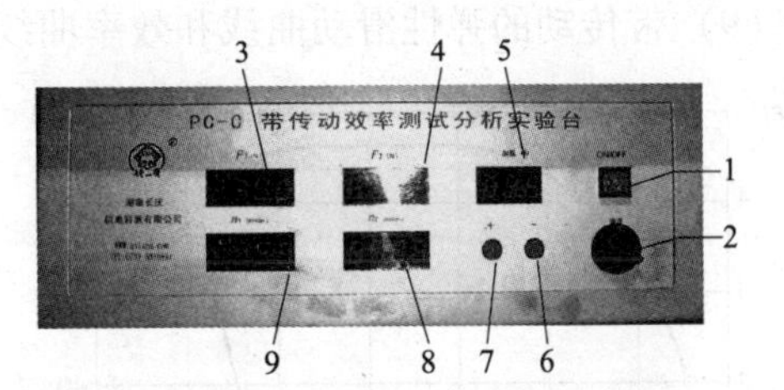

图 7-2 带传动实验台面板布置图

1—电源开关；2—电动机转速调节；3—电动机转速显示；4—发电机转速显示；5—加载显示；6—卸载按钮；7—加载按钮；8—发电机转矩力显示；9—电动机转矩力显示

（5）主动带轮的驱动力矩 T_1 和从动带轮的负载转矩 T_2 均是通过电机外壳的反力矩来测定的。当电动机 5 启动和发电机 8 加负载后，由于定子与转子间磁场的相互作用，电动机的外壳（定子）将向转子回转的反向（逆时针）翻转，而发电机的外壳将向转子回转的同向（顺时针）翻转。两电机外壳上均固定有测力杆 4，把电动机外壳翻转时产生的转矩力传递给传感器 3。主、从动带轮转矩力可直接在面板上的数码管窗口上读取。

主动带轮上的转矩 $T_1 = Q_1 K_1 L_1$ N·m；从动带轮上的转矩 $T_2 = Q_2 K_2 L_2$ N·m

式中 Q_1，Q_2——电动机转矩力（在面板窗口显示读取）；

K_1，K_2——转矩测力杆刚性系数（本实验台 $K_1 = K_2 = 0.24$ N/格）；

L_1，L_2——力臂长，即电机转子中心至力传感器轴心距离（本实验台 $L_1 = L_2 =$ 120 mm）。

（6）两电动机的主轴后端均装有光电测速转盘 7，转盘上有一小孔，转盘一侧固定有光电传感器，传感器侧头正对转盘小孔，主轴转动时，可在实验台面板数码管窗口上直接读出主轴转速（即带轮转速）。

（7）弹性滑动率 ε。

主、从动带轮转速 n_1、n_2 可从实验台面板窗口上直接读出。由于带传动存在弹性滑动，使 $v_2 < v_1$，其速度降低程度用滑动率 ε 表示：

$$\varepsilon = \frac{v_1 - v_2}{v_1}\% = \frac{d_1 n_1 - d_2 n_2}{d_1 n_1}\%\text{；当 } d_1 = d_2 \text{ 时：} \varepsilon = \frac{n_1 - n_2}{n_1}\%$$

式中 d_1，d_2——主、从动带轮基准直径；

v_1，v_2——主、从动带轮的圆周速度；

n_1，n_2——主、从动带轮转速。

（8）带传动的效率 η。

$$\eta=\frac{P_2}{P_1}=\frac{T_2 \cdot n_2}{T_1 \cdot n_1}\%$$

式中 P_1，P_2——主、从动带轮上的功率；

T_1，T_2——主、从动带轮上的转矩；

n_1，n_2——主、从动带轮转速。

（9）带传动的弹性滑动曲线和效率曲线。

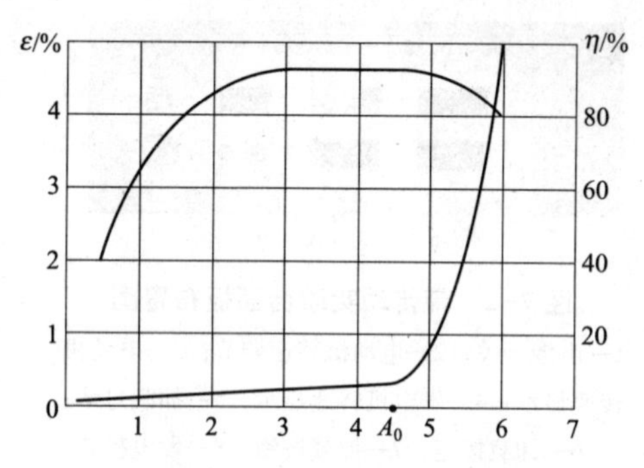

图 7-3　带传动弹性滑动曲线和效率曲线

改变带传动的负载，其 T_1、T_2、n_1、n_2也都在改变，这样就可算得一系列的 ε、η 值，以 T_2为横坐标，分别以 ε、η 为纵坐标，可绘制出弹性滑动曲线和效率曲线，如图 7-3 所示。

图 7-3 中横坐标上 A_0点为临界点，A_0点以左为弹性滑动区，即带传动的正常工作区，在该区域内，随着载荷的增加，弹性滑动率 ε 和效率 η 逐渐增加；当载荷继续增加到超过临界点 A_0时，弹性滑动率 ε 急剧上升，效率 η 急剧下降，带传动进入打滑区段，不能正常工作，应当避免。

三、实验步骤

（1）在实验台带轮上安装实验 V 带；将电动机转速调节旋钮调到止位；加砝码 3 kg，使带具有预紧力；接通实验台电源，电源指示灯亮；调整测力杆，使其处于平衡状态。

（2）按顺时针方向慢慢地旋转电动机转速调节旋钮，使电动机逐渐加速到 n_1 = 1 000 r/min左右，待带传动运转平稳后（需数分钟），记录带轮转速 n_1、n_2和电动机转矩力 Q_1、Q_2一组数据。

（3）在带传动实验面板上按动加载按钮，每隔 5～10 s，逐个打开灯泡（即逐渐加载），逐组记录数据 n_1、n_2及 Q_1、Q_2，注意 n_1与 n_2间的差值，在实验台上观察带传动的弹性滑动现象。

（4）再按动加载按钮，继续增加负载，直到 $\varepsilon \geqslant 3\%$ 左右，带传动进入打滑区，若再继续增加负载，n_1与 n_2之差迅速增大，带传动出现明显打滑现象。同时，在实验台上观察带传动的打滑现象。

（5）按面板卸载按钮，关闭全部灯泡，将转速调到止位，将砝码减到 2 kg，再重复第 2～第 4 步实验。

（6）按面板卸载按钮，关闭全部灯泡；将转速调到止位，关闭实验台电源，取下砝码，结束实验。

（7）整理实验数据。根据已经测得的数据，按要求手工绘制带传动弹性滑动曲线和效率曲线。

四、注意事项

（1）实验前应反复推动电动机移动底板，使其运动灵活。

（2）带及带轮应保持清洁，不得沾油。如果不清洁，可用汽油或酒精清洗，再用干抹布擦干。

（3）在启动实验台电源开关之前，必须做到：

① 将面板上转速调节旋钮逆时针旋到止位，以避免电动机突然高速运动产生冲击损坏传感器；

② 应在砝码架上加上一定的砝码，使带张紧；

③ 应卸去发电机所有的负载。

（4）实验时，先将电动机转速逐渐调至 1 000 r/min，稳定运转数分钟，使带的传动性能稳定。

（5）采集数据时，一定要等转速窗口数据稳定后进行，两次采集间隔为 5～10 s。

（6）当带加载至打滑时，运转时间不能过长，以防带过度磨损。

（7）实验台工作条件：

电源：电压 220 V ± 10%，频率 50 Hz 交流电；环境温度：0 ℃ ～ + 40 ℃；相对湿度：≤80%；

其他：工作场所无强烈电磁干扰和腐蚀气体。

7.2　带传动实验报告

一、实验目的

二、实验设备及仪器

三、带传动实验参数

（1）带的种类（V带、圆带、平带）。
（2）预紧力：$2F_{01}=$ N；$2F_{02}=$ N。
（3）带轮基准直径：$d_1=$ mm；$d_2=$ mm。
（4）测力杆力臂长：$L_1=L_2=$ mm。
（5）测力杆刚性系数：$K_1=K_2=$ N/格。

四、实验数据记录与计算

第一次预紧：预紧力 $2F_{01}=$ N

加载	n_1	n_2	Δn	F_1	F_2	ε	T_1	T_2	η
1									
2									
3									
4									
5									
6									
7									
8									

第二次预紧：预紧力 $2F_{02}=$ N

加载	n_1	n_2	Δn	F_1	F_2	ε	T_1	T_2	η
1									
2									
3									
4									
5									
6									
7									
8									

五、绘制弹性滑动曲线和效率曲线

第一次预紧：预紧力 $2F_{01}=$ 　N
以 ε 为纵坐标，T_2 为横坐标，绘制弹性滑动曲线；以 η 为纵坐标，T_2 为横坐标，绘制传动效率曲线

第二次预紧：预紧力 $2F_{02}=$ 　N
以 ε 为纵坐标，T_2 为横坐标，绘制弹性滑动曲线；以 η 为纵坐标，T_2 为横坐标，绘制传动效率曲线

实验 8

齿轮传动效率测试实验

8.1 齿轮传动效率测试实验指导书

一、实验目的

(1) 了解齿轮传动实验台的结构及其工作原理;

(2) 通过本实验加深理解齿轮传动效率与转速及载荷的关系;

(3) 通过齿轮传动装置的实验，进一步了解齿轮传动性能;

(4) 掌握转矩、转速、功率、效率的测量方法。

二、实验台结构及其工作原理

齿轮传动效率测试实验台，是采用传感器技术、微机测控技术等先进测试方法，测试齿轮传动效率的智能化实验台。它具有体积小、操作方便、技术先进、效果直观等优点，是理想的实验教学设备。

图 8-1 齿轮传动效率测试实验台的结构简图

1—底座; 2—传感器; 3—电机; 4—轴承支架; 5—联轴器; 6—磁粉制动器; 7—齿轮传动减速器

1. 齿轮传动效率测试实验台的结构

齿轮传动效率测试实验台的结构如图 8-1 所示:

实验台的动力自一台直流调速电机 3，电机的转轴由一对固定在底座 1 上的轴承支架 4 托起，因而电机的定子连同外壳可以绕转轴摆动。转子的轴头通过联轴器 5 与齿轮减速器 7 的输入轴相连，直接驱动输入轴转动。电机机壳上装有测距杠杆，通过输入测距传感器 2，可测出电机工作时的输出转矩（即齿轮减速器的输入转矩）。

被测减速器 7 的箱体固定在实验台底座上，齿轮减速器传动比 $i=5$，其动力输出轴上装有磁粉制动器 6，改变制动器输入电流的大小即可改变负载制动力矩的大小。实验台面板上布置或装有电机转速调节旋钮和加载按

钮，以及转速和加载显示器件等。电机转速、输入及输出力矩等信号，通过单片机数据采集系统输入上位机数据处理后，即可显示并打印出实验结果和曲线。实验台原理框图如图 8-2 所示：

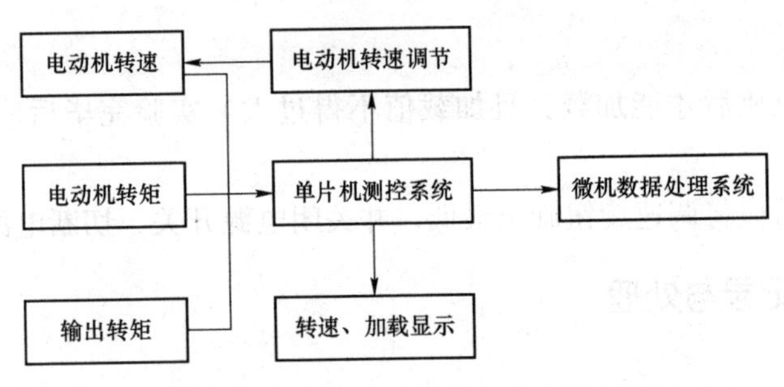

图 8-2　齿轮传动效率测试实验台原理框图

2. 实验测试的内容与方法

（1）当齿轮传动系统工作在一定转速时，改变输出负载的大小，测定齿轮传动系统输入功率 P_1 和相应的输出功率 P_2，从而得出其传动效率 $\eta=\dfrac{P_2}{P_1}$。功率是通过测定其转矩及转速获得的。

（2）当齿轮传动系统工作在一定负载时，改变输入轴的转速大小，测定齿轮传动系统输入功率 P_1 和相应的输出功率 P_2，也可得到其传动效率 $\eta=\dfrac{P_2}{P_1}$。

（3）通过齿轮减速器传动效率测试实验，分析对齿轮传动性能的影响因素。

三、实验操作步骤

1. 准备工作

（1）将实验台与微机的串口连接线连好。

（2）用手转动联轴器，要求转动灵活。

（3）将控制面板上的电源开关放到“关”的位置，调速旋钮旋在最低点。

2. 进行实验

（1）启动微机，进入实验软件主界面，并根据实验台上的配置选择齿轮减速器。

（2）接通电源，打开电源开关，数码管灯亮。

（3）缓慢顺时针旋转调节电机调速旋钮，电机起动，使转速逐渐达 1 000 r/min 左右。

（4）待转速稳定后，可按动加载按钮加载（第 1 挡加载系统已默认）。

（5）点击软件主界面“数据采集”按钮，电机转速、电机转矩、负载力矩等实验数据发送到实验界面。

（6）点击软件主界面“数据分析”按钮，实验结果以及实验曲线即在相应窗口显示，点击“保存”。

（7）将载荷设定在某一定值，从小到大（反之也可）调节输入转速，中间采集数据 8 次，点击软件主界面，分析实验结果以及相应的实验曲线（$\eta-T_2$、$\eta-n_1$）。

（8）点击软件主界面“打印”按钮，如连接打印机即可打印实验结果及实验曲线。

（9）根据实验软件界面提供的齿轮减速器参数以及实验条件，进行齿轮传动效率的理论值计算，与实测值进行比较，并进行误差分析。

3. 注意事项

（1）必须起动电机后才能加载，且加载值不得过大。实验完毕后应先卸载后停机，以免烧坏电机。

（2）实验完毕后应将调速旋钮旋至最低，并关闭电源开关，切断电源。

四、实验数据记录与处理

1. 实验台参数

电机调速范围= 50～1 500 r/min

电机测力杠杆臂长= 120 mm

齿轮减速器传动比 i= 5

磁粉制动器输出扭矩 T_2 = 0～50 N·m

2. 实验数据处理

齿轮减速器传动效率：
$$\eta=\frac{P_2}{P_1}$$

式中 （1）P_1——齿轮输入功率（即电机输出功率）

$$P_1=\frac{T_1 n_1}{9\ 550}\ (\mathrm{kW})$$

T_1——齿轮输出转矩（即电机输出扭矩）

$$T_1=L_1 G_1\ (\mathrm{N\cdot m})$$

L_1——电机测力杠杆臂长（m）

G_1——电机测力传感器测得力值（N）

n_1——齿轮输入转速（即电机的转速）（rpm）

（2）P_2——齿轮传动输出功率

$$P_2=\frac{T_2 n_2}{9\ 550}\ (\mathrm{kW})$$

T_2——齿轮传动输出转矩（即磁粉制动器输出扭矩）（N·m）

n_2——齿轮输出转速 $$n_2=\frac{n_1}{i}\ (\mathrm{rpm})$$

3. 情况说明

（1）实验得出的传动效率除啮合传动效率外，还包含了两对轴承的效率和搅油损失。

（2）本实验指导书仅供参考，具体实验由指导教师根据需要安排。

五、思考题

1. 齿轮减速器的传动效率与哪些因素有关?

2. 影响传动效率的原因是什么？

8.2　齿轮传动效率测试实验报告

一、实验目的

二、实验设备

三、齿轮传动实验参数

四、实验数据记录与计算

1. 转速恒定数据

数据编号	转速	输入力矩	输出力矩	效率
1				
2				
3				
4				
5				
6				
7				
8				

2. 输出力矩恒定数据

数据编号	转速	输入力矩	输出力矩	效率
1				
2				

续表

数据编号	转速	输入力矩	输出力矩	效率
3				
4				
5				
6				
7				
8				

3. 实验曲线

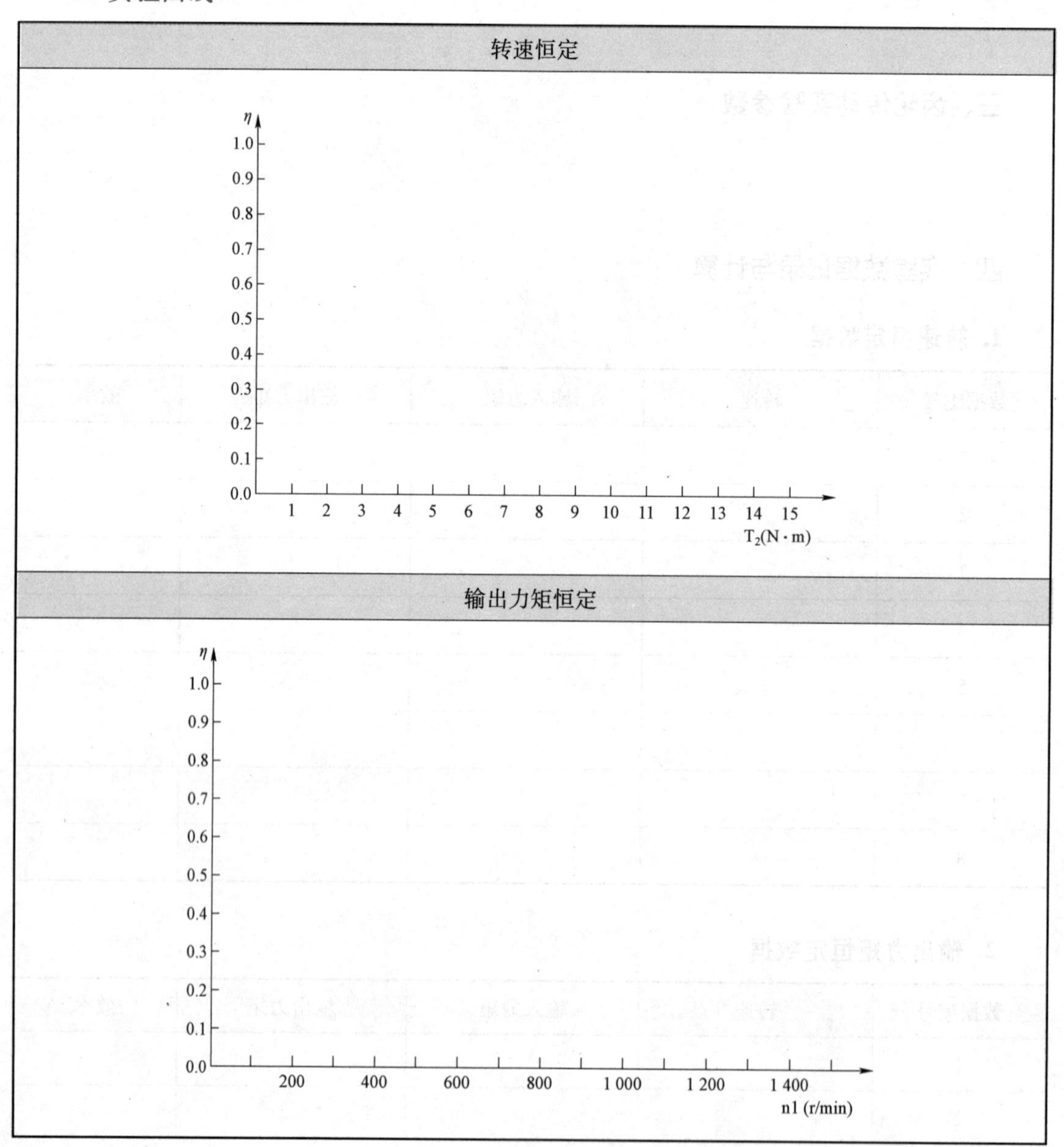

4. 数据分析结果

转速恒定最大效率：　　　　　　　　载荷恒定最大效率：

五、回答问题

1. 齿轮减速器的传动效率与哪些因素有关？

2. 影响传动效率的原因是什么？

液体动压滑动轴承实验

9.1 液体动压滑动轴承实验指导书

一、实验目的

ZCS-I 液体动压滑动轴承实验台，用于机械设计中液体动压滑动轴承实验。主要利用它来观察滑动轴承的结构、测量其径向油膜压力分布、测定其摩擦特性曲线等。

（1）观察滑动轴承的动压油膜形成过程与现象；

（2）通过实验，绘出滑动轴承的特性曲线；

（3）了解摩擦系数、转速等数据的测量方法；

（4）通过实验数据处理，绘制出滑动轴承径向油膜压力分布曲线与承载量曲线。

二、实验系统组成

（一）实验系统组成

轴承实验系统框图如图 9-1 所示，它由以下设备组成：

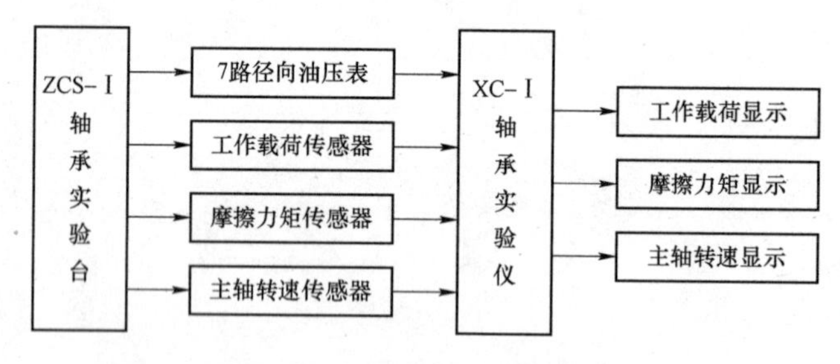

图 9-1　滑动轴承实验系统框图

1. ZCS-I 液体动压滑动轴承实验台——轴承实验台的机械结构；

2. 油压表——共 7 个，用于测量轴瓦上径向油膜压力分布值；

3. 工作载荷传感器——应变力传感器，用于测量外加载荷值；

4. 摩擦力矩传感器——应变力传感器，用于测量在油膜粘力作用下轴与轴瓦间产生的摩擦力矩；

5. 转速传感器——霍尔磁电式传感器，用于测量主轴转速；

6. ZCS-I 液体动压轴承实验仪——以单片微机为主体，完成对工作载荷传感器、摩擦力

矩传感器及转速传感器的信号采集，处理并将处理结果由 LED 数码管显示出来。

（二）轴承实验台结构特点

实验台结构如图 9-2 所示。该实验台主轴 7 由两个高精度的单列向心球轴承支承。直流电机 1 通过三角带 2 带动主轴 7，主轴顺时针转动，主轴上装有精密加工的轴瓦 5，由装在底座 10 上的无级调速器 12 实现主轴的无级变速，轴的转速由装在实验台上的霍尔转速传感器测出并显示。

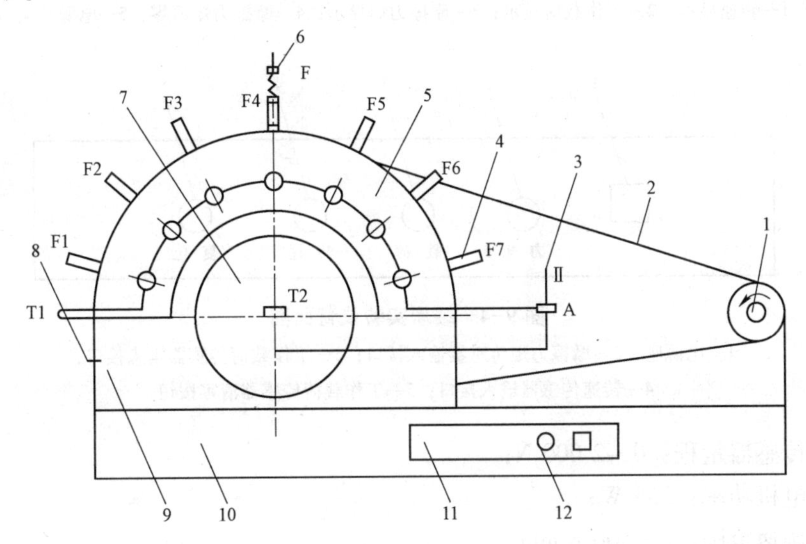

图 9-2　实验台结构示意图

1—直流电机；2—三角带；3—摩擦力矩传感器；4—油压表；5—轴瓦；6—加载传感器；7—主轴；8—放油螺孔；9—油槽；10—底座；11—面板；12—调速旋钮

主轴瓦 5 外圆被加载装置（未画）压住，旋转加载杆即可方便地对轴瓦进行加载，加载力的大小由工作载荷传感器 6 测出，由测试仪面板上显示。

主轴瓦上还装有测力杆 L，在主轴回转过程中，主轴与主轴瓦之间的摩擦力矩由摩擦力矩传感器测出，并在测试仪面板上显示，由此算出摩擦系数。

主轴瓦前端装有 7 只测径向压力的油压表 4，油的进口在轴瓦的 1/2 处。由油压表可读出轴与轴瓦之间径向平面内相应点的油膜压力，由此可绘制出径向油膜压力分布曲线。

（三）液体动压轴承实验仪

如图 9-3 和图 9-4 所示，实验仪操作部分主要集中在仪器正面的面板上，在实验仪的后面板上设有摩擦力矩输入接口，载荷力输入接口，转速传感器输入接口等。

实验仪箱体内附设有单片机，承载检测、数据处理、信息记忆、自动数字显示等功能。

（四）实验系统主要技术参数

1. 实验轴瓦：内径 $d=70$ mm，长度 $L=125$ mm；
2. 加载范围：0～1 800 N；
3. 摩擦力矩传感器量程：0～50 N · m；
4. 压力传感器量程：0～1.0 MPa；

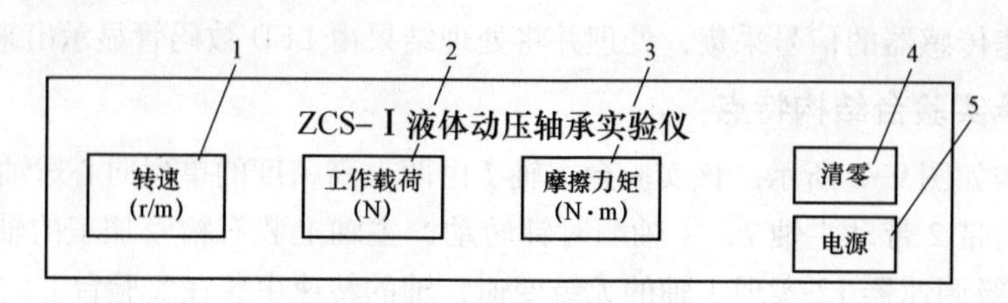

图 9-3　轴承实验仪正面图

1—转速显示；2—工作载荷显示；3—摩擦力矩显示；4—摩擦力矩清零；5—电源开关

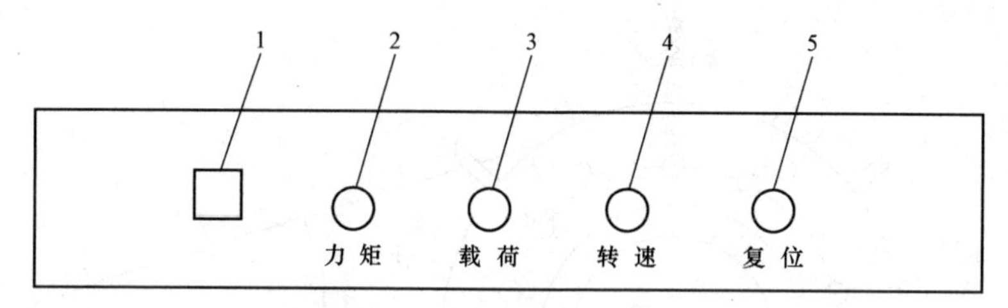

图 9-4　轴承实验仪背面图

1—电源座；2—摩擦力矩传感器输入接口；3—工作载荷传感器输入接口；
4—转速传感器输入接口；5—工作载荷传感器清零按钮

5. 加载传感器量程：0～2 000 N；
6. 直流电机功率：355 W；
7. 主轴调速范围：2～500 r/min。

三、实验原理及测试内容

1. 实验原理

滑动轴承形成动压润滑油膜的过程如图 9-5（a）所示，当轴静止时，轴承孔与轴颈直接接触。径向间隙△使轴颈与轴承的配合面之间形成楔形间隙，其间充满润滑油。由于润滑油具有黏性而附着于零件表面，因而当轴颈回转时，依靠附着在轴颈上的油层带动润滑油挤入楔形间隙。因为通过楔形间隙的润滑油质量不变（流体连续运动原理），而楔形中的间隙截面逐渐变小，润滑油分子间相互挤压，从而油层中必然产生流体动压力，它力图挤开配合面，达到支承外载荷的目的。当各种参数协调时，流体动压力能保证轴的中心与轴瓦中心有一偏心距 e，如图 9-5（b）所示。最小油膜厚度 h_{min} 存在于轴颈与轴承孔的中心连线上。流体动压力的分布如图 9-5（c）所示。

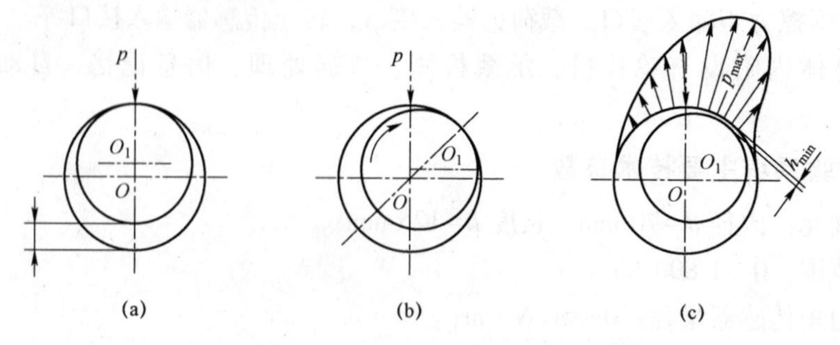

图 9-5　液体动压润滑油膜形成的过程

液体动压润滑能否建立，通常用 f-λ 曲线来判断。图 9-6 中 f 为轴颈与轴承之间的摩擦系数，λ 为轴承特性系数，它与轴的转速 n、润滑油动力黏度 η、润滑油压强 p 之间的关系为：

$$\lambda = \eta n/p$$

式中，n 为轴颈转速；η 为润滑油动力黏度；p 为单位面积载荷。$p=\dfrac{F_r}{l_1 d}\,\mathrm{N/mm^2}$，其中 F_r 是轴承承受的径向载荷；d 是轴承的孔径，本实验中，$d=70$ mm；l_1 是轴承的有效工作长度，对本实验轴承，取 $l_1=125$ mm。

如图 9-6 所示，当轴颈开始转动时，速度极低，这时轴颈和轴承主要是金属相接触，产生的摩擦为金属间的直接摩擦，摩擦阻力最大。随着转速的增大，轴颈表面的圆周速度增大，带入油楔内的油量也逐渐增多，则金属接触面被润滑油分开的面积也逐渐加大，因而摩擦阻力也就逐渐减小。

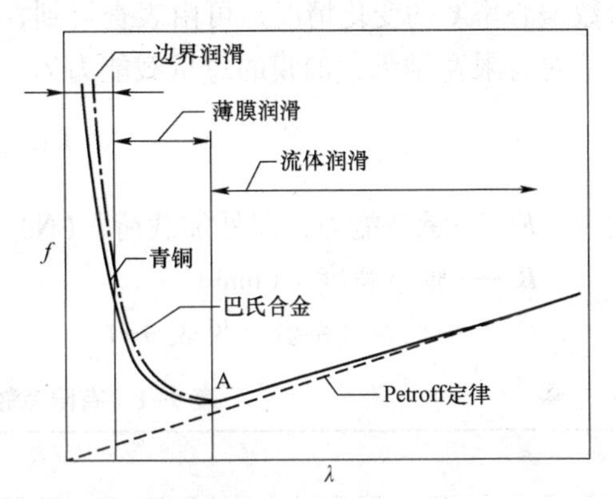

图 9-6　摩擦特性曲线

当速度增加到一定大小之后，已能带入足够的油量把金属接触面分开，油层内的压力已建立到能支承轴颈上外载荷的程度，轴承就开始按照液体摩擦状态工作。此时，由于轴承内的摩擦阻力仅为液体的内阻力，故摩擦系数达到最小值，如图 9-6 所示摩擦特性曲线上的 A 点。

当轴颈转速进一步加大时，轴颈表面的速度也进一步增大，使油层间的相对速度增大，故液体的内摩擦也就增大，轴承的摩擦系数也随之上升。

特性曲线上的 A 点，是轴承由混合润滑向流体润滑转变的临界点。此点的摩擦系数最小，与它相对应的轴承特性系数称为临界特性系数，以 λ_0 表示。A 点之右，即 $\lambda>\lambda_0$ 区域为流体润滑状态；A 点之左，即 $\lambda<\lambda_0$ 的区域为混合润滑状态。

根据不同条件所测得的 f 和 λ 之值，我们就可以做出 f-λ 曲线，用以判断轴承的润滑状态，以及能否实现在流体润滑状态下工作。

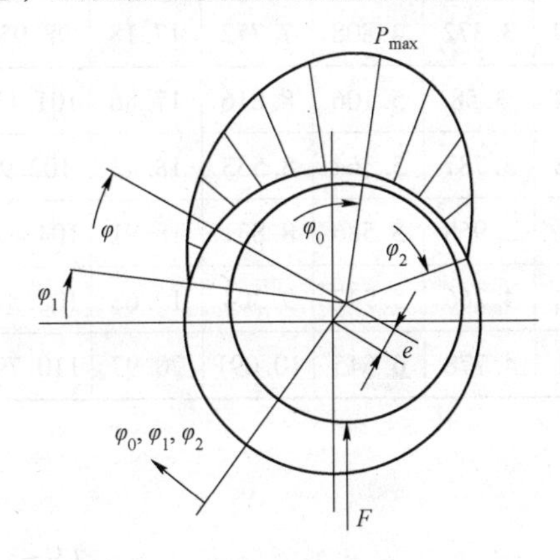

图 9-7　径向滑动轴承的油压分布

2. 油膜压力测试实验

(1) 理论计算压力

如图 9-7 所示为轴承工作时轴颈的位置。

根据流体动力润滑的雷诺方程，从油膜起始角 φ_1 到任意角 φ 的压力为：

$$p_\varphi = 6\eta\frac{\omega}{\psi^2}\int_{\varphi_1}^{\varphi}\frac{\chi(\cos\varphi - \cos\varphi_0)}{(1+\chi\cos\varphi)^3}d\varphi \qquad (9\text{-}1)$$

式中　p_φ——任意位置的压力，(Pa)

η——油膜黏度

ω——主轴转速，(rad/s)

ψ——相对间隙，$\psi=\frac{D-d}{d}$，其中 D 为轴承孔直径，d 为轴颈直径

φ——油压任意角，(°)

φ_0——最大压力处极角，(°)

φ_1——油膜起始角，(°)

χ——偏心率，$\chi=\frac{2\times e}{D-d}$，其中 e 为偏心距

在雷诺公式中，油膜起始角 φ_1、最大压力处极角 φ_0 由实验台实验测试得到。另一变化参数偏心率 χ 的变化情况，可由表查得到，具体方法如下：

对有限宽轴承，油膜的总承载能力为：

$$F=\frac{\eta\times\omega\times d\times B}{\psi^2}C_p \tag{9-2}$$

式中　F——承载能力，即外加载荷，(N)

B——轴承宽度，(mm)

C_p——承载量系数，见表 9-1

表 9-1　有限宽轴承的承载量系数 C_p 表

	χ											
B/d	0.3	0.4	0.5	0.6	0.65	0.7	0.75	0.8	0.85	0.9	0.95	0.99
	承载量系数 C_p											
0.3	0.052 2	0.082 6	0.128	0.203	0.259	0.347	0.475	0.699	1.122	2.074	5.73	50.52
0.4	0.089 3	0.141	0.216	0.339	0.431	0.573	0.776	1.079	1.775	3.195	8.393	65.26
0.5	0.133	0.209	0.317	0.493	0.622	0.819	1.098	1.572	2.428	4.216	10.706	75.86
0.6	0.182	0.283	0.427	0.655	0.819	1.07	1.418	2.001	3.306	5.214	12.64	83.21
0.7	0.234	0.361	0.538	0.816	1.014	1.312	1.72	2.399	3.58	6.029	14.14	88.9
0.8	0.287	0.439	0.647	0.972	1.199	1.538	1.965	2.754	4.053	6.721	15.37	92.89
0.9	0.339	0.515	0.754	1.118	1.371	1.745	2.248	3.067	4.459	7.294	16.37	96.35
1.0	0.391	0.589	0.853	1.253	1.528	1.929	2.469	3.372	4.808	7.772	17.18	98.95
1.1	0.44	0.658	0.947	1.377	1.669	2.097	2.664	3.58	5.106	8.816	17.86	101.15
1.2	0.487	0.732	1.033	1.489	1.796	2.247	2.838	3.787	5.364	8.533	18.43	102.9
1.3	0.529	0.784	1.111	1.59	1.912	2.379	2.99	3.968	5.586	8.831	18.91	104.42
1.5	0.61	0.891	1.248	1.763	2.099	2.6	3.242	4.266	5.947	9.304	19.68	106.84
2.0	0.763	1.091	1.483	2.07	2.466	2.981	3.671	4.778	6.545	10.091	20.97	110.79

由公式（9-2）可推出：

$$C_p=\frac{F\times\psi^2}{\eta\times\omega\times d\times B} \tag{9-3}$$

由公式（9-3）计算得承载量系数 C_p 后，再查表可得到在不同转速、不同外加载荷下的偏心率情况。

注：若所查的参数系数超出了表中所列的范围，可用插入值法进行推算。

（2）实际测量压力

如图 9-2 所示，起动电机，控制主轴转速并施加一定的工作载荷，运转一定时间后轴承中形成压力油膜。图中代号 F_1、F_2、F_3、F_4、F_5、F_6、F_7 七个油压表，用于测量并显示轴瓦表面每隔 22°角处的七点油膜压力值。

根据测出的各点实际压力值，按一定比例绘制出油压分布曲线，作出油膜实际压力分布曲线与理论分布曲线，比较两者间的差异。

3. 摩擦特性实验

（1）理论摩擦系数

理论摩擦系数公式：

$$f=\frac{\pi}{\psi}\times\frac{\eta\times\omega}{p}+0.55\psi\times\varepsilon \tag{9-4}$$

式中　f——摩擦系数

p——轴承平均压力，$p=\frac{F}{d\times B}$，(Pa)

ε——随轴承宽径比而变化的系数，对于 $B/d<1$ 的轴承，$\varepsilon=(d/B)^{1.5}$；当 $B/d\geqslant 1$ 时，$\varepsilon=1$；

ψ——相对间隙，$\psi=\frac{D-d}{d}$

由公式（9-4）可知，理论摩擦系数 f 的大小与油膜黏度 η、转速 ω 和平均压力 p（也即外加载荷 F）有关。在使用同一种润滑油的前提下，黏度 η 的变化与油膜温度有关，由于在不是长时间工作的情况下，油膜温度变化不大，因此在本实验系统中暂时不考虑黏度因素。根据查表可得 N46 号机械油在 20 ℃时的动力黏度为 0.34 Pa·s。

（2）测量摩擦系数

如图 9-2 所示，在轴瓦中心引出一测力杆，压在力传感器 3 上，用以测量轴承工作时的摩擦力矩，进而换算得到摩擦系数值。对它们的分析如图 9-8 所示：

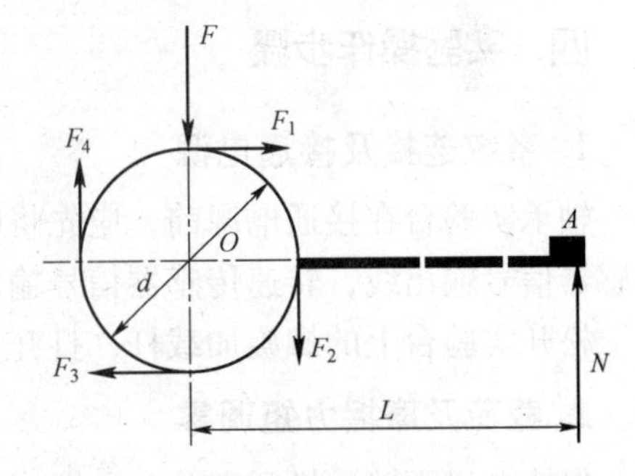

图 9-8　轴颈圆周表面摩擦力分析

$$\sum F_i\times r=N\times L \tag{9-5}$$

$$\sum F_i=f\times F \tag{9-6}$$

式中　$\sum F_i$—— 圆周上各切点摩擦力之和，$\sum F_i=F_1+F_2+F_3+F_4+\cdots$

r——圆周半径

N——压力传感器测得的力，(N)

L——力臂

F——外加载荷力，(N)

f——摩擦系数

所以实测摩擦系数为：

$$f=\frac{N\times L}{F\times r} \tag{9-7}$$

4. 轴承实验中其他重要的参数

在轴承实验中还有一些比较重要的参数概念，以下分别作出介绍。

（1）轴承的平均压力 p（MPa）

$$p=\frac{F}{d\times B}\leqslant[p] \tag{9-8}$$

式中 F——外加载荷，（N）

B——轴承宽度，（mm）

d——轴颈直径，（mm）

$[p]$——轴瓦材料的许用压力，MPa，其值可查表

（2）轴承 pv 值（MPa · m/s）

轴承的发热量与其单位面积上的摩擦功耗 fpv 成正比（f 是摩擦系数），限制 pv 值就是限制轴承的温升。

$$pv=\frac{F}{B\times d}\times\frac{\pi\times d\times n}{60\times 1\ 000}=\frac{F\times n}{19\ 100\times B}\leqslant[pv] \tag{9-9}$$

式中 v——轴颈圆周速度，（m/s）

$[pv]$——轴承材料 pv 的许用值，MPa · m/s，其值可查表

（3）最小油膜厚度

$$h_{\min}=r\times\psi\times(1-\chi) \tag{9-10}$$

式中各参数说明，见之前的内容。

四、实验操作步骤

1. 系统连接及接通电源

轴承实验台在接通电源前，应先将电机调速旋钮逆时针转至“0速”位置。将摩擦力矩传感器信号输出线，转速传感器信号输出线分别接入实验仪对应接口。

松开实验台上的螺旋加载杆，打开实验台及实验仪的电源开关，接通电源。

2. 载荷及摩擦力矩调零

保持电机不转，松开实验台上螺旋加载杆，在载荷传感器不受力的状态下按一下实验仪后板上的“复位”按钮5。此时单片机系统采样载荷传感器，并将此值作为“零点”保存，实验台面板上工作载荷显示为“0”。

按一下实验仪面板上的“清零”键，可完成对摩擦力矩清零，此时实验仪面板上摩擦力矩显示窗口显示为“0”。

3. 记录各压力表压力值

（1）在松开螺旋加载杆的状态下，启动电机并慢慢将主轴转速调整到 300 rad/min 左右。

（2）慢慢转动螺旋加载杆，同时观察实验仪面板上的工作载荷显示窗口，一般应加至

1 800 N 左右。

（3）待各压力表的压力值稳定后，由左至右依次记录各压力表的压力值。

4. 摩擦系数 f 的测量

当实验台运行平稳，待各压力表的压力值稳定后，从实验仪面板摩擦力矩显示窗口中读取摩擦力矩值，按前述摩擦特性实验原理，计算得到摩擦系数 f。

5. 关机

待实验数据记录完毕后，先松开螺旋加载杆，并旋动调速电位器使电机转速为零，关闭实验台及实验仪电源。

6. 绘制径向油膜压力分布曲线与承载曲线

根据测出的各压力值，按一定比例绘制出油压分布曲线与承载曲线，如图 9-9 中的上图所示。此图的具体画法是：沿着圆周表面从左到右分别画出角度为 24°、46°、68°、90°、112°、134°、156°等分，得出油孔点 1、2、3、4、5、6、7 的位置。通过这些点与圆心 O 连线，在各连线的延长线上将压力表测出的压力值，按 0.1 MPa：5 mm 的比例画出压力向量 1-1′、2-2′、3-3′，……，7-7′。将 1′、2′、3′，……，7′各点连成光滑曲线，此曲线就是所测轴承的一个径向截面的油膜径向压力分布曲线。

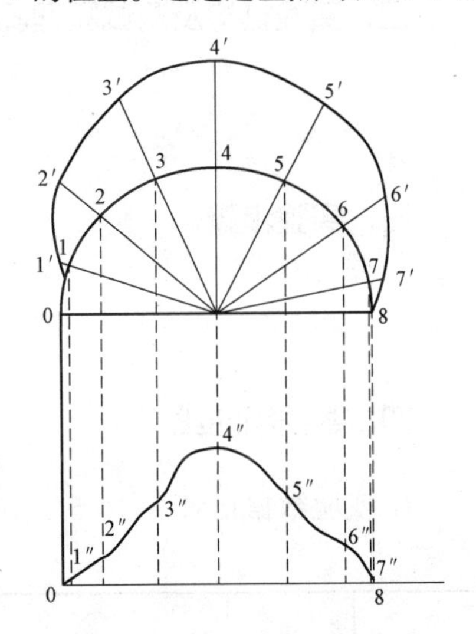

图 9-9　油压分布曲线与承载曲线

为了确定轴承的承载量，用 $p_i\sin\varphi_i$（i = 1、2、…、7）求出压力分布向量 1-1′、2-2′、3-3′，……，7-7′ 在载荷方向（即 y 轴）上的投影值。然后将 $p_i\sin\varphi_i$ 这些平行于 y 轴的向量移到直径 0-8 上。为清楚起见，将直径 0-8 平移到图 9-9 的下部，在直径 0-8 上先画出轴承表面上油孔位置 1、2…7 的投影点，然后通过这些点画出上述相应各点压力在载荷方向上的分量，即 1″、2″…7″点的位置，将各点平滑连接起来，所形成的曲线即为在载荷方向上的压力分布曲线。

7. 注意事项

在开机做实验之前必须完成以下几点操作，否则容易影响设备的使用寿命和精度。

（1）在启动电机转动之前，请确认载荷为空，即要求先启动电机再加载。

（2）在一次实验结束后马上又要重新开始实验时，请顺时针旋动轴瓦上端的螺钉，顶起轴瓦将油膜先放干净，同时在软件中要重新复位（这很重要!），这样才能确保下次实验数据准确。

（3）由于油膜形成需要一小段时间，所以在开机实验时或在载荷或转速变化后，请待其稳定后（一般等待 5～10 s 即可）再采集数据。

（4）在长期使用过程中请确保实验油的足量、清洁；油量不足或不干净都会影响实验数据的精度，并会造成油压传感器堵塞等问题。

五、思考题

1. 为什么油膜压力曲线会随转速的改变而改变？
2. 为什么摩擦系数会随转速的改变而改变？
3. 哪些因素会引起滑动轴承摩擦系数测定的误差？

9.2 液体动压滑动轴承实验报告

一、实验目的

二、实验机构及测试原理图

三、实验步骤

四、数据和曲线

1. 实验数据记录

滑动轴承压力分布

载荷	转速	压力表号							
		1	2	3	4	5	6	7	8
F_{r1}	n_1								
	n_2								
F_{r2}	n_1								
	n_2								

滑动轴承摩擦系数（转速固定，载荷变化）

转速 n=　　　(r/min)

	载荷/N	摩擦力矩/（N·m）	摩擦系数 f	$\eta n/p$
1				
2				
3				

续表

	载荷/N	摩擦力矩/（N·m）	摩擦系数 f	$\eta n/p$
4				
5				
6				
7				

滑动轴承摩擦系数（载荷固定，转速变化）

载荷 $F=$　　　（N）

	转速/（$r \cdot min^{-1}$）	摩擦力矩/（N·m）	摩擦系数 f	$\eta n/p$
1				
2				
3				
4				
5				
6				
7				

2. 实验结果曲线

油膜径向压力分布与承载量曲线

滑动轴承摩擦特性曲线（转速固定，载荷变化）

滑动轴承摩擦特性曲线（载荷固定，转速变化）

五、实验结果分析

减速器拆装训练实验

10.1 减速器拆装训练实验指导书

减速器是一种由封闭在刚性壳体内的齿轮传动、蜗杆传动、齿轮—蜗杆传动及行星齿轮传动、摆线针轮传动、谐波齿轮传动等组成的独立传动装置，常用在原动机与工作机之间，用来降低转速和相应的增大转矩，将原动机的运动和动力传递变换到工作机。减速器种类繁多，但其基本结构有很多相似之处。减速器的结构拆装方法及其主要零件的加工工艺性，在机械产品中具有典型的代表性，作为机械类学生有必要熟悉减速器的结构与设计，以便为“机械设计课程设计”打下良好的基础。

一、实验目的

（1）熟悉常用减速器的基本结构，了解各组成零部件的结构、功用及装配关系，并分析其结构工艺性。

（2）通过减速器的拆装，了解减速器的安装、拆卸、调整过程及方法，提高机械结构设计能力。

（3）了解减速器箱体内的结构及润滑和密封的方法，进一步加深对轴系部件结构和作用的认识。

（4）测定减速器主要零部件的参数和尺寸。

二、实验设备及工具

1. 减速器

装拆实验用的减速器系列主要有以下七种：单级圆柱齿轮减速器、单级圆锥齿轮减速器、圆锥-圆柱齿轮减速器、展开式双级圆柱齿轮减速器、同轴式双级圆柱齿轮减速器、分流式双级圆柱齿轮减速器以及蜗杆蜗轮减速器等，如图 10-1 所示。

2. 工具

游标卡尺、活动扳手、钢板尺、螺丝刀、轴承、推卸器、铜锤等。

三、实验内容及步骤

（1）针对指定的一些减速器，拆卸前先观察其外部结构，分析它的传动方式、级数、输

图 10-1　装拆实验用的各种减速器

入轴和输出轴，用手分别转动输入轴、输出轴，体会转矩；用手轴向来回推动输入轴、输出轴，体会轴向窜动。观察它有哪些附件，这些附件的功用是什么？

（2）用扳手拧开箱盖与箱体的连接螺栓及轴承端盖与箱体间的连接螺钉，取下轴承端盖和调整垫片，再拔出定位销。然后用起盖螺钉顶起并卸下箱盖，把它平稳地放在实验台上。

（3）详细观察分析减速器箱体内各零部件的结构及位置，然后将轴和轴上零件随轴一起取出，按合理顺序拆卸轴上的零件。在拆卸过程中，要注意观察和思考箱体形状，轴系定位固定方式，润滑密封方法，箱体附件的结构、作用和位置要求等。

① 观察铸造箱体的具体结构，了解减速器附件的结构、作用和安装位置要求。

② 了解轴承的润滑方式和密封装置，包括外密封的形式。轴承内侧挡油环、封油环的工作原理及其结构和安装位置。

③ 熟悉轴承的组合结构以及轴承的拆、装、定位、固定和轴向游隙的调整。

（4）测量和计算减速器零部件的主要参数 a、m、z_1、z_2、z_3、z_4、i_1、i_2 等，将这些参数记录于实验报告表格中。

（5）确定装配顺序，按原样将减速器装配好，清理工具和现场。在减速器的拆装过程中，要掌握拆装的基本程序，即先拆的零件后装配，后拆的零件先装配。装配轴和滚动轴承时，应注意方向，按滚动轴承的合理拆装方法进行；装配上、下箱的连接之前，应先安装好定位销钉。

四、注意事项

（1）未经教师允许，不得将减速器搬离工作台。

（2）拆下的零件要妥善放好，避免掉下砸脚，防止丢失或损坏。

（3）装拆滚动轴承时，应用专用工具，装拆力不得通过滚动体。

（4）拆卸纸垫时应小心，避免撕坏。

（5）爱护工具及设备、仔细拆装，使箱体外的油漆少受损坏。

10.2　减速器拆装训练实验报告

一、实验目的

二、实验设备

三、实验记录

齿数及传动比	z_1	z_2	i_1	z_3	z_4	i_2
模数及中心距	a_1	m_1		a_2	m_2	
轴承基本代号	轴承 1	轴承 2	轴承 3	轴承 4	轴承 5	轴承 6

四、回答问题

1. 说明常用减速器的类型、特点及应用情况。

2. 通过拆装，你看到减速器主要由哪些零部件组成？这些零部件如何组成轴系零部件？

3. 减速器中的齿轮传动和轴承采用什么润滑方式、润滑装置和密封装置？

4. 说明减速器中通气器、定位销、起盖螺钉、油标、放油螺塞等附件的用途及安装位置要求。

5. 你所拆装的减速器各轴采用的支承结构形式是什么？有何特点？

实验 11

机械创新设计现场认识实验

11.1 机械创新设计现场认识实验指导书

一、实验目的

（1）了解机械创新设计的基本原理与基本方法，启迪创新思维，提高创新意识。

（2）了解机构创新设计和结构创新设计的基本途径与方法，提高创新设计能力。

二、实验设备

实验设备主要是 CX-10B 机械创新设计陈列柜，它是《机械创新设计》课程的“实物教材”。其内容以近年来出版的机械原理、机械设计、机械创新设计等方面的国家级优秀教材和国外高校优秀教材为基本依据，以典型的创新产品设计为实例，展示了机械创新设计的原理和方法，突出了产品创造技法、原理方案创新、机构创新、结构方案创新和外观设计创新等内容。

机械创新设计陈列柜由 10 个展柜组成，分别是创新设计概述、创新思维方式、产品创造技法（1）、产品创造技法（2）、原理方案创新（1）、原理方案创新（2）、机构创新设计（1）、机构创新设计（2）、结构方案创新及外观创新设计等。

机械创新设计语音控制柜，由微处理器控制的新型大容量语音芯片组成，设有遥控和手控两种独立操作，可实现遥控、手控该柜全部模型电机同时转动。

三、现场教学内容简介

第 1 展柜　创新设计概述

（1）创新设计源于实践。陈列柜中所示的蒸汽机车、内燃机车曾经是人们创新设计的产物。近年出现的磁悬浮列车，更凝聚着创新设计的智慧之光。

传统的列车必须通过车轮与轨道接触才能实现牵引运行。这种机械接触式轮轨关系带来许多弊端，如摩擦磨损严重，机械噪声大，运行速度难以大幅度提升。怎样才能克服这些弊端呢？有人破天荒地想出了让列车悬浮空中的创意。沉重的列车怎样才能悬浮起来呢？要解决这一问题，不能不进行创新设计。

经过人们的努力，磁悬浮列车脱颖而出。它利用超导磁体产生强磁场，运动时与布置在地面上的线圈相互作用，产生电动斥力，将列车悬浮于空中约 100～200 mm。再用线性电机驱动，使列车高速前进。磁悬浮列车克服了传统机车车辆轮轨机械接触引起的弊端，令人刮目相看，可望能成为 21 世纪的新型陆上交通运输工具。

除了磁悬浮列车外，还可以列举许多极富新颖性和独特性的创新设计成果。

（2）设计。设计是将创意转化为技术方案的过程，是建立技术系统的第一道工序，它对产品的技术水平和经济效益起着决定性的作用。针对同一设计课题，可能有不同的设计方案，创新设计追求具有新颖性、独特性的技术方案。所谓机械创新设计，是指设计者的创造力得到充分发挥，并设计出更具竞争力的机械新产品的设计实践活动，创新是它的灵魂。根据设计的内容特点，创新设计可分为开发设计、变异设计和反求设计等基本类型。

开发设计的特点，是从产品应有的功能出发，去构思新的技术方案，开发满足消费新需求的机械新产品。开发设计通常历经产品规划、原埋方案求解、技术设计和施工设计等阶段。

变异设计，是针对已有产品的缺点或新的工作要求进行的改进设计。它通常针对基型产品的工作原理、机构类型、结构方式、参数大小等进行一定的变换或求异，其目的在于使变异后的产品更适应市场需求。

反求设计，是针对已有的先进产品或设计进行逆向思考，分析其关键技术，并在消化、吸收的基础上设计出同类型新产品的过程。

机械创新设计通常包括原理方案创新、机构方案创新、结构方案创新和外观设计创新等活动。创新思维和创造技法是一切创新设计方法的基础。

第 2 展柜　创新思维方式

设计是一种脑力劳动。创新设计往往是创造性思维劳动的结晶。从事机械创新设计，不仅需要机械设计方面的知识，而且需要创新思维方式的支持。

创新思维是一种突破常规思维的逻辑通道，用新思路去求解问题的思维方式，与常规思维相比，它更具发散性和求异性。因此，发散思维与求异思维是创新思维最基本的思维方式。

（1）观看弹簧施力夹紧装置创新设计的实例。夹紧装置通常用于在加工时夹持工件，或者用于在浮花压制或印刷时施加大的力量。第一个模型为一个已有的弹簧施力的夹紧装置，它已获得专利。从结构上看，它是一个具有四个构件和六个运动副的装置；它有一个包含工件的固定杆、两个夹紧杆，以及一个弹簧；它有四个转动副和两个直接接触的高副。一个设计者在此基础上进行发散思维和求异思维，构思出多种可以避开该专利的新方案。陈列柜里展示出了其中的五个设计方案。

（2）再看发动机创新设计方面的两个实例。内燃发动机是常见的动力设备。往复式活塞内燃发动机的主体机构是曲柄滑块机构，在结构上离不开曲轴、活塞、气缸等零部件。在长期的使用中，人们发现它存在不少技术矛盾，于是开始了新型发动机的研制，并获得不少新成果，陈列柜左边陈列的无曲轴式活塞发动机就是其中一种。它没有曲轴，而是以凸轮机构代替传统发动机原有的曲柄滑块机构。取消原有的关键曲轴，是创新思维的体现，因为这种设计可使零件数量减少，结构简单，成本降低。若将圆柱凸轮安装在发动机中心部位，可

在其周围设置多个气缸，制成多缸发动机。通过改变凸轮轮廓形状，可以改变输出轴转速，达到减速增矩的目的。这种凸轮式无曲轴发动机已应用于船舶、重型机械和建筑机械等行业。

（3）在改进往复式发动机的过程中，人们发现如能直接将燃料的动力转化为回转运动将是更合理的途径。基于这种思维，旋转式内燃发动机的设计脱颖而出。观看陈列柜右边陈列的旋转式发动机的模型。旋转式发动机由椭圆形的缸体、三角形转子、行星齿轮机构、吸气口、排气口和火花塞等组成。运转时同样有吸气、压缩、燃爆做功和排气等四个动作。由于三角形转子有三个弧面，因此，每转一周有三个动力冲程，而且三角形转子的每一个表面与缸体的作用相当于往复式的一个活塞和气缸，依次平稳连续地工作。转子各表面还兼有开闭进排气阀门的功能，设计可谓匠心独具。

旋转发动机与传统的往复式发动机相比，在输出功率相同时，具有体积小、质量轻、噪声小、旋转速度范围大以及结构简单等优点。不过，在实用化生产过程中还有许多问题需要解决。

第 3 展柜　产品创造技法（1）

机械创新设计需要一定的方法与技巧，设计者除了掌握机械设计课程介绍的“专业性”设计方法外，还应掌握源自创造学的“通用性”创造技法。创造技法较多，首先介绍希望点列举法和缺点列举法的应用，这两种创造技法也常常配合应用。

（1）数码净水机开发设计综合应用了希望点列举法和缺点列举法。随着人们对健康的关心，自然希望能饮用清洁卫生的自来水。列举这一希望，人们提出了“净水机”的新产品概念，并开发出多种净水产品。数码净水机则是在分析已有净水产品缺点的基础上，开发设计的新型净水机。这种数码净水机利用自来水本身压力工作，在设计上采用了最新的膜分离技术，高精度过滤，更能有效滤除自来水中的细菌、铁锈和部分对人体有害的有机物与金属，保留水中有益矿物质；能滤除水中胶体，不会形成水垢；采用先进的数码技术与水质监测技术，能自动监测和控制用水水质，自动报警，提示维护，分分秒秒保证用水安全与人身健康。

对于与用水相关的水龙头，人们同样希望它也能不断克服缺点，在功能与性能方面不断完善。在对普通水龙头进行缺点列举并进行改进设计之后，人们开发设计出冷热两用水龙头、磁心型水龙头、光电水龙头等新产品，满足了不同的希望与需求。

（2）又如，缝纫机是一种常见的轻工机械，在解决人们的穿衣饰着方面立下了汗马功劳。尽管它的诞生已有多年历史，但并不意味着它在技术上已尽善尽美，在功能与性能方面已能完全满足人们的希望。缝纫机的更新换代是个有目共睹的事实。就缝纫机机头来说，当人们发现挑线机构采用凸轮机构而磨损严重、噪声较大的缺点后，便改进设计，用连杆机构取而代之。传统的缝纫机是用人力驱动的，长期使用劳动强度大，为了满足人们改善劳动强度、提高工作效率的希望，电动缝纫机应运而生。

（3）此外，迷你型电动缝纫机也是人们列举缝纫机缺点和希望点的产物。这种微型缝纫设备，方便了一些外出旅游者、在校学生等消费群组对缝补衣物的需要。

（4）在不断完善缝纫机本身的同时，人们也希望与缝纫工作相关的机械能得到发展，以进一步提高衣物缝制质量与工作效率。于是，三线锁边机、钉扣机、剪裁机和熨衣机等缝纫系列产品相继问世，为缝纫业的发展提供了重要的物质保证。

（5）应用希望点列举法开发设计新产品，是从社会需要或消费者愿望出发，通过列举希望点，将模糊的需求意愿转化为明确的新产品概念，并进行方案设计的过程。用好希望点列举法，关键是做好市场调查与需求分析，为了抢占市场商机，尤其要掌握潜在希望点的列举方法。

应用缺点列举法，对促进产品的更新换代意义重大。用好缺点列举法，同样需要做好市场调查与需求分析，对产品的质量标准以及技术发展动态等问题，设计者更要胸有成竹。

第 4 展柜　产品创造技法（2）

（1）本柜主要介绍移植创造法与组合创造法。在陈列柜里展示了两件电动工具。

第一件是射钉枪，它是一种电动木工工具，由枪体、发射器及钉匣等组成，用手勾动按钮，铁钉从枪口射出，牢固地进入木材之中，省力而且高效。据发明者介绍，其创意来自枪械的子弹发射。在射钉枪的设计过程中，类比移植了枪械发射子弹的基本原理，就连结构形状与使用方法也与枪械甚为相似。请大家想想，如果将铁钉换成别的东西，又会发明出什么新东西？

（2）第二件电动工具是电锤。通电后，电动机通过齿轮传动使钻头一边旋转一边产生轴向冲击。应用这种电动工具在水泥墙上钻孔打洞，可谓得心应手。观察它的结构原理与运动方式，它的设计是否移植了电钻与冲击锤的原理？

“它山之石，可以攻玉”。运用移植法则，通过引用或外推已有技术成果，用于创新设计的方法，就是移植创造法。移植设计的实质是异中求同和同中求异。

用好移植创造法，关键是找好移植过程中的供体与受体。供体的技术要成熟，受体在接受技术时不发生排他作用。此外，应用移植法的创造性取决于两个技术领域之间的差异，差异越大，创造性越强，但难度也越大。因此，既要大跨度地异域走马，又要正确把握移植的限度，确保一个领域的技术能在另一个领域开花结果。

（3）除了移植可以发掘现有的技术进行创造之外，通过组合也可以利用现有技术进行创新。将已有事物珠联璧合，使新的组合体在性能或服务功能方面发生变化，以产生新的使用价值的方法与技巧，就是组合创造法。从简单的多用途工具，到较复杂的组合机构，以及更复杂的机电一体化产品，都蕴涵着组合创新的智慧。

实施组合创造，可以采用同物自组、异类组合、分解重组等组合方式。陈列柜展示的三头电动剃须刀，可以认为是三个电动剃须刀的同物自组。能够应用一个电动机同时带动三个刀盘转动，其传动方式的设计无疑具有创造性。

在陈列柜里看到的电子积木，是一种开发儿童智力的玩具。从设计方法看，它既移植了传统积木玩具的构思，也应用了分解重组的创造技法。

（4）陈列柜里还展示了一种叫“眼保仪”的新产品，思考它应用了什么创造技法。据“眼保仪”设计者介绍，本产品是根据视觉原理，巧妙地将现代电子技术、光学技术与传统的中医经络理论相结合的仪器。在结构设计方面，“眼保仪”设置了目标图像，该图像通过微电机和连杆传动，能按一定的周期做前后往返有节律的慢速移动。当人用眼睛通过镜筒观察图像时，负责眼屈光系统调节作用的睫状肌，就不由自主地做忽张忽驰的锻炼，进而解除睫状肌的紧张或痉挛状态，使其调节恢复到正常状态，增强眼的调节功能，防治近视，消除

视疲劳，改善视力，防止近视度数加深。

显然，“眼保仪”的开发设计，在功能原理上移植了眼科保健治疗的技术。在结构设计上应用了组合创造法，即将多个领域的技术加以综合。在异类杂交中有了新创造。

值得指出的是，采用组合法进行机械创新设计时，要注意按照性能上实现 1+1>2、结构上达到 1+1<2 的要求去设计技术方案。即组合法不是机械之间的简单堆砌，而是有机地综合优化。

第 5 展柜　原理方案创新（1）

原理方案创新是产品创新设计中的核心环节，它对产品的结构、工艺、成本、性能和使用维护等都有很大影响。怎样进行原理方案创新？下面通过实例来说明。

（1）钟表的创新设计。最早发明的钟表采用机械传动原理，它利用上紧的发条或游丝释放能量，通过齿轮系统使指针转动，从而指示时间。机械钟表发明后，人们对其进行了不断的改进，形形色色的机械钟表在市场不断出现。长期以来，机械钟表一统天下。无论人们怎样对钟表进行研究改进，但都跳不出机械结构的框框，觉得任何一个齿轮和轴都不可缺少。如果要改进，充其量也只能在选用材料和加工方法上进行一点创新。后来，人们从钟表的“指示时间”的这一功能要求出发进行思考，认为凡是满足这一功能要求的东西都是钟表。于是，研究的思路大开，想到了电动的方法、电子震荡的方法等，开发出功能高、成本低的电子钟表。如果从化学方面去创造性思考，能否发明出依靠化学能的所谓“化学钟表”呢？

（2）在打字机方面，同样可以发现它的原理方案也是多种多样的。陈列柜里展示的有喷墨打字机和激光打字机，它们是打字机产品不断创新的代表。传统的机械式打字机，离不开铅字的集合与机构的敲打，速度慢，质量不高，劳动强度大。后来，人们从打字机的“机械书写”的功能出发，跳出了“打”的框框，依靠先进的计算机，发明出智能化的喷墨打字机和激光打字机，实现了打字机的革命。

（3）通过以上案例，我们可以发现，如果从产品的功能出发而不是从产品具体的结构出发，设计的思路就会大开，原理方案也会多种多样。

功能，是产品或技术系统特定工作能力抽象化的描述。从产品或技术系统应具有的功能出发，经过功能分解、功能求解、方案组合、方案评选等过程，以求得最佳原理方案的设计方法，就是功能设计法，它是原理方案创新的最重要的一种方法。

原理方案创新，是个发散—收敛过程。为了探求多种方案，人们必须从功能分析得到的信息基点出发，进行发散思维。为了好中选优，又必须应用收敛思维，依据技术经济评价的方法，去获得最佳原理方案。

第 6 展柜　原理方案创新（2）

（1）在原理方案创新方面，陈列柜里展示了几个例子。在陈列柜左上方，陈列有三种锁具。这些把门铁“将军”看起来样子相像，但锁具开启的原理是有差别的。最左边的是依靠钥匙开启的机械锁；中间的是密码锁，开启原理不同，但在结构原理上还属于机械锁的范围；最右边的是磁卡锁，虽然在锁体方面还继承了机械锁的形态，但在开锁原理上发生了根本性的变革，它的机电一体化特点，是现代锁具创新设计的思考方向。当然，只要我们进一步解放思想，从锁具的功能出发创造性思考，还可以发明出诸如磁控锁、声控锁和指纹锁等锁具新产品。

（2）在陈列柜右上方，陈列有新开发的电磁炉。它的功能是加热食物，但与传统的电阻丝炉具不同的是，它在烹饪食物时看不到明火或热得通红的电阻丝。这种炉具的烹饪原理是：当通电后炉内线圈形成磁场，磁力线通过金属锅具底部时形成无数小涡流，使锅体高速发热，便能加热锅内食物。由于电磁炉具有无污染和热效率高的优点，一上市便让人刮目相看。

（3）在陈列柜的下方，陈列有三种鼓风机。最左边的是离心式鼓风机，它通过一个离心式叶轮旋转，实现增压送风的功能原理。后面的两台是罗茨鼓风机，它的送风原理不同于离心式鼓风机，它利用一对叶轮啮合运动，实现变容增压送风的目的。回转容积式罗茨鼓风机的发明，是流体机械领域的一项重大突破。在两台罗茨鼓风机中，有一台是目前大量生产的二直叶罗茨鼓风机，另一台是三扭叶罗茨鼓风机。后者的特点是比容不随压力而变化，而压力可以根据用户要求在一定范围内加以调节。虽然它的工作原理没有变化，但在工作性能方面有所改进，突出的特点是降噪节能。

（4）总之，原理方案创新是从功能要求出发，以原理方案设计为目标的分析与综合过程，在这一过程中，设计者的专业知识、创新思维能力、实验研究能力，以及对相关科技信息的掌握，是确保原理方案创新成功的基础。

第7展柜　机构创新设计（1）

一个好的机械原理方案能否实现，机构设计是关键。机械原理课程中介绍的机构，可以供人们选择应用。在机构设计中，同样需要进行创新。那么，怎样进行机构的创新设计呢？

机构创新设计的途径较多，常用的有下面几种：

其一，利用组合原理创新。典型的例子如组合机构的开发设计。本柜上方陈列有三种组合机构。

（1）第一个为四杆机构与差动轮系的串联组合。串联组合的特点是，前一机构的输出构件和输出运动，即是后一机构的输入构件和输入运动。本组合机构可以实现输出构件带停歇的特殊运动规律。

（2）第二个为曲柄摇杆机构与轮系的并联组合。并联组合的特点是，原动机的运动通过 n 个并列基本机构的传递和转换，成为 n 个不同规律的输出运动，再输入具有 n 个自由度的基础机构，汇集成一个运动输出。这类并联组合机构既可实现复杂的运动函数，也可用于实现特殊的复杂轨迹。

（3）第三个为蜗杆蜗轮机构与凸轮机构的组合。等速转动的原动蜗杆带动蜗轮转动，槽形凸轮与蜗轮固连，通过弯形推杆使蜗杆相对滑架轴向移动，蜗轮获得附加运动，有利于对传动进行反馈调节。这种机构叫反馈式组合机构。

其二，利用机构变异原理进行机构创新设计。机构的扩展、局部结构的改变、结构的移植、运动副的变化等，都是机构变异的方式。在陈列柜中部，陈列有三个六杆机构模型，左边的是基型，右边的两个主要是通过运动副的变化，即低副高代而得到的变异型六杆机构。第一个取六杆低副机构中的连杆作为代换构件，得到的是含有高副的凸轮-曲柄滑块机构；得到的第二个新型机构是如何变异的，请大家思考。

本柜还展示有通过局部结构改变进行机构创新的两个例子。一个是行星轮系-连杆机构，它是以行星轮系替代了曲柄滑块机构的曲柄，而得到滑块右极限位置有停歇的新机构；另一个是凸轮-连杆机构，它以倒置后的凸轮机构取代了曲柄，新机构具有停歇特征。

除了上述两条机构创新途径外，还可以利用再生运动链方法和广义机构的概念进行机构创新。这方面的知识，请参看其他有关的资料。

第 8 展柜 机构创新设计（2）

在本柜中，以干粉压片机的主加压机构为例，重点展示执行机构构型设计的创新过程。

（1）干粉压片机的功能是将不加黏结剂的干粉料制成圆形片坯，要求一定的生产率。根据生产条件和粉料的特征，设计者决定采用大压力压制。由于主加压机构所加压力大，用摩擦传动原理不适合；用液压传动原理，因顾及系统漏油会污染产品，也不适合；故决定采用电动机作动力，选择刚性推压传动原理。

设计时，首先要进行压片工艺分析。在示教板中，对干粉压片机的工艺动作进行了分解。由此可知，该机械共需要三个执行机构，即上冲头、下冲头和料筛。现以上冲头主加压机构为例，说明其机构构型设计的创新过程。

首先对机构进行功能分析。上冲头主加压机构应当具有以下几种基本功能：

其一，运动形式变换功能，能将电动机的转动变换为冲头的直线移动；

其二，运动方向交替变换功能，实现冲头的往复直线运动；

其三，运动缩小功能。通过减少速度或者位移实现增加压力，从而减少电动机的功率。

在此基础上，可以选择实现各基本功能的技术手段。如针对运动形式变换功能，可以考虑在齿轮齿条机构、曲柄滑块机构和凸轮推杆机构中选择功能载体；针对运动方向交替变换功能，可以考虑在扇形齿轮机构、曲柄摇杆机构和凸轮摆杆机构中选择功能载体；针对运动缩小功能，可以考虑在直齿轮传动、杠杆机构和斜面挤压机构中选择功能载体。

（2）将选择的功能载体按基本功能和基本机构列出组合表，即功能-技术矩阵，或者叫形态学矩阵。经过排列组合，理论上可以得到多种机构方案。通过分析判断，可以从中选择几种作为初步方案。本陈列柜展示了其中的五种方案。请大家观察根据这五种方案制作的上冲头主加压机构模型，对照它们的机构运动简图，分析思考各个方案的运动特点。

第 9 展柜 结构方案创新

在原理方案确定的基础上，可以进行结构方案的创新设计，以提供大量的可供选择的设计方案，使设计者可以在其中进行评价、比较和选择，并进行参数优化。如何进行结构方案的创新设计？常用的方法有三种：一是对结构方案进行变异；二是进行提高性能的设计；三是开发新型结构。

（1）首先看结构方案变异设计，在这种方法中，主要是对功能面进行变异。所谓功能面，是指决定机械功能的零件表面，它通常是与相对运动零件接触的表面。例如，V 带的侧面、齿轮的啮合面。在陈列柜左上方，以弹簧压紧结构变异设计为例，说明功能面变异的基本原理。如要实现用弹簧产生的压紧力压紧某零件，使其保持确定位置，可以选择弹簧类型和被压紧零件的功能面为变异要素，进行组合，便可得到多种弹簧压紧结构方案。

除了功能面变异外，还可以通过连接的变异、支承的变异、材料的变异等方式，获得不同的结构方案。

（2）机械产品的性能不但与原理设计有关，结构设计的质量也直接影响产品的性能，甚至影响产品功能的实现。提高性能的设计，不仅是一种结构方案创新的方法，同时也是结构设计应追求的目标。

陈列柜中有两个设计实例。第一个是关于对球面支承强度和刚度改善的结构变异设计。左边的原设计为两个凸球面接触，综合曲率半径较小，接触应力大。改进后的方案能够提高支承的强度和刚度。

（3）第二个是关于摆杆与推杆的球面位置的设计，请大家观察分析，是哪一种结构方案可以改善导杆运动中的力学特性。

（4）在结构创新设计中，我们不仅要对原型结构进行变异设计，而且要运用新的机械设计理论和创新思维，进行新型结构的设计。陈列柜里展示有组合轴承与弹性结构的例子。组合轴承有利于改善载荷分配情况；弹性结构有利于快动连接。

第 10 展柜　外观创新设计

外观设计是产品设计的重要内容，它是应用技术和艺术处理手段赋予产品以美的外形的创新计设计实践。外观创新设计的目的在于使产品的精神功能和实有功能达到新的融合，取得最佳的整体效果。

请观看陈列柜中的产品，分析它们在外形设计方面有没有创新的地方。

（1）打火机是常见的日用品，手枪型、书本型、烟袋型、动物型的打火机层出不穷，它们那别具一格的外观创新设计，使打火机成为许多人收藏的艺术品。显而易见，外观创新设计的打火机，不仅丰富了人们的文化生活，而且提高了产品的市场竞争力，也会给生产经营者带来新的附加价值。

（2）再看小型吸尘器的外观设计。它那流线型的主体造型、拟人化的手柄构型和时尚的色彩设计，不仅使人心旷神怡，而且还会让人联想到它那可靠的吸收尘土的功能。

（3）最后观看挖掘机的仿真模型。对于工程机械，过去人们不太重视它的外观设计，对产品的美学质量与市场价值缺乏认识。现在的工程机械不仅讲究内在质量，而且注重外在质量。眼前的挖掘机，以直线为主进行主体造型，给人以方正、简捷、刚直、稳定的视觉效果。同时，它那合理而鲜明的色彩设计，也给了挖掘机宜人的美感。

机械产品的外观创新设计也没有固定的模式，但富有创新性的外观设计一般应具有以下基本特征：显示现代科技的功能美；表现人机关系的宜人美；反映时代新潮的时尚美。

11.2　机械创新设计现场认识实验报告

一、实验目的

二、实验设备

三、机械创新设计背景知识

1. 机械创新设计

设计是将创意转化为技术方案的过程，是建立技术系统的第一道工序，它对产品的技术水平和经济效益起着决定性的作用。针对同一设计课题，可能有不同的设计方案，创新设计追求具有新颖性、独特性的技术方案。所谓机械创新设计，是指设计者的创造力得到充分发挥，并设计出更具竞争力的机械新产品的设计实践活动，创新是它的灵魂。根据设计的内容特点，创新设计可分为开发设计、变异设计和反求设计等基本类型。

机械创新设计通常包括原理方案创新、机构方案创新、结构方案创新和外观设计创新等活动。创新思维和创造技法是一切创新设计的方法基础。

2. 创新思维

从事机械创新设计，不仅需要机械设计方面的知识，而且需要创新思维方式的支持。创新思维是一种突破常规思维的逻辑通道，用新思路去求解问题的思维方式，与常规思维相比，它更具发散性和求异性。因此，发散思维与求异思维是创新思维最基本的思维方式。

3. 创造技法

机械创新设计需要一定的方法与技巧，设计者除了掌握机械设计课程介绍的“专业性”设计方法外，还应掌握源自创造学的“通用性”创造技法。创造技法较多，最常见的是希望点列举法、缺点列举法、移植创造法和组合创造法。

4. 原理方案创新

原理方案创新是产品创新设计中的核心环节，它对产品的结构、工艺、成本、性能和使用维护等都有很大影响。如果从产品的功能出发而不是从产品具体的结构出发，设计的思路就会大开，原理方案也会多种多样。

功能，是产品或技术系统特定工作能力抽象化的描述。从产品或技术系统应具有的功能出发，经过功能分解、功能求解、方案组合、方案评选等过程，以求得最佳原理方案的设计方法，就是功能设计法，它是原理方案创新的最重要的一种方法。

5. 机构创新

一个好的机械原理方案能否实现，机构设计是关键。机构创新设计的途径较多，常用的有下面几种：利用组合原理创新、通过局部结构改变进行机构创新、利用再生运动链方法和广义机构的概念进行机构创新。

6. 结构方案创新

在原理方案确定的基础上，可以进行结构方案的创新设计。常用的方法有三：一是对结构方案进行变异；二是进行提高性能的设计；三是开发新型结构。

四、回答问题

1. 什么是机械创新设计？机械创新设计可分为哪几种基本类型？

2. 试列举出至少1例现实生活中存在的具有新颖性和独特性的创新设计成果。

3. 创新思维最基本的思维方式是什么？试举出1例应用创新思维进行创新设计的实例，并简要说明它是如何进行创新思维的。

4. 产品创造技法有哪几种？对于每一种产品创造技法请举例说明其应用。

5. 什么是原理方案创新的最重要的一种方法？试举出至少1个应用原理方案创新的例子。

6. 常用的机构创新设计的途径有哪几种？

7. 结构方案的创新设计常用的方法有哪三种？

8. 试列举出2种在外观设计方面有创新的产品的例子。

机构组合创新操作训练实验

12.1 机构组合创新操作训练实验指导书

一、实验目的

（1）通过对各种机构的操作与分析训练，提高学生的工程实践能力和动手能力。

（2）加深学生对机构组成原理的认识，结合机构组合方法认识机构的组成情况。

（3）加强对机构的认识和运用机构的能力，培养学生的创新意识和创新设计能力。

二、实验设备

（1）常见的一些机构模型介绍如下。

机构模型的种类较多，图12-1所示为50多种金属制机构模型，系哈尔滨军事工程学院1954年设计，其运动构件用优质碳素钢制作，机架用铸铁制作，底板用木材制作。图12-2所示为20种机壳底板用PVC工程塑料制作的机构模型，其转动件用铝合金及钢材制作。

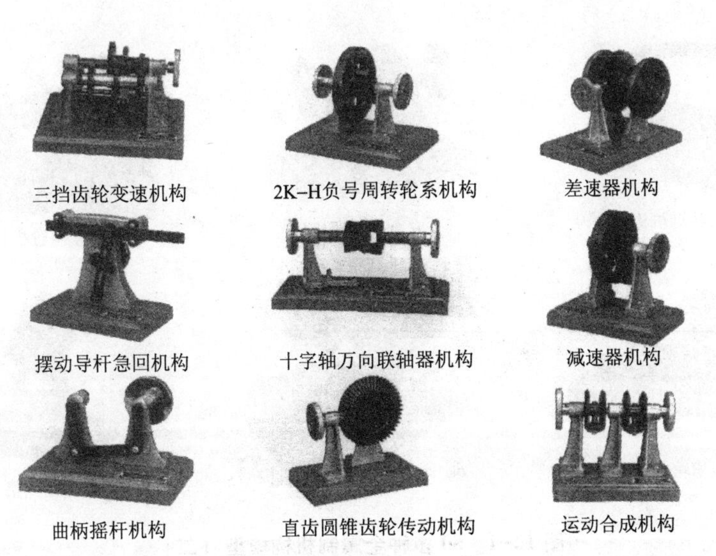

图12-1　50多种金属制机构模型（一）

图 12-1　50 多种金属制机构模型（二）

图 12–1　50 多种金属制机构模型（三）

图 12-1　50 多种金属制机构模型（四）

（2）本实验中，在陈列柜里可供参观的组合机构主要有：串联机构、关联机构和复合机构等，其名称如下：

① 凸轮-蜗轮蜗杆机构；② 联动凸轮组合机构 1；联动凸轮组合机构 2；③ 扇形齿轮；④ 凸轮连杆组合机构；⑤ 叠加机构；⑥ 凸轮齿轮组合机构；⑦ 齿轮连杆组合机构；

关于上述机构的基本介绍在陈列柜中都有，请同学们在参观时结合所学机构组合方法详细观看。

（3）本实验所用的各种基本机构及组合机构的实用模型主要有：

① A1 曲柄滑块泵；A2 曲柄摇块泵；A3 曲柄摇杆泵；A4 转动导杆泵；A5 摆动导杆泵；A6 剪床机构；A7 差动轮系机构；A8 浮动盘联轴节；A9 齿轮直线机构；A10 齿轮摇杆机构。

② B1 抛光机；B2 装订机机构；B3 牛头刨床；B4 颚式破碎机；B5 步进输机；B6 假肢膝关节机构；B7 机械手腕部机构；B8 简易冲床；B9 铆钉机构；B10 制动机构。

③ D1 叠加机构；D2 双曲柄机构；D3 内槽轮机构；D4 滚子推杆心型凸轮机构；D5 斜齿轮传动机构；D6 减速器；D7 齿轮间歇机构；D8 2K 周转轮系机构；D10 心型磨轮机构；D11 扇形齿轮机构；D12 摩擦轮机构；D13 正弦机构；D14 直线槽轮机构；D15 行星机构；D16 等径凸轮机构；D17 450 螺旋传动机构；D18 圆锥齿轮传动机构；D19 齿轮传动往复运动机构；D20 空间机构；D21 安全离合器机构；D22 齿轮连杆机构；D23 摆动滑块机构；D24 椭圆仪；D25 渐开线凸轮机构；D26 直线运动机构；D27 连杆棘轮机构；D28 差动螺旋机构；D29 滑道轴节机构；D30 三平行杆传动机构；D31 万向接头；D32 双冲头机构；D33

图 12-2　20 种工程塑料制机壳机构模型

偏心凸轮机构；D34 偏心往复运动机构；D35 急回机构；D36 椭圆齿轮机构；D37 2K-H 周转轮系机构；D38 三挡齿轮变速机构；D39 蜗杆蜗轮传动机构；D40 往复圆柱凸轮机构；D41 槽轮机构；D42 机器人爬杆机构；D43 摆动导杆急回机构；D44 反馈机构；D45 900 螺旋齿轮传动机构；D46 差速器；D47 轮轴传动机构；D48 运动合成机构；D49 偏心调速器机构；D50 行星机构Ⅱ。

以上 70 种机构模型涵盖了从单一到组合、从平面到空间、从简单到复杂的各类机构，可供学生进行“机构组合创新操作训练实验”使用。通过该实验，有助于学生开阔视野，提高学习机械创新设计课程的兴趣，培养机构创新设计能力，同时也有利于课外科技创新活动和第二课堂的开展。

三、实验原理及内容

执行系统是机械系统中的重要组成部分。为完成机械系统预期的工作，执行系统一般由一个或几个执行机构组成。执行构件是执行机构的输出构件，是执行系统中直接完成工作任务的零部件。

机构的组合是将几个基本机构按一定的原则或规律组合成一个复杂的机构或机械系统，如凸轮连杆机构由凸轮机构和连杆机构组合而成，齿轮连杆机构由齿轮机构和连杆机构组合而成。通过多种基本机构的组合可以实现某种复杂的运动规律，使之具有特殊的运动和动力特性，而完成实际生产中工作要求的典型机构的组合系统称为组合机构。

机构的组合，其实质是通过将各种基本机构以一定的形式相连接，实现运动的变换、叠加和动力性能的改善，而得到组合系统的输入——输出不同于基本机构的运动学、动力学特征的新的机构或机械系统。

因此，机构的创新设计是建立在学习、掌握基本机构的运动、动力特性的基础之上，结合现代控制技术的应用，并总结生产实践的工程经验和综合运用多方面的知识而发挥创造才能的具有挑战性的工作。

由于机构的创新及组合机构的设计没有固定成熟的程式和标准的规定，灵活性大，故实验中应注意观察串联机构、并联机构、反馈机构和叠加机构等组合机构及其运动的实现。

机构组合创新操作训练实验的主要内容如下。

（1）首先，对具有组合机构的陈列柜进行参观，根据所学机构的组合方法，通过参观柜内各种组合机构的模型，加深对串联机构、并联机构和复合机构等的理解，了解其基本结构组成和运动情况。

（2）其次，对常用的组合机构实用模型进行手动操作，了解其基本结构组成、运动传递情况及其在生产中的应用，并完成实验报告中提出的问题。

（3）最后，通过对以上各种组合机构的参观、操作与分析实训，请结合你所学的创新原理与技法，找出一种在生产实践中综合运用上述方法进行创新的简单机器实例，并结合图形对其基本组成和运动情况进行说明。最后请谈一谈通过该实践环节的训练，你所获得的一些心得体会和建议。

12.2　机构组合创新操作训练实验报告

一、实验目的

二、实验设备

三、回答问题

1. 你所操作的组合机构中哪一种属于串联式机构组合？请说明其基本组成和运动情况，并绘制该机构的示意图，加深对串联式机构组合概念的理解。

2. 你所操作的组合机构中哪一种属于并联式机构组合？请说明其基本组成和运动情况，并绘制该机构的示意图，加深对并联式机构组合概念的理解。

3. 你所操作的组合机构中哪一种属于复合式机构组合？请说明其基本组成和运动情况，并绘制该机构的示意图，加深对复合式机构组合概念的理解。

4. 你所操作的组合机构中哪一种属于叠加式机构组合？请说明其基本组成和运动情况，并绘制该机构的示意图，加深对叠加式机构组合概念的理解。

5. 通过对以上各种组合机构的参观、操作与分析实训，请结合你所学的创新原理与技法，找出一种在生产实践中综合运用上述方法进行创新的简单机器实例，并结合图形对其基本组成和运动情况进行说明。最后谈一谈通过该实践环节的训练，你所获得的一些心得体会和建议。

实验13

轴系结构创新组合训练实验

13.1 轴系结构创新组合训练实验指导书

一、实验目的

（1）熟悉并掌握轴、轴上零件的结构形状及功用、工艺要求和装配关系。

（2）熟悉并掌握轴及轴上零件的定位与固定方法，为轴系结构设计提供感性认识。

（3）了解轴承的类型、布置、安装及调整方法，以及润滑和密封方式。

（4）掌握轴承组合设计的基本方法，综合创新轴系结构设计方案。

二、实验设备

（1）组合式轴系结构设计与分析实验箱。箱内提供可组成圆柱齿轮轴系、小圆锥齿轮轴系和蜗杆轴系三类轴系结构模型的成套零件，并进行模块化轴段设计，可组装不同结构的轴系部件。

（2）实验箱按照组合设计法，采用较少的零部件，可以组合出尽可能多的轴系部件，以满足实验的要求。实验箱内有齿轮类、轴类、套筒类、端盖类、支座类、轴承类及连接件类等8类40种168个零件。注意：每箱零件只能单独装箱存放，不得与其他箱内零件混杂在一起，以免影响下次实验。

（3）测量及绘图工具。主要有300 mm钢板尺、游标卡尺、内外卡钳、铅笔、三角板等。

三、实验原理

1. 轴系的基本组成

轴系是由轴、轴承、传动件、机座及其他辅助零件组成的，以轴为中心的相互关联的结构系统。传动件是指带轮、链轮、齿轮和其他做回转运动的零件。辅助零件是指键、轴承端盖、调整垫片和密封圈等一类零件。

2. 轴系零件的功用

轴用于支承传动件并传递运动和转矩，轴承用于支承轴，机座用于支承轴承，辅助零件起连接、定位、调整和密封等作用。

3. 轴系结构应满足的要求

（1）定位和固定要求：轴和轴上零件要有准确、可靠的工作位置；

（2）强度要求：轴系零件应具有较高的承载能力；

（3）热胀冷缩要求：轴的支承应能适应轴系的温度变化；

（4）工艺性要求：轴系零件要便于制造、装拆、调整和维护。

四、实验内容

（1）根据教学要求给每组学生指定实验内容（圆柱齿轮轴系、小圆锥齿轮轴系或蜗杆轴系等）。

（2）熟悉实验箱内的全套零部件，根据提供的轴系装配图，选择相应的零部件进行轴系结构模型的组装。

（3）分析轴系结构模型的装拆顺序，传动件的周向和轴向定位方法，轴的类型、支承形式、间隙调整、润滑和密封方式。

（4）通过分析并测绘轴系部件，根据装配关系和结构特点画出轴系结构装配示意图。

五、实验步骤

（1）明确实验内容及要求，复习轴的结构设计及轴承组合设计等内容。

（2）每组学生使用一个实验箱，根据给出的轴系结构装配示意图之一，构思轴系结构装配方案。

（3）在实验箱内选取所需要的零部件，进行轴系结构模型的组装。

（4）分析总结轴系结构模型的装拆顺序，传动件的周向和轴向定位方法，轴承的类型、支承形式、间隙调整、润滑和密封方式。

（5）使装配轴系部件恢复原状，整理所用的零部件和工具，放入实验箱内规定位置，经指导教师检查后可以结束实验。

（6）根据实验过程及要求，每个学生写出一份实验报告。

小圆锥齿轮轴系装配方案（正装）如图 13-1 所示。

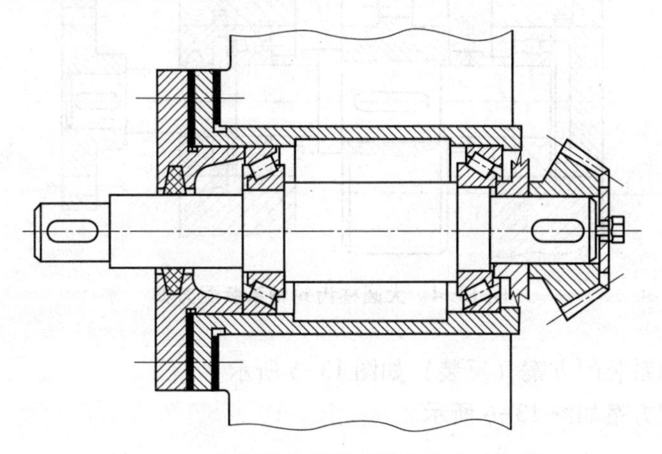

图 13-1　小圆锥齿轮轴系装配方案（正装）

小圆柱齿轮轴系装配方案如图 13-2 所示。

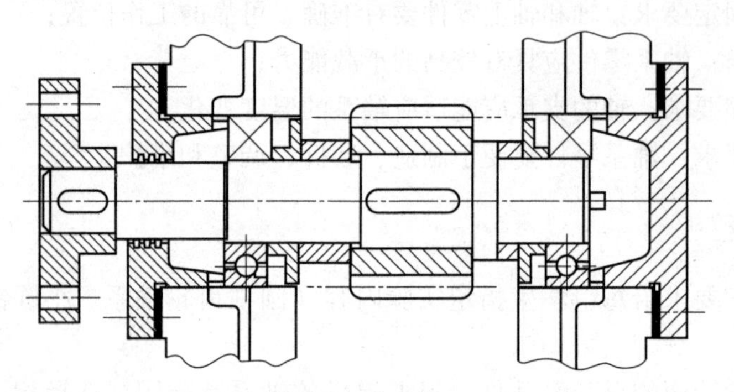

图 13-2　小圆柱齿轮轴系装配方案之一

小圆柱齿轮轴系装配方案之二如图 13-3 所示。

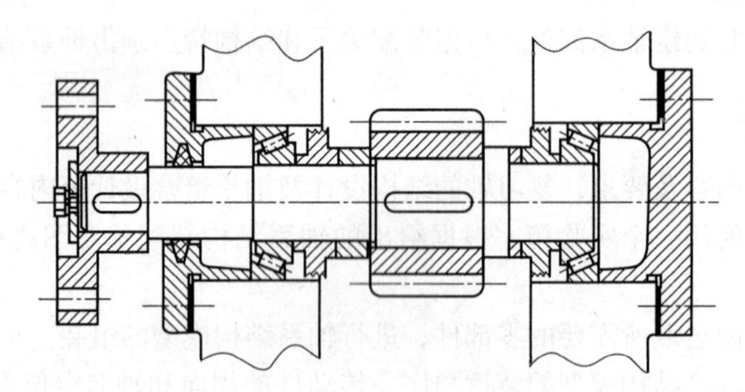

图 13-3　小圆柱齿轮轴系装配方案之二

大圆柱齿轮轴系装配方案如图 13-4 所示。

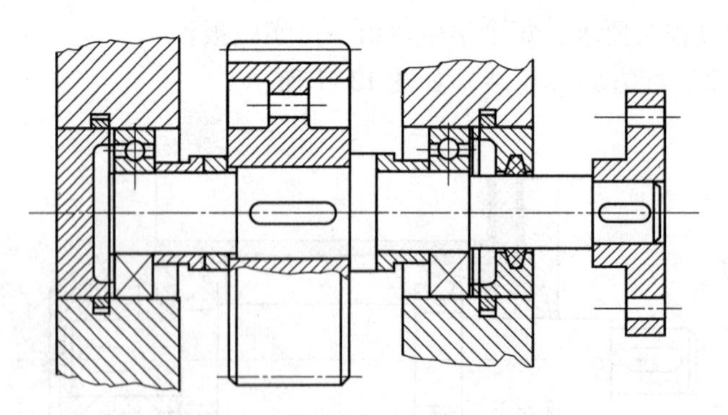

图 13-4　大圆柱齿轮轴系装配方案

小圆锥齿轮轴系装配方案（反装）如图 13-5 所示。

蜗杆轴系装配方案如图 13-6 所示。

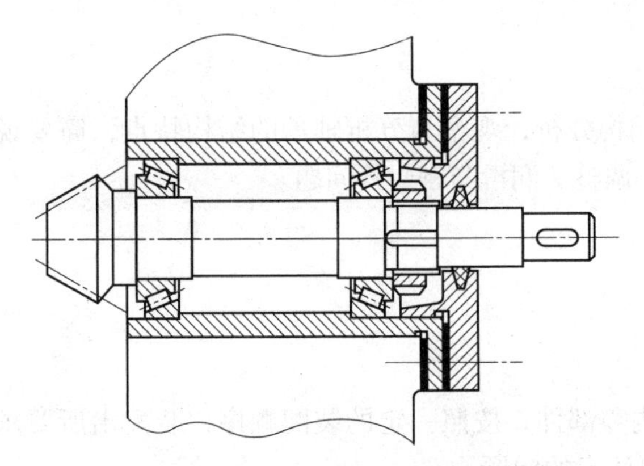

图 13-5　小圆锥齿轮轴系装配方案（反装）

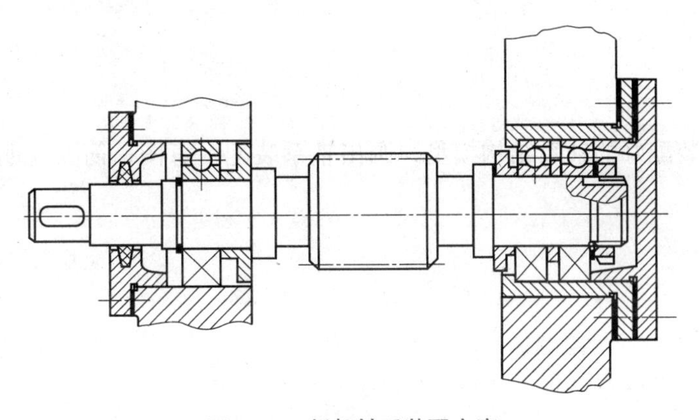

图 13-6　蜗杆轴系装配方案

13.2　轴系结构创新组合训练实验报告

一、实验目的

二、实验设备

三、实验内容

四、回答问题

1. 请对轴系进行结构分析，观察与分析轴承的结构特点，简要说明轴上零件的定位与固定，滚动轴承安装、调整、润滑与密封等问题。

2. 利用给定的箱内零部件，按照一定的装配顺序，装配出所要求的一种轴系结构，简要说明装配过程及需要注意的问题。

3. 根据已经装配好的轴系结构模型，画出轴系装配示意图，简要说明画图过程中需要注意的问题。

实验 14

现代健身产品的创新设计实验

实验 14.1　现代健身产品的创新设计实验指导书

一、实验目的

1. 了解机械创新设计方法在健身产品设计中的应用，加强学生对机械原理知识的理解，开发学生的创新思维。

2. 通过自己实际操作各种健身产品，加强对健身产品的认识和分析，培养学生独立思考的能力。

3. 激励自己构思出一种健身产品的创新方案，培养自己的创新设计能力，体会创新设计的快乐。

二、实验设备

为了了解健身产品的创新设计及应用情况，可以通过以下途径对健身产品进行观察和操作：

1. 生活小区中安装的各种健身产品
2. 体育场馆周围安装的各种健身产品
3. 健身中心内安装的各种健身产品
4. 在各商场内销售的各种健身产品
5. 学校操场周围安装的各种健身产品

在观察上述健身产品的基础上，还可以通过网上搜索来获得各种健身产品的实物图片和动态演示，为全面系统地分析各种健身产品的创新方法打下良好的基础。

三、实验方法

组织学生仔细观察生活中常见的各种健身产品的实物，同时查看通过网络搜索获得的健身产品实物图片及动态演示，对健身产品的各种类型及其发展增加感性认识。在认真观察分析的基础上，找出在健身产品的创新发展中所采用的创新方法，以便对所学的创新知识有更加深刻地认识和理解。

1. 现场观察常用的健身产品，并进行操作体验

找到如图 14-1、图 14-3、图 14-5 所示的健身产品，进行实地观察和操作，了解其健身功能。

如图 14-1 所示是一种模仿划船操作的健身产品，可以对腿部、腰部、上肢、胸部及背部的肌肉增强有较好的效果。每划一次，其上肢、下肢、腰腹部、背部在操作过程中都会完成一次完整的收缩与伸展，可以达到一个全身肌肉有氧训练的效果。

图 14-3 所示是椭圆机又称太空漫步机，其最大的特点就是人体运用它锻炼时膝关节不存在着力点。不仅能预防、降低、缓解颈椎病、肩周炎及上背部的疼痛，而且还避免了跑步时所产生的冲击力，可以更好地保护关节，从而具备更好的安全性能。椭圆机能锻炼和刺激坐骨神经的调节，增强腰部肌肉的耐力和力量，针对臀部、大腿、侧腰及小腹部进行的刺激，能够达到塑身的效果。

图 14-5 所示为坐拉器，使用者通过拉伸操作杆或者蹬腿等动作，从而达到健身效果。其主要功能是增强上肢及肩背肌群力量，改善肩肘关节的柔韧性、灵活性及协调性，对关节酸痛、屈伸功能障碍（如冻结肩，肩周炎）等有较好的康复作用。

图 14-1　划船机

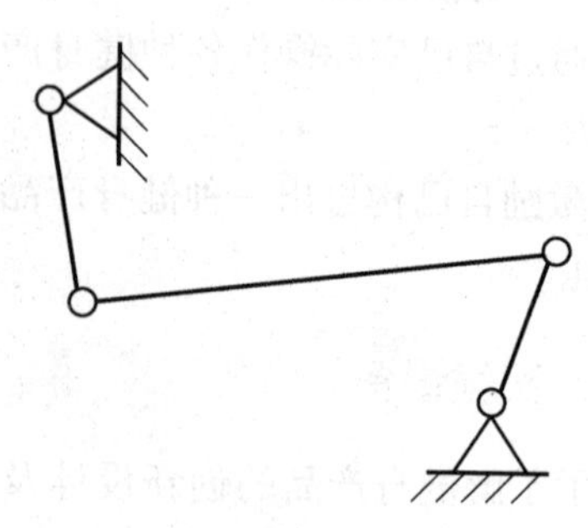

图 14-2　划船机结构原理

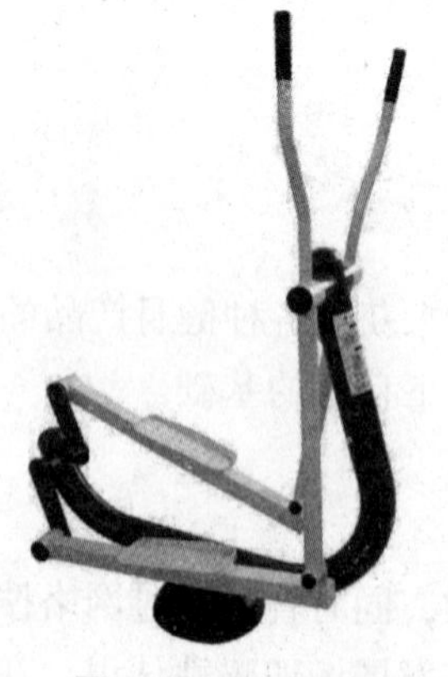

图 14-3　椭圆机

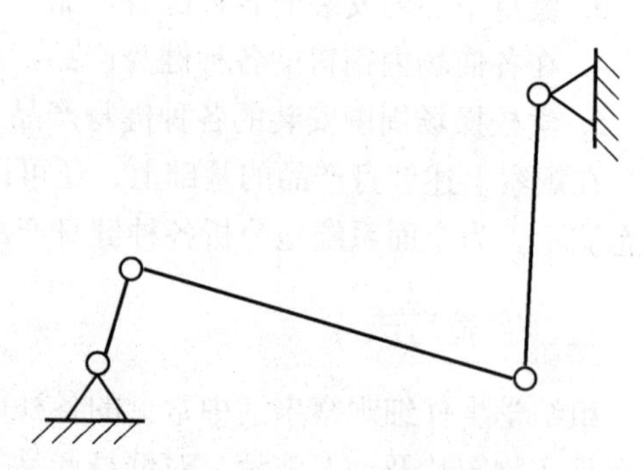

图 14-4　椭圆机结构原理

2. 分析健身产品的结构原理，并绘制结构简图

图 14-1 所示的划船机健身产品，其手脚接触部分是一个绕机架运动的摆动杆，可坐部分也是一个绕机架运动的摆动杆，中间有一个连杆连接，属于常见的四杆机构，如图 14-2 所示。

图 14-3 所示的椭圆机，是一个典型的曲柄摇杆机构，双脚踩在连杆上似太空漫步，手臂扶在摇杆上伸缩自如，也属于常见的四杆机构，如图 14-4 所示。

图 14-5 所示的坐拉器座位固定在平行四边机构构件上，手臂拉动的杠杆铰接在机架上，通过连杆与平行四边形机构进行连接，组成一个创新的多杆机构，如图 14-6 所示。

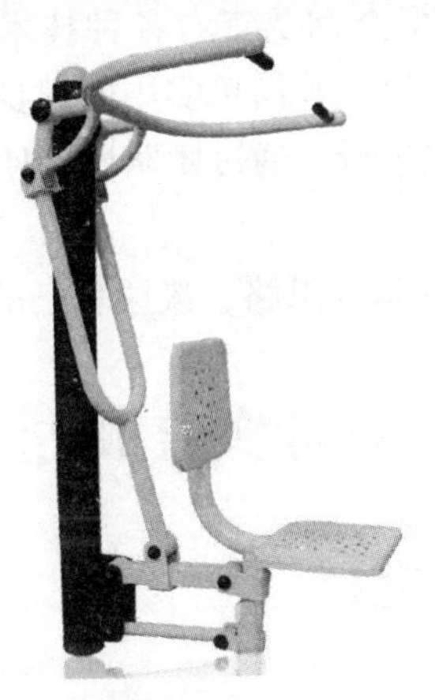

图 14-5　坐拉器

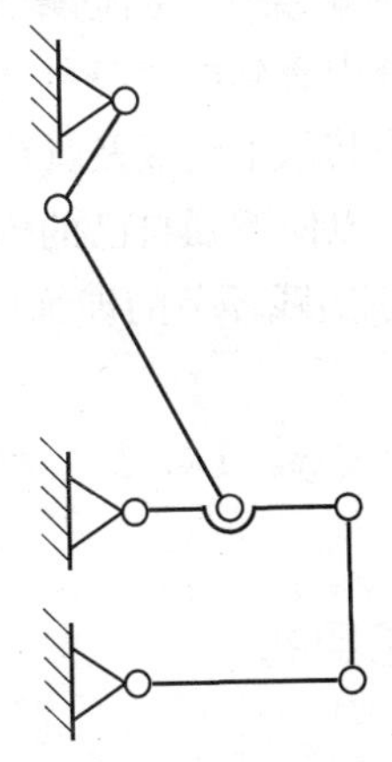

图 14-6　坐拉器结构原理

3. 结合机构创新设计原理进行改进创新

以图 14-1 所示的划船机为例，操作时手臂和脚放置在连架杆上，连架杆仅绕机架转动属简单的运动构件，不能很好地模拟划船运动，锻炼效果一般；四杆机构中的连杆工作时作平面运动（可以分解为平动和转动），因此可以构思将该构件连接到四杆机构的连杆上，形成如图 14-7 所示的多杆机构。

4. 将机构结构具体化成健身产品

通过尺寸分析或运动仿真选取合适的构件尺寸，合理布置手、脚以及臀部的位置，将结构原理转化成一个具体的健身产品，如图 14-8 所示。

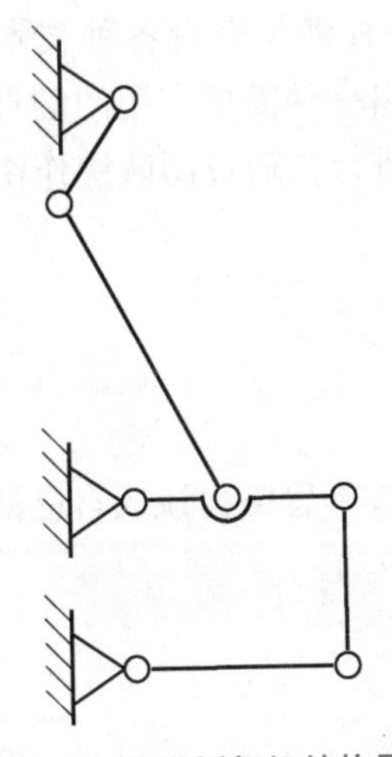

图 14-7　改进划船机结构原理

图 14-8　改进后的划船机

四、实验内容

1. 通过参观和操作一些实际的健身产品，体验创新设计的效果，说明其基本功能，绘出该产品的结构组成草图。

2. 根据所学现代产品创新设计的基本知识，通过网络查询及查看各种技术资料，并结合在各种场合中看到的健身创新产品，请你进行改进或提出一种简单实用的健身产品创新设计方案，说明其基本组成及其应有的基本功能。可以分组进行，通过团队协作使每组给出一个创新方案，以便增强自己的创新意识和创新能力。

3. 通过该实践环节的训练，分析健身产品创新设计的基本思路，谈谈自己的心得体会。

实验 14.2　现代健身产品的创新设计实验报告

一、实验目的

二、实验设备

三、回答问题

1. 通过参观和操作一些实际的健身产品，体验创新设计的效果，说明其基本功能，绘出该产品的结构组成草图。

2. 根据所学现代产品创新设计的基本知识，通过网络查询及查看各种技术资料，并结合在各种场合中看到的健身创新产品，请你进行改进或提出一种简单实用的健身产品创新设计方案，说明其基本组成及其应有的基本功能。可以分组进行，通过团队协作使每组给出一个创新方案，以便增强自己的创新意识和创新能力。

3. 通过该实践环节的训练，分析健身产品创新设计的基本思路，谈谈自己的心得体会。

基于机构组成原理的创新设计实验

15.1 基于机构组成原理的创新设计实验指导书

一、实验目的

（1）加深学生对机构组成原理的认识，进一步了解机构组成及其运动特性。

（2）根据设计要求，利用若干杆组，拼接各种不同的平面机构。

（3）培养学生创新意识、工程实践动手能力及综合设计的能力。

二、实验设备及工具

1. 机构系统创新组合模型的特点

该组合模型是基于机构组成原理，即杆组（包括高副杆组）叠加原理而设计的。学生通过实验可进一步掌握机构组成理论，熟悉杆组概念，为机构创新设计奠定良好的基础；该模型既包含有低副杆组，又包含有高副杆组，还有间歇运动机构及组成这些杆组、机构的各种原件、机架及其他辅助连接件等，故可利用该组合模型拼接成结构不同、性能各异的平面机构，有利于培养学生机构及机构系统方案设计能力；由于采取了一系列的设计策略，故使用该组合模型拼接机构或机构系统时，可保证不发生因层次不清而引起构件运动干涉；该组合模型提供的元件尺寸变化范围大，且可连续调整，加之巧妙的接头设计及以杆组为单元可提高机构方案拼接效率；组合模型的台架及所有元件的刚性好，外观简洁明快、美观；驱动方式可采用手动（通过手轮）、旋转减速电机驱动与直线减速电机驱动三种方式，故原动件的运动形式不受限制。

2. 创新组合模型一套，其基本配置中所含组件为

（1）各种接头及 80～340 mm 的杆件可用于各种拼接。如组成五种平面低副Ⅱ级杆组和四种平面低副Ⅲ级杆组，杆长在 80～340 mm 内能分段无级调整（超过 340 mm 的杆可另行组装而成），其他各种常见的杆组可根据需要自由装配；

（2）两种单构件高副（凸轮副、齿轮副）杆组；

（3）八种轮廓的凸轮构件，其从动件可实现八种运动规律；

① 等加速等减速运动规律上升 20 mm，余弦规律回程，推程运动角 180°，远休止角 30°，近休止角 30°，回程运动角 120°，凸轮标号为 1；

② 等加速等减速运动规律上升 20 mm，余弦规律回程，推程运动角 180°，远休止角

30°，回程运动角 150°，凸轮标号为 2；

③ 等加速等减速运动规律上升 20 mm，余弦规律回程，推程运动角 180°，回程运动角 150°，近休止角 30°，凸轮标号为 3；

④ 等加速等减速运动规律上升 20 mm，余弦规律回程，推程运动角 180°，回程运动角 180°，凸轮标号为 4；

⑤ 等加速等减速运动规律上升 35 mm，余弦规律回程，推程运动角 180°，远休止角 30°，近休止角 30°，回程运动角 120°，凸轮标号为 5；

⑥ 等加速等减速运动规律上升 35 mm，余弦规律回程，推程运动角 180°，远休止角 30°，回程运动角 150°，凸轮标号为 6；

⑦ 等加速等减速运动规律上升 35 mm，余弦规律回程，推程运动角 180°，回程运动角 150°，近休止角 30°，凸轮标号为 7；

⑧ 等加速等减速运动规律上升 20 mm，余弦规律回程，推程运动角 180°，回程运动角 180°，凸轮标号为 8；

（4）模数相等齿数不同的 7 种直齿圆柱齿轮，其齿数分别为 17、25、34、43、51、59、68，可提供 21 种传动比；与齿轮模数相等的齿条一个。

（5）旋转式电机一台，其转速为 10 r/min。

（6）直线式电机一台，其速度为 10 m/s。

3. 平口起子和活动扳手各一把

三、实验前的准备工作

（1）要求预习本实验，掌握实验原理，初步了解机构创新模型。

（2）选择设计题目，初步拟定机构系统运动方案。

四、实验原理

1. 杆组的概念

由于平面机构具有确定运动的条件是机构的原动件数目与机构的自由度数目相等，因此，机构均由机架、原动件和自由度为零的从动件系统通过运动副连接而成。将从动件系统拆成若干个不可再分的自由度为零的运动链，称为基本杆组，简称杆组。

根据杆组的定义，组成平面机构杆组的条件是：

$$F=3n-2P_5-P_4=0$$

式中，构件数 n，高副数 P_5 和低副数 P_4 都必须是整数。由此可以获得各种类型的杆组。当 $n=1$，$P_5=1$，$P_4=1$ 时即可获得单构件高副杆组，如图 15-1 所示，常见的有如下几种：

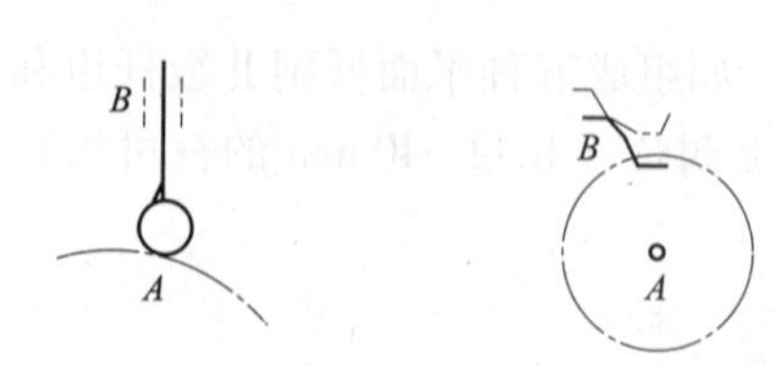

图 15-1　单构件高副杆组

当 $P_4=0$ 时，称之为低副杆组，即

$$F=3n-2P_5=0$$

因此，满足上式的构件数和运动副数的组合为：

$n=2$，4，6，…，$P_5=3$，6，9，…。

最简单的杆组为 $n=2$，$P_5=3$，称为Ⅱ级组，由于杆组中转动副和移动副的配置不同，Ⅱ级组共有如下五种形式，如图 15-2 所示。

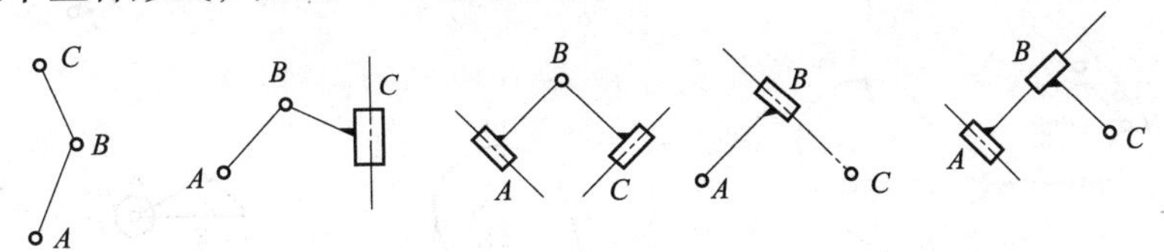

图 15-2　平面低副Ⅱ级组

$n=4$，$P_5=6$ 的杆组形式很多，机构创新模型已有图 15-3 所示的几种常见的Ⅲ级杆组：

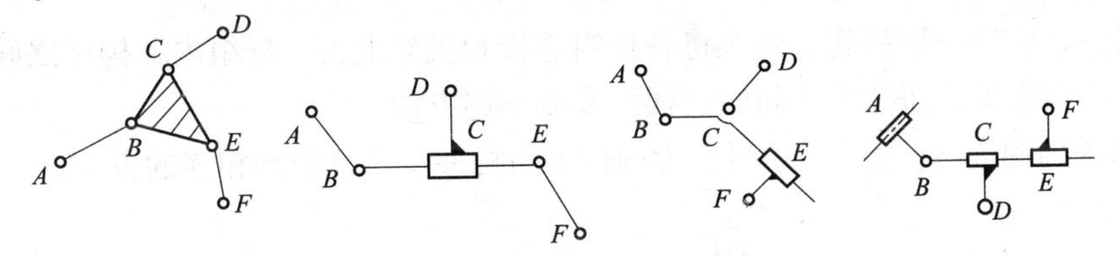

图 15-3　平面低副Ⅲ级组

2. 机构的组成原理

根据如上所述，可将机构的组成原理概述为：任何平面机构均可以用零自由度的杆组依次连接到原动件和机架上去的方法来组成。这就是本实验的基本原理。

五、实验方法与步骤

1. 正确拆分杆组

从机构中拆出杆组具有三个步骤：

（1）先去掉机构中的局部自由度和虚约束；

（2）计算机构的自由度，确定原动件；

（3）从远离原动件的一端开始拆分杆组，每次拆分时，要求先试着拆分Ⅱ级组，没有Ⅱ级组时，再拆分Ⅲ级组等高一级组，最后剩下原动件和机架。

拆组是否正确的判定方法是：拆去一个杆组或一系列杆组后，剩余的必须为一个完整的机构或若干个与机架相连的原动件，不能有不成组的零散构件或运动副存在；全部杆组拆完后，只应当剩下与机架相连的原动件。

如图 15-4 所示的机构，可先除去 K 处的局部自由度；然后，按步骤（2）计算机构的自由度：$F=1$，并确定凸轮为原动件；最后根据步骤（3）的要领，先拆分出由构件 4 和 5 组成的Ⅱ级组，再拆分出由构件 6 和 7 及构件 3 和 2 组成的两个Ⅱ级组及由构件 8 组成的单构件高副杆组，最后剩下原动件 1 和机架 9。

2. 正确拼装杆组

将机构创新模型中的杆组，根据给定的运动学尺寸，在平板上试拼机构。拼接时，首先要分层，一方面是为了使各构件的运动在相互平行的平面内进行，另一方面是为了避免各构件间的运动发生干涉，因此，这一点是至关重要的。

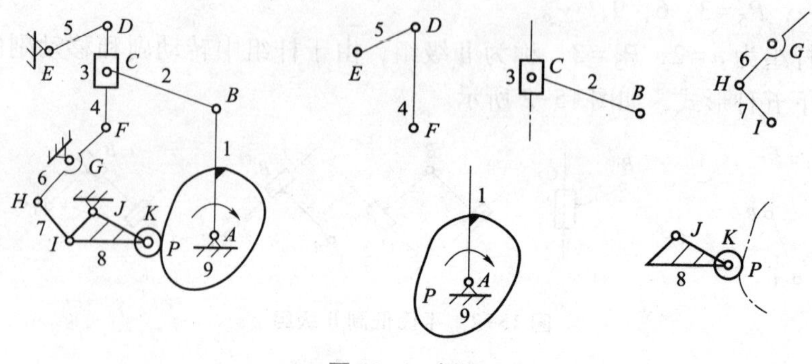

图 15-4 例图

试拼之后，从最里层装起，依次将各杆组连接到机架上去。杆组内各构件之间的连接已由机构创新模型提供，而杆组之间的连接可参见下述方法。

（1）移动副的连接。图 15-5 所示为构件 1 与构件 2 用移动副相连的方法。

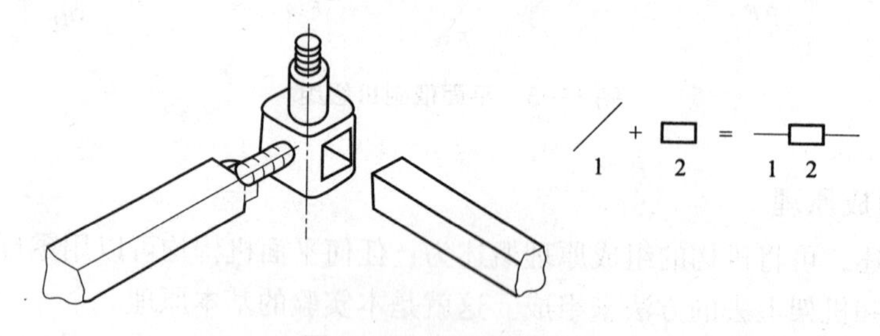

图 15-5 移动副的连接

（2）转动副的连接。图 15-6 所示为构件 1 与带有转动副的构件 2 的连接方法。

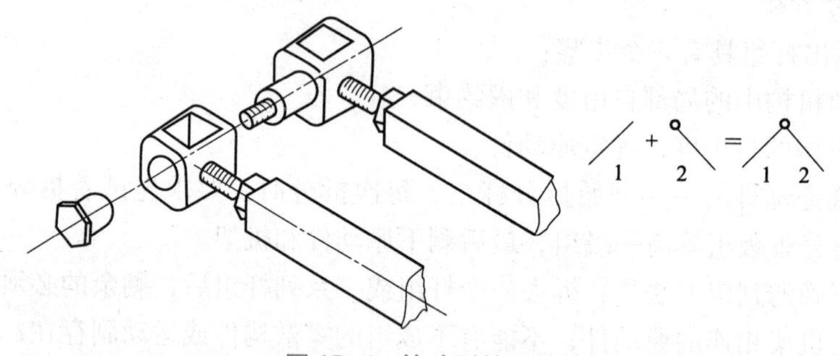

图 15-6 转动副的连接

（3）齿条与构件以转动副相连。图 15-7 所示为齿条与构件以转动副的形式相连接的方法。

（4）齿条与其他部分的固连。图 15-8 所示为齿条与其他部分固连的方法。

（5）构件以转动副的形式与机架相连。图 15-9 所示为连架杆作为原动件与机架以转动副形式相连的方法。用同样的方法可以将凸轮或齿轮作为原动件与机架的主动轴相连。如果连架杆或齿轮不是作为原动件与机架以转动副形式相连，则将主动轴换作螺栓即可。注意为确保机构中各构件的运动都必须在相互平行的平面内进行，可以选择适当长度的主动轴、螺栓及垫柱，如果不进行调整，机构的运动就可能不顺畅。

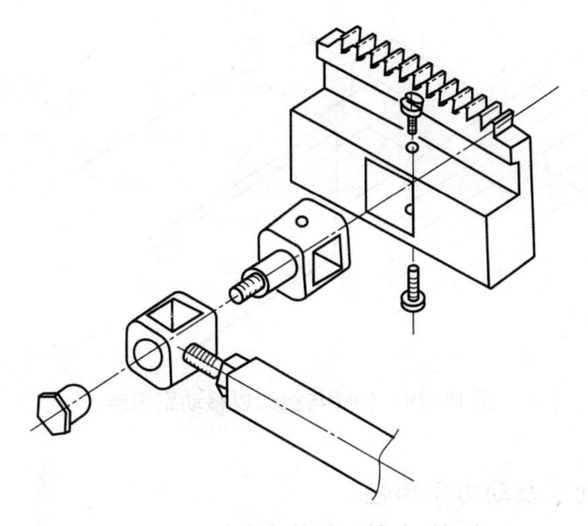

图 15-7　齿条与构件以转动副相连

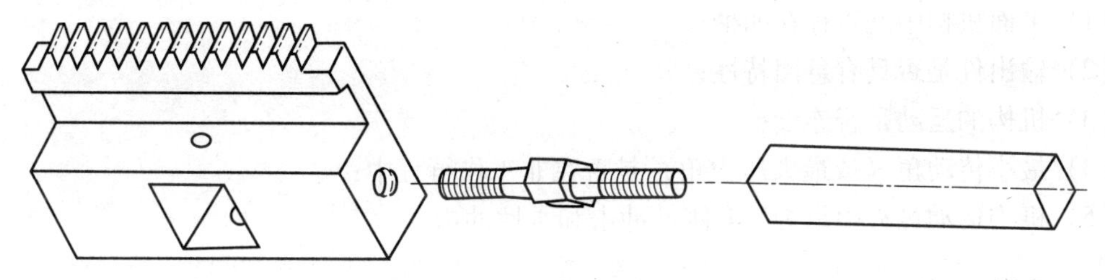

图 15-8　齿条与其他部分的固连

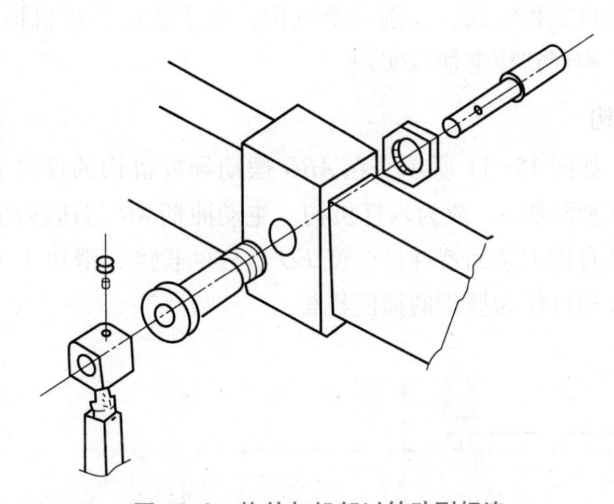

图 15-9　构件与机架以转动副相连

（6）构件以移动副的形式与机架相连。图 15-10 所示为移动副作为原动件与机架的连接方法。

3. 实现确定运动

试用手动的方式驱动原动件，观察各部分的运动都畅通无阻后，再与电动机相连，检查无误后，方可接通电源。

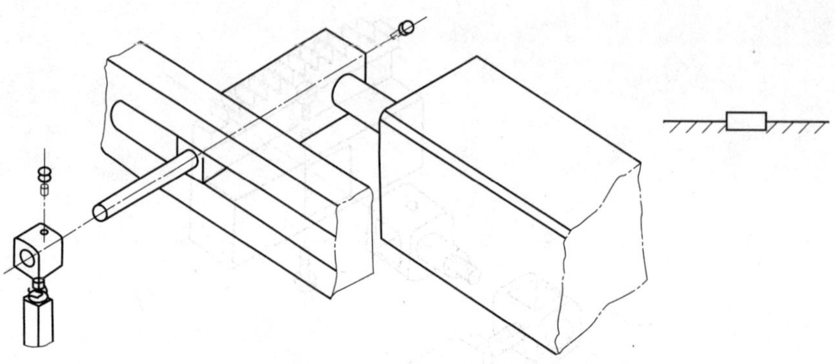

图 15-10　构件与机架以移动副相连

4. 分析机构的运动学及动力学特性

通过观察机构系统的运动，对机构系统的运动学及动力学特性做出定性的分析。一般包括如下几个方面：

（1）平面机构中是否存在曲柄；

（2）输出件是否具有急回特性；

（3）机构的运动是否连续；

（4）最小传动角（或最大压力角）是否在非工作行程中；

（5）机构运动过程中是否具有刚性冲击和柔性冲击。

六、实验内容

下列各种机构均选自工程实践，任选一个机构，要求实验前将机构运动简图拆成杆组，然后在实验课中，用机构创新模型加以实现。

1. 插床的插削机构

工作原理和特点：如图 15-11 所示，在 *ABC* 摆动导杆机构的摆杆 *BC* 反向延长线的 *D* 点上加二级杆组连杆 4 和滑块 5，成为六杆机构。主动曲柄 *AB* 匀速转动，滑块 5 在垂直 *AC* 的导路上往复移动，具有较大急回特性。改变 *ED* 连杆的长度，滑块 5 可获得不同规律。在滑块 5 上安装插刀，机构可作为插床的插削机构。

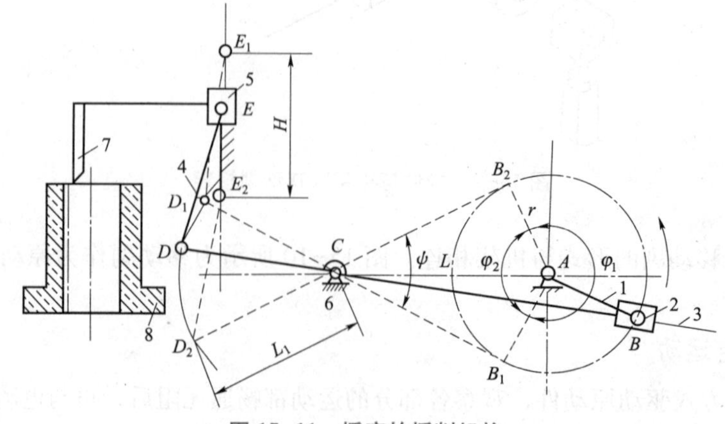

图 15-11　插床的插削机构

2. 导杆摇杆滑块冲压机构和凸轮送料机构

如图 15-12 所示，曲柄为主动件，其杆长度为：$l_{AB}=87$ mm，$l_{CD}=135$ mm，$l_{AC}=345$ mm，$l_{DE}=140$ mm，$l_{AO}=90$ mm，$l_{OH}=95$ mm，$h=480$ mm。

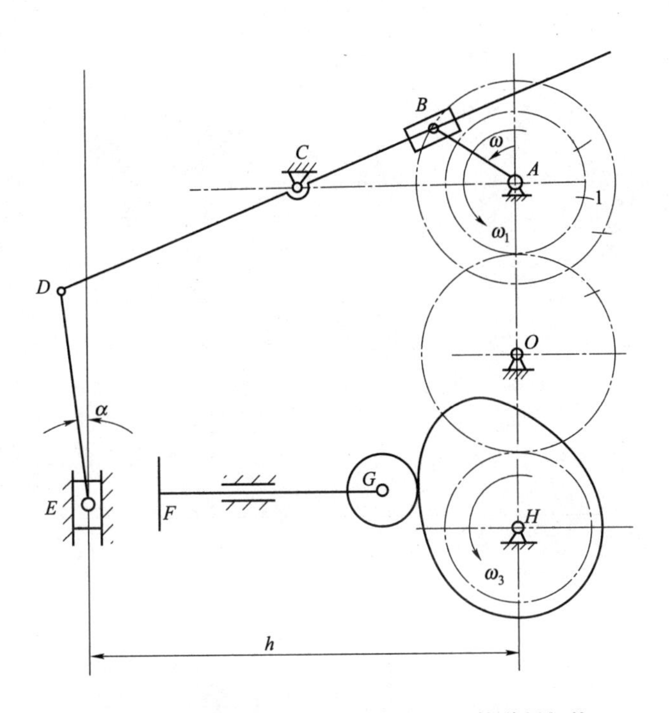

图 15-12　导杆摇杆滑块冲压机构和凸轮送料机构

15.2　基于机构组成原理的创新设计实验报告

一、实验目的

二、实验设备

三、实验内容

设计题目：
机构系统运动方案设计：
简要说明：

自行车拆装训练实验

16.1 自行车拆装训练实验指导书

一、实验目的

（1）了解自行车的车体结构和自行车主要零部件的基本构造与组成，如车架部件、前叉部件、链条部件、前轴部件、中轴部件、后轴部件及飞轮部件等，增强对机械零件的感性认识。

（2）了解前轴部件、中轴部件、后轴部件的安装位置、定位和固定。

（3）熟悉自行车的装拆和调整过程，初步掌握自行车的维修技术。

二、实验设备及工具

（1）实验设备：自行车。

（2）拆装工具：扳手、钳子、螺钉旋具、锤子、鲤鱼钳等。

自行车的基本结构如图 16-1 所示。

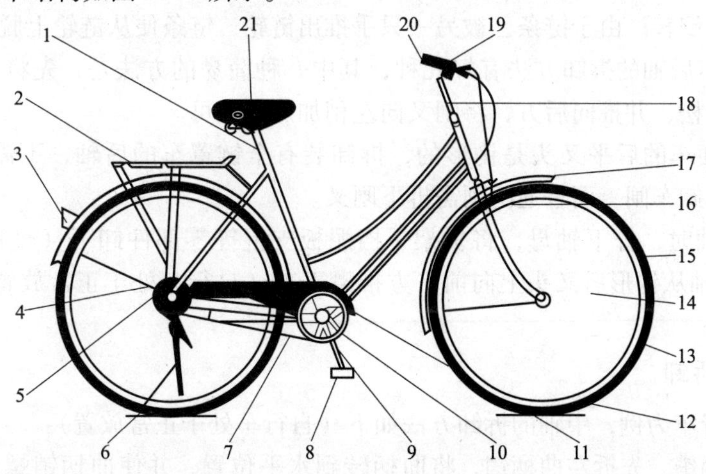

图 16-1 自行车基本结构示意图

1—坐垫杆；2—货架；3—反光镜；4—后制动（抱闸）；5—飞轮；6—停车支架；7—链条；8—脚踏；9—曲柄；10—链盘；11—链罩；12—气嘴；13—钢圈；14—钢丝；15—外胎；16—前制动；17—挡泥板；18—车首竖杆；19—制动把手；20—车把；21—鞍座

三、实验内容

（1）拆装自行车的前轴、中轴和后轴部件。
（2）在拆装中了解各种轴承部件的结构、安装位置、定位和固定。
（3）实验后回答思考题，完成实验报告。

四、实验步骤

（一）自行车的拆卸步骤

1. 前后轴的拆卸

拆卸之前，先将自行车停车支架支起，用螺钉旋具将车铃的固定螺钉拧松，把车铃转到车把下面，然后收起支架，把自行车倒放，并在车把和鞍座下面垫块布。

（1）拆卸前轴的步骤，以拆卸B型自行车前轴为例。

① 拆圆孔式闸卡子。要用螺钉旋具松开两个闸卡子螺钉，将闸卡子从闸叉中向下推出，再把闸叉用手稍加掰开。凹槽式闸卡子可以不拧松闸卡子螺钉，只需将闸叉从闸卡子的凹槽中推出，再稍加掰开即可，然后将外垫圈、挡泥板支棍依次拆下。

② 拆卸轴母。拆卸时要先卸紧的，后卸松的，防止产生连轴转的现象。

③ 拆卸轴挡。拆卸轴挡与拆卸轴母的顺序相反，应先卸松的，也就是一般先卸左边的。

④ 拆卸轴承。用螺钉旋具伸入防尘盖内，沿防尘盖的四周轻轻将防尘盖撬下来，再从轴碗内挖出钢球。用同样的方法将另一边的防尘盖和钢球拆下。

（2）拆卸后轴的步骤，与拆卸前轴大同小异，拆卸时可以参照前轴的方法。这里仅对不同之处介绍如下：

① 拆卸半链罩车后轴时，先松开制动闸卡子，拧下两个轴母，将外垫圈、货架、挡泥板支棍、停车支架依次拆下，在链盘下端将链条向左用手（或用螺钉旋具）推出、随即摇脚踏将链盘向后倒转。由于链条已被另一只手推出链轮，链条便从链轮上脱出。

② 全链罩车后轴的拆卸方法有好几种，其中一种简易的方法是，先将左边闸卡子的螺钉用螺钉旋具拧松，并推向后方，将闸叉向左稍加掰开即可。

③ 有些轻便车的后平叉头是钩形的，拆卸装有全链罩车的后轴，不需要卸链条接头，钳形闸也不需拆卸车闸，而普通闸则需拆下闸叉。

④ 拆卸后轴时，拧下轴母，将货架、挡泥板支棍等零部件卸下（全链罩车拆下后尾罩），将车轮车轴从钩形后叉头上向前下方推滑下来（自行车处于正常放置），最后从飞轮上拆下链条。

2. 中轴的拆卸

以A型自行车为例，中轴的拆卸方法如下（自行车处于正常放置）：

（1）拆卸柄销。先拆左曲柄销，将曲柄转到水平位置，并使曲柄销螺母向上，用扳手将曲柄销螺母退到曲柄销的上端面与销的螺纹相平，再用锤子猛力冲击带螺母的曲柄销，使曲柄销松动后将螺母拧下，然后用钢冲将曲柄销冲下，再将左曲柄从中轴上转动取下。

（2）拆下半链罩。取下左曲柄后，用螺钉旋具拧下半链罩卡片上的螺钉（在自行车右侧），拆下半链罩。

（3）拆中轴挡。用扳手将中轴销母向右（顺时针方向）拧下，用螺钉旋具（或尖冲子）把固定垫圈撬下，再用钢冲冲（或拨动）下中轴挡。

（4）取右曲柄、链盘和中轴。从中轴右边将连在一起的右曲柄、链盘和中轴一同抽出，最后把钢球取出。中轴碗未损坏则不必拆下，右轴挡等零件未损坏也无必要将曲柄同中轴拆开。

拆卸全链罩车的中轴时，在中轴挡等零件拆下后，用螺钉旋具从链盘底将链条向左（里）撬出链轮，再倒转脚踏，将链条向里脱下，这样，右曲柄连同中轴就能顺利拆下。

（二）自行车装配步骤

装配前，对能用的零件需进行清洗，对于损坏的零件须用同规格的新零件代替。

1. 前轴的装配步骤

安装前轴的步骤和方法如下：

（1）沿两边的轴碗（球道）内均匀涂上黄油（不要过多），把钢球装入轴碗。当装到最后一个钢球时，要使一面钢球间留有半个钢球的间隙。如果是球架式钢球，应注意不要装反。钢球装好后，将防尘盖挡面向外，装在轴身内，用锤子沿防尘盖四周敲紧。

（2）将前轴棍穿入轴身内，把轴挡（球道在前）拧在轴棍上。安装轴挡后要求轴棍两端露出的距离相等，轴挡与轴承之间应稍留有旷量。

（3）在轴的两端套入内垫圈，并使垫圈紧靠轴挡，再将车轮装入前叉嘴上。然后按顺序将挡泥板支棍、外垫圈套入前轴，再拧上前轴母。随后，扶正前车轮（使车轮与前叉左右的距离相等，前轴棍要上到前叉嘴的里端），用扳手拧紧轴母。

（4）前轴安装好后，松紧要适当，转动灵活，不得出现卡住、振动等现象。具体的检查方法是：把车轮抬起，将气门提到与轴的平行线上，使车轮自由摆动（摆动数次），否则应进行调整。调整时可用扳手将一个轴母拧松，用花扳手将轴挡向左或向右调动，然后将轴母拧紧。

（5）将闸卡子移回原位置，装上闸叉，拧紧闸卡子螺钉。涨闸车要将涨闸去板固定在夹板内，最后锁紧螺钉。

2. 后轴的装配步骤

安装后轴的步骤及方法与前轴基本相同，但需要注意如下几点：

（1）调链螺钉要装在后轴左右内垫圈的外面，后叉头的里面。调链螺钉的平面向里，不要装反。

（2）后车轮装入后叉头后，先将车链挂到飞轮上，再从链盘处挂上链条，同时转动链盘，使链条挂到链盘上，最后检查链条松紧度。检查链条松紧度时，将手拉紧链条，链条与装配母线之距离最大处应为 10～15 mm。不足或超过这一标准，应用扳手拧松后轴母，然后拧动调链螺母，调动车链。

（3）全链罩车要按照原有垫圈的数量将其套在轴上，装好车轮，再将链条重新接合，最后装上后尾罩，拧紧螺钉。

（4）抱闸、涨闸车在装后车轮的同时，要将闸后拉杆复位，再将去板夹或盖板上好，锁紧拉杆螺母，调好车闸。后轴安装位置最好在后平叉的中端。检查后轴灵活性能的方法和要求同前轴一样（参看前轴的装配），另外，调整后轴在左边进行比较方便。

3. 中轴的装配步骤

以A型自行车为例，中轴的装配步骤如下（自行车处于正常位置）：

（1）在中轴碗内抹黄油，将钢球顺序排列在轴碗内（如果是球架式钢球，可以参看前后轴装配步骤）。

（2）把中轴棍（上面已安装有右轴挡、链盘和右曲柄）从右面穿入中接头，与右边中轴碗、钢球吻合。如果是全链罩车，在穿进中轴棍后，用螺钉旋具将链条挂在链轮的底部，转动链轮，将链条完全挂在链轮上。

（3）将左轴挡向左拧在中轴棍上，但是与钢球之间要稍留间隙，再将固定垫圈（内舌卡在中轴的凹槽内）装进中轴，最后用力锁紧中轴锁母。

（4）中轴的松紧要适当，应使其间隙小，转动灵活。轴挡松或紧，可拧松中轴锁母，用尖冲冲动轴挡端面的凹槽，调动轴挡，最后用力锁紧中轴锁母。

（5）将左曲柄套在中轴左端，并转到前方与地面平行，把曲柄销斜面对准中轴平面，从上面装入曲柄销孔，并拧紧。左、右曲柄的安装方向相反。换右轴挡以及安装右曲柄销，也可按上述装配方法进行。

（6）将链条从下面挂在链盘上，挂好链条，再安装半链罩。如果是全链罩车，将全链罩盖前插片按照拆卸相反的顺序装在罩上（参看中轴的拆卸）。最后，拧动调链螺母调整链条的松紧程度，拧紧右端的后轴螺母。

五、实验要求

拆装自行车零件时，应规范操作，操作时不要猛砸猛敲，以免损坏自行车零部件。

16.2 自行车拆装训练实验报告

一、实验目的

二、实验设备与工具

三、实验步骤

四、回答问题

1. 拆卸轴母时，为何要先卸紧的，后卸松的？

2. 如何拆卸轴挡圈？

3. 自行车的前轴组合结构是怎样的？这种结构有什么优点？

实验17

机械运动参数测定实验

17.1 机械运动参数测定实验指导书

一、实验目的

（1）通过实验，了解位移、速度、加速度的测定方法，以及转速和回转不匀率的测定方法；

（2）通过实验，初步了解 QTD-Ⅲ型组合机构实验台及光电脉冲编码器、同步脉冲发生器（或称角度传感器）的基本工作原理，并掌握它们的使用方法；

（3）通过比较理论运动曲线与实测运动曲线的差异，分析其原因，增加对运动速度特别是加速度的感性认识；

（4）比较曲柄滑块机构与曲柄导杆机构的性能差别；

（5）检测直动从动杆凸轮机构中直动从动杆的运动规律；

（6）比较不同凸轮廓线或接触副，对凸轮直动从动杆运动规律的影响。

二、实验设备

本实验所用的设备是 QTD-Ⅲ型组合实验系统，实验机构主要技术参数如下：

直流电机额定功率	100 W
电机调速范围	0～2 000 r/min
蜗轮减速箱速比	1/20
实验台尺寸	长×宽×高＝500 mm×380 mm×230 mm
电源	220 V/50 Hz

三、实验原理

1. 实验系统的组成

本实验的实验系统框图如图 17-1 所示，它由以下设备组成：

① 实验机构——曲柄滑块、导杆、凸轮组合机构；

② 光电脉冲编码器；

③ 同步脉冲发生器（或称角度传感器）；

④ QTD-Ⅲ型组合机构实验仪（单片机检测系统）；

⑤ 个人电脑；

⑥ 打印机。

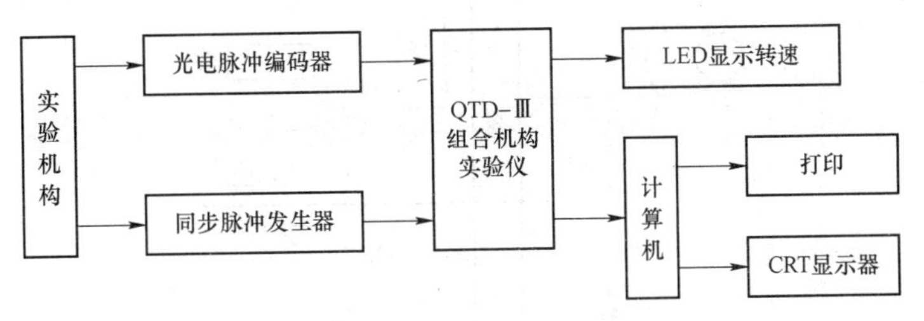

图 17-1　实验系统框图

（1）实验机构

该组合实验装置，只需拆装少量零部件，即可构成 4 种典型的传动系统，它们分别是曲柄滑块机构、曲柄导杆滑块机构、平底直动从动杆凸轮机构和滚子直动从动杆凸轮机构，其结构示意图如图 17-2 所示。每一种机构的某些参数，如曲柄长度、连杆长度、滚子偏心等都可在一定范围内调整。学生通过拆装及调整可加深对机械结构本身特点的了解，也会更好地认识某些参数改动对整个运动状态的影响。

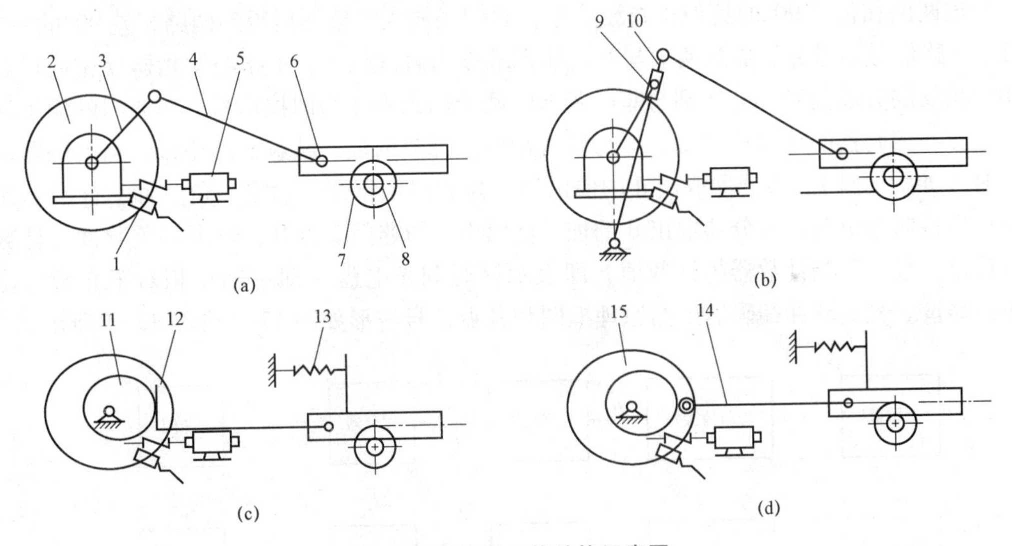

图 17-2　实验机构结构示意图

（a）曲柄滑块机构；（b）曲柄导杆机构；（c）平底直动从动杆凸轮机构；（d）滚子直动从动杆凸轮机构

1—同步脉冲发生器；2—蜗轮减速器；3—曲柄；4—连杆；5—电机；6—滑块；7—齿轮；8—光电编码器；9—导块；10—导杆；11—凸轮；12—平底直动从动件；13—回复弹簧；14—滚子直动从动件；15—光栅盘

（2）光电脉冲编码器

光电脉冲编码器又称增量式光电编码器，它是采用圆光栅通过光电转换将轴转角位移转换成电脉冲信号的器件。它由发光体、聚光透镜、光电盘、光栏板、光敏管和光电整形放大电路组成，如图 17-3 所示。

光电盘和光栏板用玻璃材料经研磨、抛光制成。在光电盘上用照相腐蚀法制成有一组径

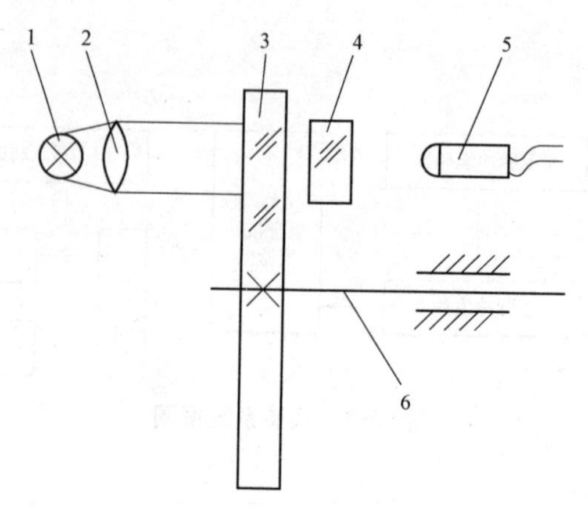

图 17-3　光电脉冲编码器结构原理图

1—发光体；2—聚光镜；3—光电盘；4—光栏板；5—光敏管；6—主轴

向光栅，而光栏板上有两组透光条纹，每组透光条纹后都装有一个光敏管，它们与光电盘透光条纹的重合性差 1/4 周期。光源发出的光线经聚光镜聚光后，发出平行光。当主轴带动光电盘一起转动时，光敏管就接收到光线亮、暗变化的信号，引起光敏管所通过的电流发生变化，输出两路相位差 90°的近似正弦波信号，它们经放大、整形后得到两路相差 90°的主波 d 和 d′。d 路信号经微分后加到两个与非门输入端作为触发信号；d′路经反相器反相后得到两个相位相反的方波信号，分送到与非门剩下的两个输入端作为门控信号，与非门的输出端即为光电脉冲编码器的输出信号端，可与双时钟可逆计数的加、减触发端相接。当编码器转向为正时（如顺时针），微分器取出 d 的前沿 A，与非门 1 打开，输出一负脉冲，计数器作加计数；当转向为负时，微分器取出 d 的加一前沿 B，与非门 2 打开，输出一负脉冲，计数器作减计数。某一时刻计数器的计数值，即表示该时刻光电盘（即主轴）相对于光敏管位置的角位移量。光电脉冲编码器电路原理框图和各点信号波形如图 17-4 和图 17-5 所示。

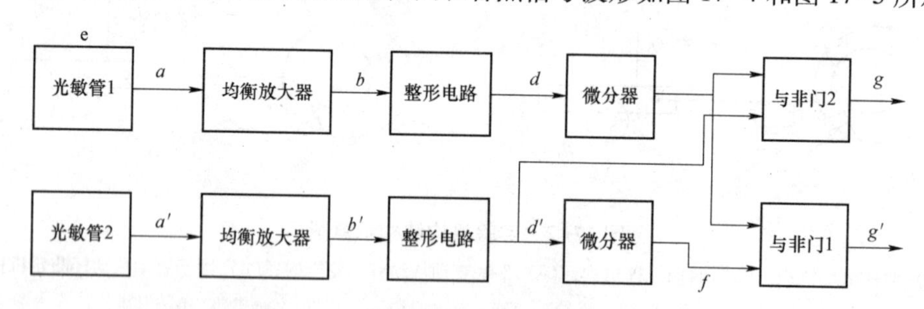

图 17-4　光电脉冲编码器电路原理框图

（3）组合机构实验仪

1）实验仪外形布置

实验仪的外形结构如图 17-6 所示，如图 17-6（a）所示为正面结构，如图 17-6（b）所示为背面结构。

2）实验仪系统原理

以 QTD-Ⅲ型组合机构实验仪为主体的整个测试系统的原理框图如图 17-7 所示。

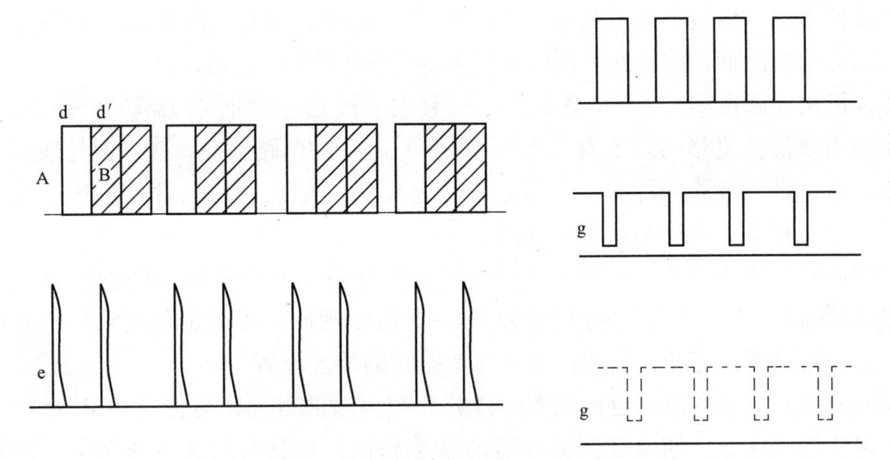

图 17-5　光电脉冲编码器电路各点信号波形图

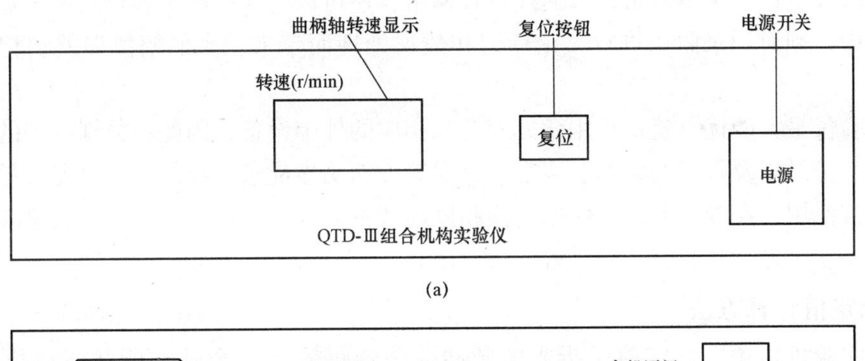

(a)

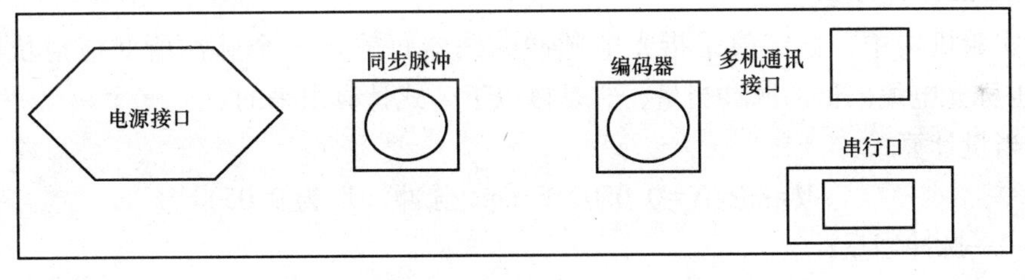

(b)

图 17-6　QTD-Ⅲ实验仪外形布置图

(a) QTD-Ⅲ实验仪正面结构；(b) QTD-Ⅲ实验仪背面结构

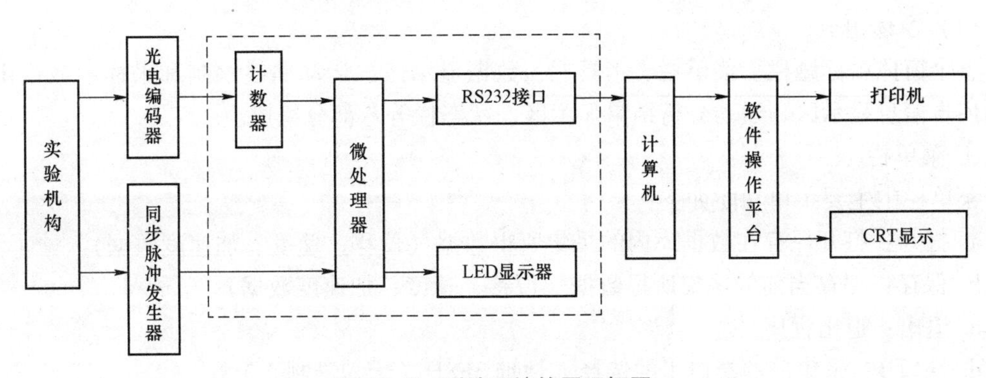

图 17-7　测试系统的原理框图

本实验仪由单片机最小系统组成。外扩16位计数器，接有3位LED数码显示器，可实时显示机构运动时曲柄轴的转速，同时可与PC机进行异步串行通讯。

在实验机构动态运动过程中，滑块的往复移动通过光电脉冲编码器转换输出具有一定频率（频率与滑块的往复移动速度成正比），0～5 V电平的两路脉冲，接入微处理器外扩的计数器计数，通过微处理器进行初步处理运算并送入PC机进行处理，PC机通过软件系统在CRT上可显示出相应的数据和运动曲线图。

机构中还有两路信号送入单片机最小系统，那就是角度传感器（同步脉冲发生器）送出的两路脉冲信号。其中一路是光栅盘每2°一个角度脉冲，用于定角度采样，获取机构运动线图；另一路是零位脉冲，用于标定采样数据时的零点位置。

机构的速度、加速度值由位移经数值微分和数字滤波得到，与传统的R-C电路测量法或分别采用位移、速度、加速度测量仪器的系统相比，其具有测试系统简单，性能稳定可靠、附加相位差小、动态响应好等特点。

本实验仪测试结果不但可以以曲线形式输出，还可以直接打印出各点数值，克服了以往测试方法中，须对记录曲线进行人工标定和数据处理而带来较大的幅值误差和相位误差等问题。

本实验仪最大的优点就是采用微处理器和相应的外围设备，因此在数据处理的灵活性和结果显示、记录以及打印的便利、清晰、直观等方面明显优于传统的同类仪器。另外，与个人电脑连接使用，在操作上只要使用键盘和鼠标就可完成，操作灵活方便，实验准备工作非常简单，在学生进行实验时稍作讲解即可使用。

2. 标定值计算方法

在本实验机构中，标定值是指光电脉冲编码器每输出一个脉冲所对应滑块的位移量（mm），也称光电编码器的脉冲当量，它是按以下公式计算出来的。

脉冲当量计算式：

$$M=\pi\varphi/N=0.0502\ 6\ \text{mm/脉冲}\ (\text{取为}\ 0.05)$$

式中 M——脉冲当量；

φ——齿轮分度圆直径（现配齿轮 $\varphi=16$ mm）；

N——光电脉冲编码器每周脉冲数（现配编码器 $N=1\ 000$）。

3. 系统软件简介

（1）窗体组成

整个窗体由标题栏、菜单栏、工具栏、数据显示区、运动曲线绘制和采样参数设定区、公司广告信息显示区、运动分析结果显示区、状态栏等八部分组成。

① 菜单栏

菜单栏中主要菜单功能如下：

a. 打开：打开保存在数据库内的采集所得数据（位移、速度、加速度数据）。

b. 保存：保存当前的采集所得数据（位移、速度、加速度数据）。

c. 退出：退出程序。

d. 端口1：采集前的端口1的选择（地址3F8H（十六进制））。

e. 端口2：采集前的端口2的选择（地址2F8H（十六进制））。

f. 数据分析：对当前采集到的位移数据进行分析，得出运动的速度、加速度曲线及有关参数。

g. 动画显示。

曲柄滑块机构：用软件编写曲柄滑块的运动动画窗口。

曲柄导杆机构：用软件编写曲柄导杆的运动动画窗口。

h. 打印：弹出打印窗口，可进行如下选择。

数据打印：可打印采集到的所有位移数据及相应的速度、加速度数据，也可打印部分数据，即只打印由用户自己所选的采样点数的位移数据及相应的速度、加速度数据。

曲线打印：同数据打印一样，可打印全部曲线和部分曲线。打印回转不匀率曲线，当进行回转不匀率的采样操作时可选此项。

i. 帮助主题：曲柄滑块/导杆机构运动参数测试仪的详细介绍。

② 工具栏

a. 打开按钮：同打开菜单操作。

b. 保存按钮：同保存菜单操作。

c. 数据分析按钮：同数据分析菜单操作。

d. 曲柄导杆机构的动画显示按钮。

e. 打印按钮：同打印菜单。

f. 显示帮助主题按钮：同帮助主题菜单。

③ 数据显示区

数据显示区用于显示采集所得和分析所得的全部数据，以便使用者查看。

当“采集”按键作用后（采集完成），此区显示采集点数和运动位移值。

当“数据分析”按键作用后，在此区内将加入分析所得的速度和加速度数据。

④ 运动曲线绘制和采样参数设定区

程序刚打开时此区显示的是运动曲线绘制控件，当选择好串口后（“端口选择”作用后），此区变为采样参数设定表框，可进行如下参数选择：

a. 定时采样的采样时间常数选择；

b. 定角度采样的角度常数选择；

c. 回转不匀率角度常数选择。

采样完成后此区又回到运动曲线绘制控件并绘出与采样数据相应的位移曲线，“数据分析”按键作用后，将同时绘出速度曲线和加速度曲线，最终显示在此区的是三条曲线（位移曲线、速度曲线、加速度曲线）。

⑤ 运动分析结果显示区

此区将显示当前运动采样的位移、速度、加速度的最大值、最小值和平均值，回转不匀率采样所得转速的最大值、最小值、平均值及回转不匀率值。

⑥ 状态栏

显示程序运行时的动态信息。如在绘制曲线时，在状态栏中将实时显示当前的位移、速度或加速度值。

（2）系统软件操作说明

首先，在使用前确定所要做的是定时采样还是定角采样方式，或是要测定机构当前的回转不匀率。

其次，启动此曲柄滑块导杆机构，打开测试仪的电源按钮，此时测试仪先显示的是数字0，随后便正确显示当前的转速。

最后，调节曲柄滑块导杆机构上的旋钮使转速调到自己所需的转速，待稳定后便可打开在PC上的软件系统进行操作，其步骤如下：

① 打开本软件系统；

② 选择端口号，如选择端口1；

③ 在采样参数设计区选择采样方式和采样常数，并在“标定值输入框”中输入标定值“0.05”；

④ 按“采样”键；

⑤ 等待一段时间（这段时间用于单片机处理数据及单片机向PC机传输数据）；

⑥ 如果采样数据传送（PC与单片机通讯）正确，单片机传送到PC机的位移数据便会显示在数据显示区内，同时PC机会根据位移数据在运动曲线绘制区画出位移的曲线图，同时在运动分析结果显示区显示出位移的最大值、最小值、平均值。如果出现异常，请重新采集数据；

⑦ 按“数据分析”键，则在运动曲线绘制区内将动态绘出相应的速度曲线和加速度曲线，同时在运动分析结果显示区显示出速度、加速度的最大值、最小值、平均值；

⑧ 保存当前采集的数据到数据库内；

⑨ 打印当前采集和分析的数据及曲线；

⑩ 实验总结。

注：若在第③步中选择的是进行角度分析（即回转不匀率的采样方式）时，将跳过⑦和⑧两步。不同采样方式得到的实验结果示例如图17-8所示。

四、实验步骤

（一）系统连接及启动

1. 连接RS232通讯线

本实验必须通过计算机来完成。将计算机RS232串行口，通过标准的通讯线，连接到QTD-Ⅲ型组合机构实验仪背面的RS232接口，如果采用多机通讯转换器，则需要首先将多机通讯转换器通过RS232通讯线连接到计算机，然后用双端插头电话线，将QTD-Ⅲ型组合机构实验仪连接到多机通讯转换器的任一个输入口。

2. 启动机械教学综合实验系统

如果用户使用多机通讯转换器，应根据用户计算机与多机通讯转换器的串行接口通道，在程序界面的右上角串口选择框中选择合适的通道号（COM1或COM2）。根据运动学实验在多机通讯转换器上所接的通道口，点击“重新配置”键，选择该通道口的应用程序为运动学实验，配置结束后，在主界面左边的实验项目框中，点击该通道“运动学”键，此时，多机通讯转换器的相应通道指示灯应该被点亮，运动学实验系统应用程序将自动启动，如图17-9所示。

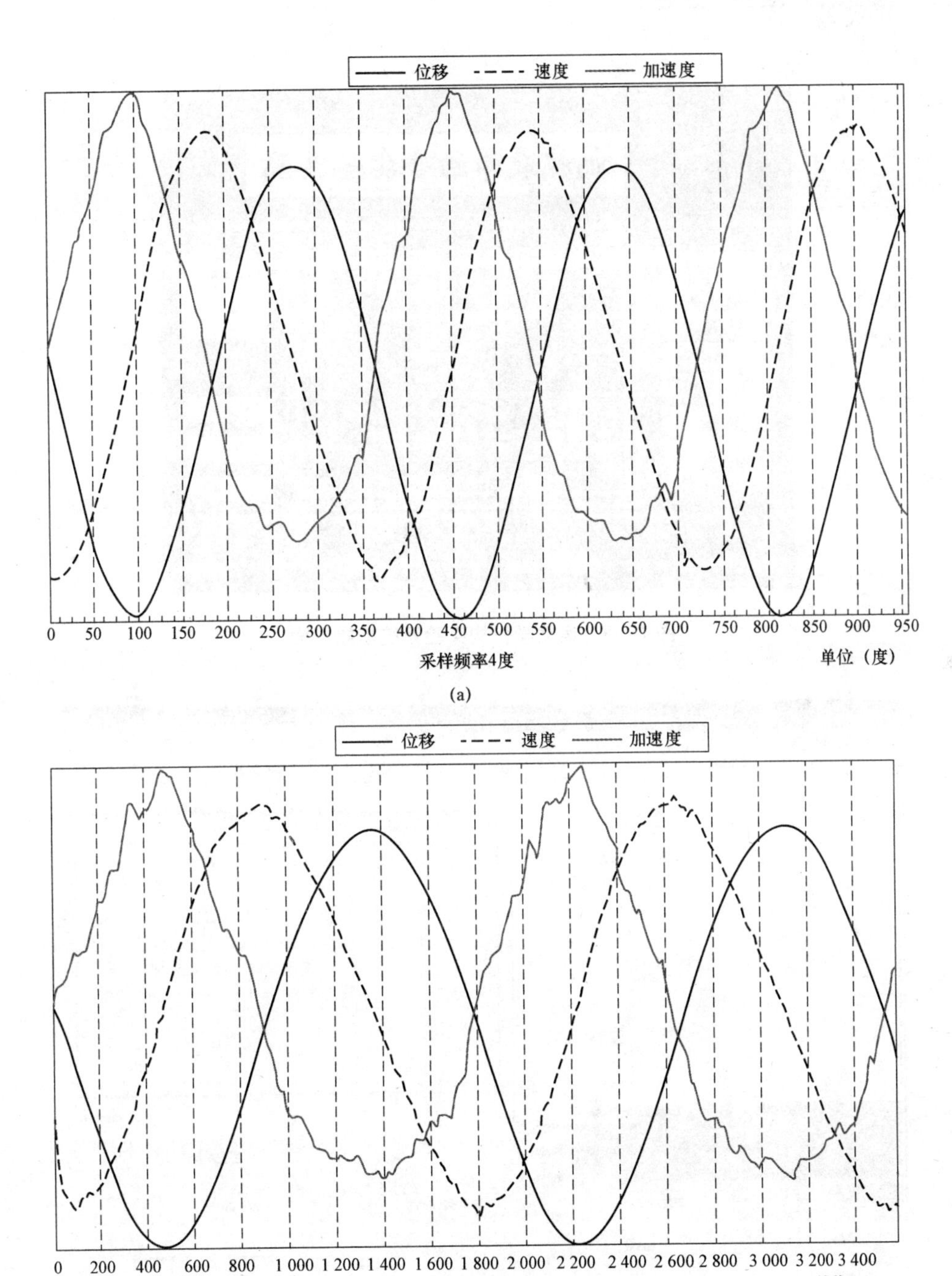

图 17-8　实验结果示例

（a）采样频率为 4°（b）采样频率为 15 ms

如果多机通讯转换器的相应通道指示灯不亮，检查多机通讯转换器与计算机的通讯线是否连接正确，确认通讯的通道是否键入的通讯口（COM1 或 COM2）。点击图 17-9 中间的运动机构图像，将出现如图 17-10 所示的运动学机构实验系统界面；点击“串口选择”，正确选择 COM1 或 COM2；点击数据选择键，等待数据输入。

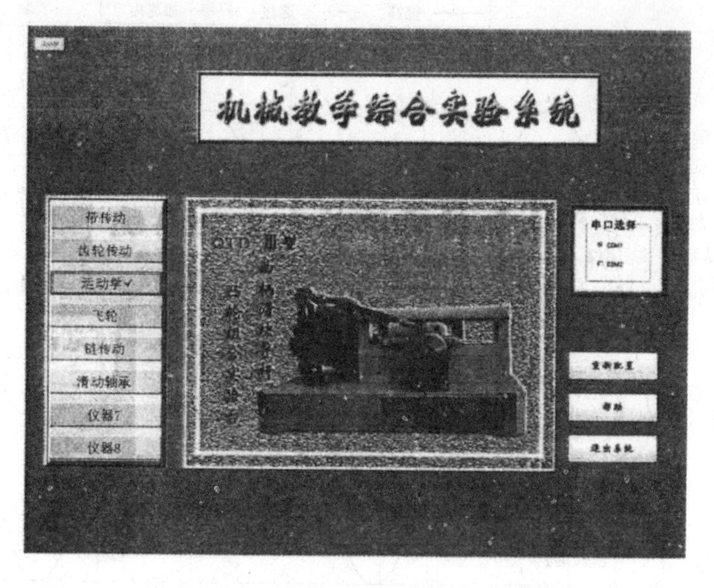

图 17-9　运动学机构实验系统初始界面

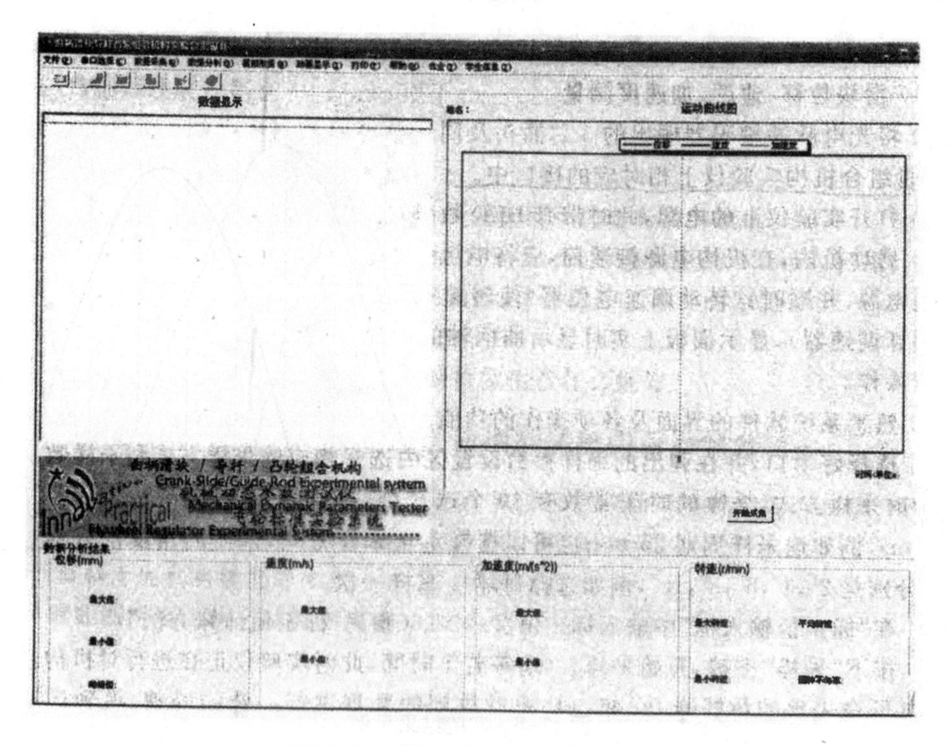

图 17-10　运动学机构实验台主窗体

如果用户选择的是组合机构实验台与计算机直接连接，则在图 17-11 主界面右上角“串口选择”框中选择相应串口号（COM1 或 COM2）。在主界面左边的实验项目框中点击“运动学”按键。同样在图 17-10 所示的界面中点击“串口选择”，正确选择 COM1 或 COM2，并点击数据和采集键，等待数据输入。

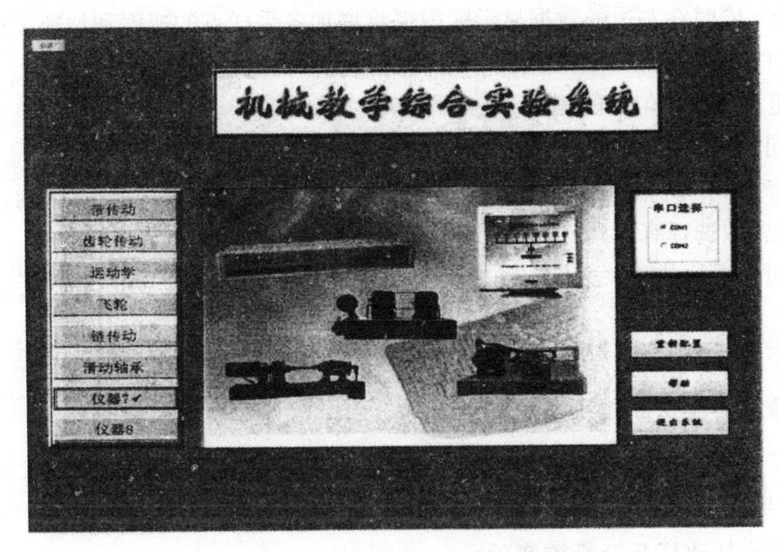

图 17-11　机械教学综合实验系统主界面

（二）组合机构实验操作

1. 曲柄滑块运动机构实验

按图 17-2（a）所示将机构组装为曲柄滑块机构。

（1）滑块位移、速度、加速度测量

① 将光电脉冲编码器输出的 5 芯插头及同步脉冲发生器输出的 5 芯插头，分别插入 QTD-Ⅲ型组合机构实验仪上相对应的接口中。

② 打开实验仪上的电源，此时带有 LED 数码管显示的面板上将显示“0”。

③ 启动机构，在机构电源接通前，应将电机调速电位器逆时针旋转至最低速位置，然后接通电源，并顺时针转动调速电位器，使转速逐渐加至所需的值（否则易烧断保险丝，甚至损坏调速器），显示面板上实时显示曲柄轴的转速。机构运转正常后，即可在计算机上进行操作了。

④ 熟悉系统软件的界面及各项操作的功能。（参见“系统软件简介”）

⑤ 选择好串口，并在弹出的采样参数设置区内选择相应的采样方式和采样数。可以选择定时采样方式，采样的时间常数有 10 个选择挡，分别是 2 ms、5 ms、10 ms、15 ms、20 ms、25 ms、30 ms、35 ms、40 ms、50 ms，例如可以选择采样周期 25 ms；也可以选择定角采样方式，采样的角度常数有 5 个选择挡，分别是 2°、4°、6°、8°、10°，例如可以选择每隔 4°采样一次。

⑥ 在“标定值输入框”中输入标定值“0.05”。（参见“标定值计算方法”）

⑦ 按下“采样”按键，开始采样。（请等若干时间，此时实验仪正在进行对机构运动的采样，并回送采集的数据给 PC 机，PC 机对收到的数据进行一定的处理，得到运动的位移值。）

⑧ 当采样完成后，在界面运动曲线图绘制区中绘制当前的位移曲线，且在左边的数据显示区内显示采样的数据。

⑨ 按下“数据分析”按键，则运动曲线绘制区将在位移曲线上再逐渐绘出相应的速度

和加速度曲线，同时在左边的数据显示区内也将增加各采样点的速度和加速度值。

⑩ 打开打印窗口，可以打印数据和运动曲线。

（2）转速及回转不匀率的测试

①～④ 同“滑块位移、速度、加速度测量”中的①～④。

⑤ 选择好串口，并点击“数据采集［Q］”，在弹出的采样参数设计区内，选择最右边的一栏，角度常数选择有5挡，选择一个合适的挡，例如选择6°。

⑥～⑧ 同“滑块位移、速度、加速度测量”中的⑥～⑧，不同的是数据显示区不显示相应的数据。

⑨ 打印。

2. 曲柄导杆滑块运动机构实验

按图17-2（b）所示组装实验机构，按上述步骤（1）、（2）操作，比较曲柄滑块机构与曲柄导杆滑块机构运动参数的差异。

3. 平底直动从动杆凸轮机构实验

按图17-2（c）所示组装实验机构，按上述步骤（1）操作，检测其从动杆的运动规律。

注：曲柄转速应控制在40 r/min以下。

4. 滚子直动从动杆凸轮机构实验

按图17-2（d）所示组装实验机构，按上述步骤（1）操作，检测其从动杆的运动规律，比较平底接触与滚子接触运动性能的差异。

调节滚子的偏心量，分析偏心位移变化对从动杆运动的影响。

注：曲柄转速应控制在40 r/min以下。

五、实验内容和要求

（1）测量滑块的位移、速度、加速度。

（2）测试被测轴的转速及回转不匀率。

（3）测量曲柄导杆滑块机构的位移、速度、加速度。

（4）检测平底直动从动杆凸轮机构或滚子直动从动杆凸轮机构实验的运动规律。

（5）每人必须在课内完成实验内容，记录实验数据和图形，课后进行分析比较，回答思考题，完成实验报告。

六、思考题

1. 分析曲柄滑块机构机架长度及滑块偏置尺寸对运动参数的影响。

2. 已知曲柄长度为57 mm，连杆长度为47 mm，滑块偏心距为20 mm，利用计算机求出相应的运动参数，比较运动曲线和实测曲线，并分析产生差异的原因。

3. 判断曲柄滑块机构是否有急回特性。

4. 计算行程速比系数，判断加速度峰值发生在什么地方？

17.2　机械运动参数测定实验报告

一、实验目的

二、实验设备

三、实验原理

四、实验数据记录及处理

1. 绘制曲柄滑块机构的机构运动简图，并绘制出滑块的位移、速度和加速度曲线。

2. 绘制曲柄摆动导杆机构的机构运动简图，并绘制出滑块的位移、速度和加速度曲线。

五、思考题

1. 分析曲柄滑块机构机架长度及滑块偏置尺寸对运动参数的影响。

2. 已知曲柄长度为 57 mm，连杆长度为 47 mm，滑块偏心距为 20 mm，利用计算机求出相应的运动参数，比较运动曲线和实测曲线，并分析产生差异的原因。

3. 判断曲柄滑块机构是否有急回特性。

4. 计算行程速比系数，判断加速度峰值发生在什么地方？

实验18

回转构件的动平衡实验

18.1 回转构件动平衡实验指导书

一、实验目的

（1）巩固和验证回转构件动平衡的理论知识。
（2）掌握智能动平衡机的基本原理和操作方法。
（3）培养操作先进设备的动手能力和实践能力。

二、实验仪器和设备

DPH-I型智能动平衡机、微型计算机等。

三、实验要求

（1）预习动平衡的理论知识、传感器原理知识等。
（2）实验前，了解实验设备的使用规定和安全事项，熟悉动平衡测试软件的应用。
（3）实验中，实验设备开启后不许触碰，严格按照操作步骤要求，认真记录有关数据。
（4）实验后，写出实验报告。

四、实验系统组成及工作原理

1. 实验系统组成

该实验系统由动平衡机实验台、计算机、数据采集器、高灵敏度有源压电力传感器和光电相位传感器等组成。如图18-1所示为智能动平衡机基本结构示意图。

2. 实验原理

转子动平衡检测一般用于轴向宽度B与直径D的比值大于0.2的转子（小于0.2的转子适用于静平衡）。转子动平衡检测时，必须同时考虑其惯性力和惯性力偶的平衡，即$P_i=0$，$M_i=0$。如图18-2所示，设一回转构件的偏心重Q_1及Q_2分别位于平面1和平面2内，r_1及r_2为其回转半径。当回转体以等角速度回转时，它们将产生离心惯性力P_1及P_2，形成一个空间力系。

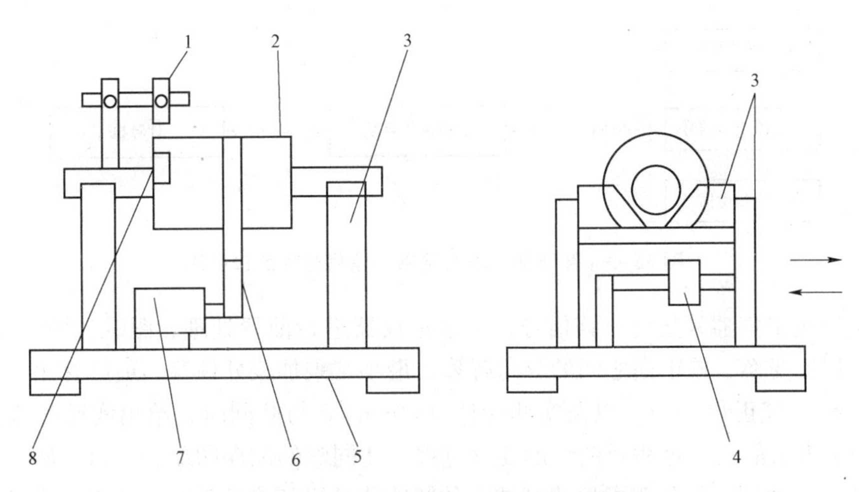

图 18-1　智能动平衡机基本结构示意图

1—光电传感器；2—被试转子；3—硬支承摆架组件；4—压电力传感器；
5—减振底座；6—传动带；7—电动机；8—零位标志

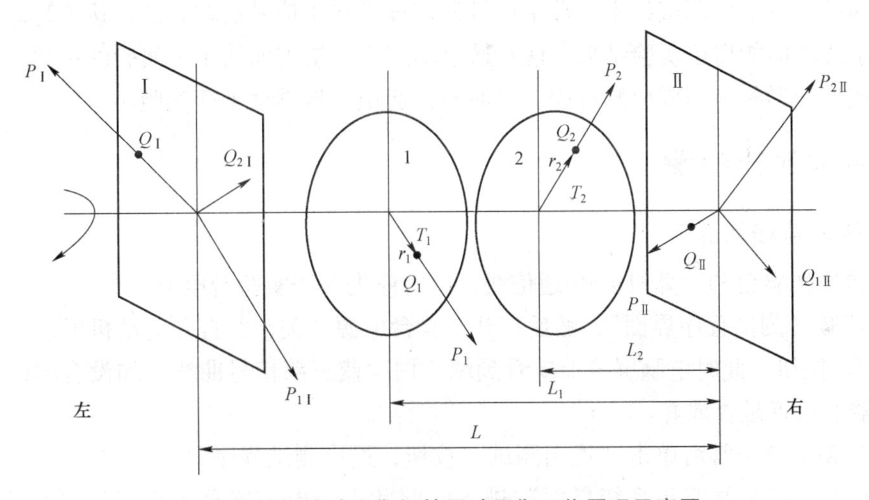

图 18-2　智能动平衡机转子动平衡工作原理示意图

由理论力学可知，一个力可以分解为与它平行的两个分力。因此，可以根据该回转体的结构，选定两个平衡基面Ⅰ和Ⅱ作为安装配重的平面。将上述离心惯性力分别分解到平面Ⅰ和Ⅱ内，即将力 P_1 及 P_2 分解为 $P_{1\text{Ⅰ}}$ 及 $P_{2\text{Ⅰ}}$（在平面Ⅰ内）及 $P_{1\text{Ⅱ}}$ 及 $P_{2\text{Ⅱ}}$（在平面Ⅱ内）。这样就可以把空间力系的平衡问题转化为两个平面汇交力系的平衡问题了。显然，只要在平面Ⅰ和平面Ⅱ内各加入一个合适的配重 $Q_{\text{Ⅰ}}$ 和 $Q_{\text{Ⅱ}}$，使两平面内的惯性力之和均等于零，这个构件也就平衡了。

实验时，当被测转子在部件上被拖动旋转后，由于转子的中心惯性主轴与其旋转轴线存在偏移而产生不平衡离心力，迫使支承做强迫振动，安装在左右两个硬支承机架上的两个有源压电力传感器感受此力而发生机电换能，产生两路包含有不平衡信息的电信号，输出到数据采集装置的两个信号输入端；与此同时，安装在转子上方的光电相位传感器产生与转子旋转同频同相的参考信号，通过数据采集器输入到计算机。如图 18-3 所示为智能动平衡实验系统信号处理原理框图。

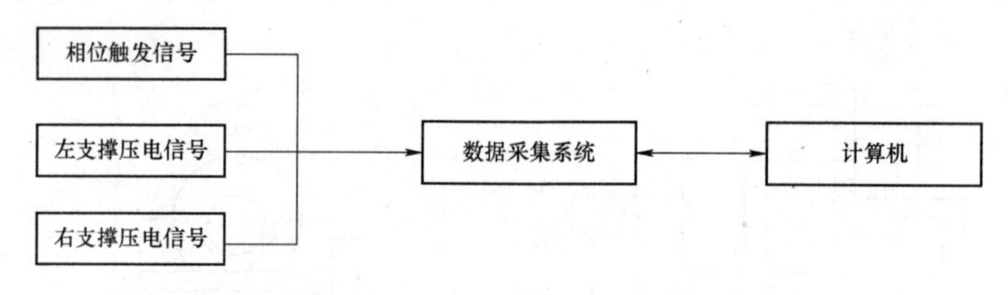

图 18-3　智能动平衡实验系统信号处理原理框图

计算机通过采集器采集此三路信号，由虚拟仪器进行前置处理、跟踪滤波、幅度调整、相关处理、FFT 变换、校正面之间的分离解算、最小二乘加权处理等。最终算出左右两面的不平衡量（g）、校正角（°），以及实测转速（r/min）。与此同时，给出实验过程的数据处理方法、FFT 方法的处理过程及曲线的变化过程，使同学们加深印象，一目了然。

该设备是一种创新的基于虚拟测试技术的智能化动平衡实验系统，能在一个硬支承的机架上不经调整即可实现硬支承动平衡的 A、B、C 尺寸法解算和软支承的影响系数法解算，既可进行动平衡校正也可进行静平衡校正，本系统利用高精度的压电晶体传感器进行测量，采用先进的计算机虚拟测试技术、数字信号处理技术和小信号提取方法，达到智能化检测的目的。本系统不但能得出实验结果，而且通过动态实时检测曲线了解实验的过程，通过人机对话的方式生动形象地完成检测过程，因而非常适用于教学动平衡实验。

五、实验方法与步骤

1. 系统的连线和开启

（1）接通实验台和计算机 USB 通信线，此时应先关闭实验台电源。

（2）打开“测试程序界面”，然后打开实验台电源开关，并打开电动机电源开关，单击“开始测试”按钮，此时电脑屏幕上应看到绿、白、蓝三路信号曲线。如没有测试曲线，应检查传感器的位置是否放好。

（3）三路信号正常后单击“退出测试”按钮，退出测试程序。

然后双击“动平衡实验系统界面”进入实验状态，电脑屏幕出现“动平衡实验系统”的虚拟仪器操作前面板，如图 18-4 所示。

2. 平衡模式的选择

选择平衡模式及测量相关尺寸，并将尺寸输入各自窗口。

（1）单击左上“设置”菜单功能键的“模式设置”功能，屏幕进入“模式选择”界面，出现 A、B、C、D、E、F 六种模式，如图 18-5 所示。

（2）根据动平衡元件的形状，在“模式选择”界面中，选择一种模式，如模式-A。

（3）单击“确定”按钮，在“动平衡测试系统”的虚拟仪器操作前面板上，显示所选定的模型形态。

（4）根据所要平衡转子的实际尺寸，将相应的数值输入到 A、B 和 C 的文本框内。

（5）单击“保存当前配置”按钮，仪器就能记录、保存这批数据，作为平衡件相应平衡公式的基本数据。

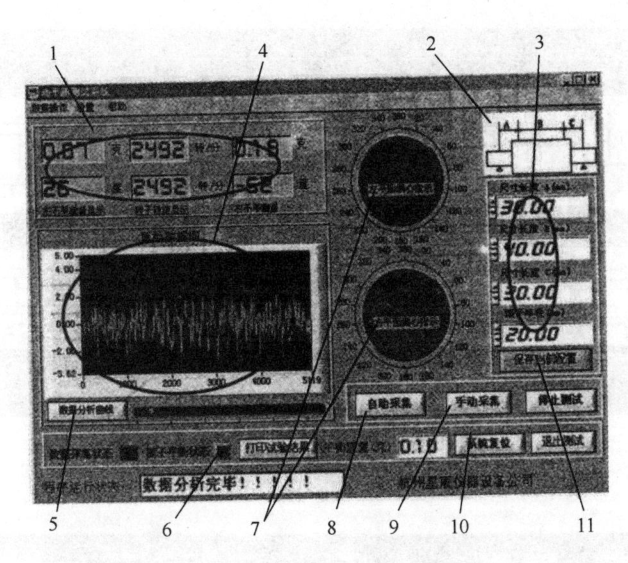

图 18-4　智能动平衡机实验系统虚拟仪器操作前面板

1—测试结果显示区；2—转子结构显示区；3—转子参数输入区；4—原始数据显示区；
5—数据分析曲线按钮；6—滚子平衡状态指示；7—不平衡量角度指示；8—自动采集按钮；
9—手动采集按钮；10—复位按钮；11—工作尺寸保存按钮

3. 系统标定

（1）单击“设置”框的“系统标定”功能键，进入“仪器标定”窗口，如图 18-6 所示。

（2）将两块 2 g 的磁铁分别放置在标准转子（已经动平衡了的转子）左、右两侧的 0° 位置上。

（3）在标定数据输入窗口，输入左右不平衡量及左右方位度数。左不平衡量（克）：2；左方位（度）：0；右不平衡量（克）：2；右方位（度）：0。

（4）数据输入后，启动动平衡试验机，待转子转速平稳运转后，单击“开始标定采集”按钮开始采集。下方的红色进度条会作相应的变化，上方显示框显示当前转速及正在标定的次数，标定值是多次测试的平均值。这时可以单击“详细曲线显示”按钮，显示曲线动态过程。等测试 10 次后自动停止测试。

（5）标定结束后，单击“保存标定结果”按钮。

（6）完成标定过程后，单击“退出标定”按钮，如图 18-6 所示，回到原始实验界面，开始实验。

注：标定测试时，在仪器标定面板“测试原始数据”框内显示的四组数据，是左右两个支承输出的原始数据。如在转子左右两侧，同一角度，加入同样重量的不平衡块，而显示的两组数据相差甚远，应适当调整两面支承传感器的顶紧螺丝，可减少测试的误差。

4. 动平衡测试

（1）手动（单次）。手动测试为单次检测，检测一次系统自动停止，并显示测试结果。

（2）自动（循环）。自动测试为多次循环测试，操作者可以看到系统动态变化。单击“自动采集”按钮，如图 18-4 所示，采集 35 次数据，当数据比较稳定后，单击“停止测

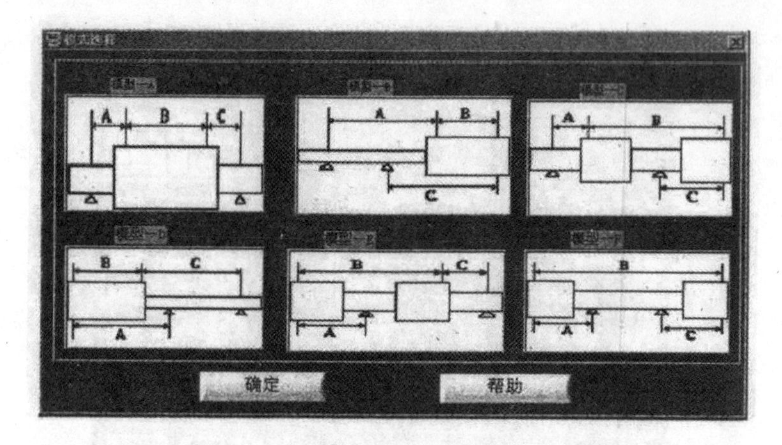

图 18-5　模式选择界面

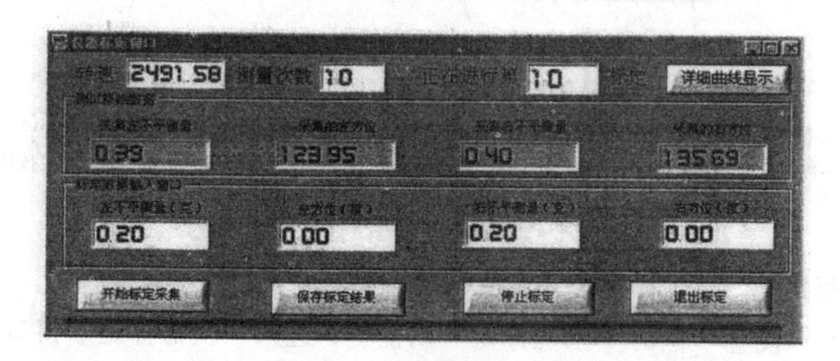

图 18-6　仪器标定窗口

试”按钮，单击“数据分析曲线”按钮，可以看到测试曲线变化情况。需要注意的是：要进行加重平衡时，在停止转子运转前，必须先单击“停止测试”按钮，使软件系统停止运行，否则会出现异常。

5. 实验曲线分析

在数据采集过程中，或在停止测试时，都可在前面板区单击“数据分析曲线”按钮，计算机屏幕会切换到“采集数据分析”窗口，如图 18-7 所示。该窗口有“滤波后曲线”、“频谱分析图”、“实际偏心量的分布图”和“实际相位分布图”四个图形显示区，及转速、左右偏心量及偏心角五个数字显示窗口。

该分析窗口的功能主要是将实验数据进行系统的处理。整个处理过程是将一个混杂着许多干扰信号的原始信号，通过数字滤波、FFT 信号频谱分析等数学手段提取有用的信息。该窗口不仅显示了处理的结果，还交代了信号处理的演变过程，这对培养学生解决问题、分析问题的能力是很有意义的。在自动测试情况下（即多次循环测试），从“实际偏心量的分布图”和“实际相位分布图”可以看到每次测试过程当中的偏心量和相位角的动态变化。如果曲线变化波动较大，说明系统不稳定需要进行调整。

6. 平衡过程

本实验装置在做动平衡实验时，为了方便起见一般是用永久磁铁配重，作加重平衡实验，根据左、右不平衡量显示值（显示值为去重值），加重时根据左、右相位角显示位置，

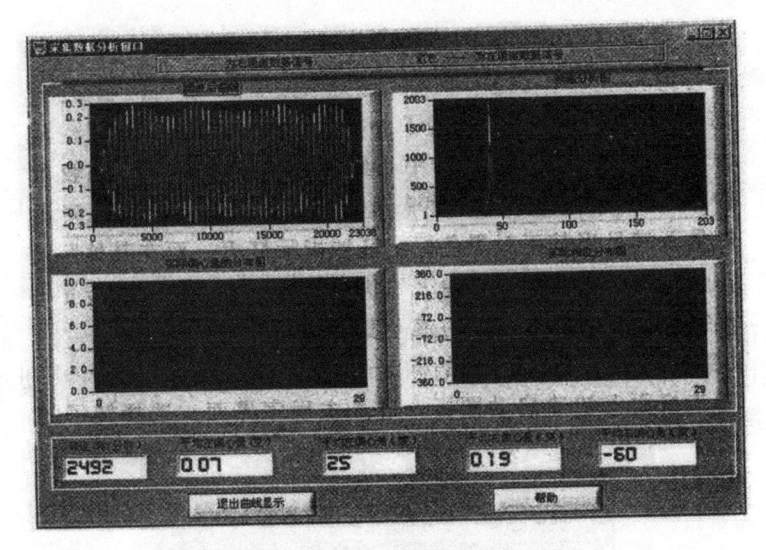

图 18-7　采集数据分析窗口

在对应其相位 180°的位置，添置相应数量的永久磁铁，使不平衡的转子达到动态平衡的目的。在自动检测状态时，先在主面板单击“停止测试”按钮，待自动检测进度条停止后，关停动平衡实验台转子，根据实验台转子所标刻度，按左、右不平衡量显示值，添加平衡块，其质量可等于或略小于面板显示的不平衡量；然后，起动实验装置，待转速稳定后，再单击“自动测试”按钮，进行第二次动平衡检测；如此反复多次，系统提供的转子一般可以将左、右不平衡量控制在 0.1 g 以内。在主界面中的“允许偏心量”栏中输入实验要求偏心量（一般要求大于 0.05 g）。当“转子平衡状态”指示灯由灰色变蓝色时，说明转子已经达到了所要求的平衡状态。

由于动平衡数学模型计算理论的抽象理想化和实际动平衡器件及其所加平衡块的参数多样化的区别，因此动平衡实验的过程是个逐步逼近的过程。

7. 转子平衡步骤

这里以加 1.2 g 配重的方法为例，说明对一个新转子进行动平衡的步骤。

（1）在转子的左边 0°处放置 1.2 g 的磁铁，在右边 270°处放置 1.2 g 磁铁。

（2）启动动平衡试验机，待转子转速平稳运转后，单击“自动采集”按钮，采集 35 次。

（3）数据比较稳定后单击“停止测试”按钮，这时数据测量结果如图 18-8 所示。

图 18-8　不平衡数据测量结果（一）

（4）在左边 180°处放 1.2 g 磁铁，在右边 280°的对面，即 100°处放 1.2 g 磁铁，单击“自动采集”按钮。采集 35 次后单击“停止测试”按钮，这时数据测量结果如图 18-9

所示。

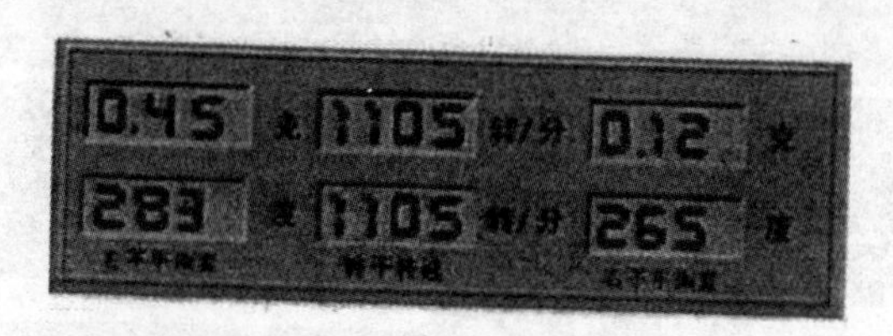

图 18-9　不平衡数据测量结果（二）

若设定左右不平衡量≤0. 3 g时即为达到平衡要求。这时左边还没平衡，而右边已平衡。

（5）在左边283°的对面，即103°处放0. 4 g磁铁，单击“自动采集”按钮，采集35次后单击“停止测试”按钮，这时数据测试结果如图18-10所示。

图 18-10　不平衡数据测量结果（三）

从图18-10可以看出，此时转子左右两边的不平衡量都小于0. 3 g，“滚子平衡状态”窗口出现红色标志。

（6）单击“停止测试“按钮。

（7）打开“打印实验结果”窗口，出现“动平衡实验报表”，可以看到整个实验结果。

重要提示：

1. 动平衡实验台与计算机连接前必须先关闭实验台电机电源，插上USB通信线时再开启电源。在实验过程中要插拔USB通信线前同样应关闭实验台电机电源，以免因操作不当而损坏计算机。

2. 系统提供一套测试程序，实验之前进行测试，特别是装置进行搬运或进行调整后，请运行安装程序中提供的“测试程序”。运行转子机构，从曲线面板中可以看到三条曲线（一条方波曲线、两条振动曲线），如果没有方波曲线（或曲线不是周期方波），则应调整相位传感器使其出现周期方波信号。如果没有振动信号（或振动信号为一直线没有变化），则应调整左右支架上的测振压电传感器预紧力螺母，使其产生振动信号，三条曲线缺一不可。

六、思考题

1. 哪些类型的试件需要进行动平衡实验？实验的理论依据是什么？

2. 试件经动平衡后是否还需要进行静平衡？为什么？

3. 为什么偏心量太大需要进行静平衡?

4. 指出影响平衡精度的一些因素。

18.2　回转构件动平衡实验报告

一、实验目的

二、实验仪器和设备

三、实验原理

四、实验步骤

五、实验数据

次数	左边		右边	
	角度/（°）	偏心量/g	角度/（°）	偏心量/g
1				
2				
3				
4				
5				

六、实验结果及分析（包括实验曲线、数据及结论）

七、思考题

1. 哪些类型的试件需要进行动平衡实验？实验的理论依据是什么？

2. 试件经动平衡后是否还需要进行静平衡？为什么？

3. 为什么偏心量太大需要进行静平衡？

4. 指出影响平衡精度的一些因素。

实验 19

螺栓组连接特性实验

19.1 螺栓组连接特性实验指导书

一、实验目的

本实验通过对一组螺栓的静载受力分析及单个螺栓的静、动载受力分析，达到以下目的：

1. 螺栓组实验

(1) 了解托架螺栓组受翻转力矩引起的载荷，对各螺栓拉力分布情况的影响；

(2) 根据拉力分布情况，确定托架底板旋转轴线的位置；

(3) 将实验结果与螺栓组受力分布的理论计算结果进行比较。

2. 单个螺栓静载实验

了解受预紧轴向载荷螺栓连接中，零件相对刚度的变化对螺栓所受总拉力的影响。

3. 单个螺栓动载荷实验

通过改变螺栓连接中零件的相对刚度，观察螺栓中动态应力幅值的变化。

二、实验设备

本实验的实验设备是 LSC-Ⅱ螺栓组及单个螺栓连接综合实验台。

三、实验原理

1. 螺栓组实验台的结构与工作原理

螺栓组实验台的结构如图 19-1 所示。图中 1 为托架，在实际使用中多为水平放置，为了避免由于自重产生力矩的影响，在本实验台上设计为垂直放置。托架以一组螺栓 3 连接于支架 2 上。加力杠杆组 4 包含两组杠杆，其臂长比均为 1 : 10，则总杠杆比为 1 : 100，可使加载砝码 6 产生的力放大 100 倍后压在托架支承点上。螺栓组的受力与应变转换为粘贴在各螺栓中部的应变片 8 的伸长量，用应变仪来测量。两片应变片在螺栓上相隔 180°粘贴，输出串接，以补偿螺栓受力弯曲引起的测量误差，引线由孔 7 中接出。

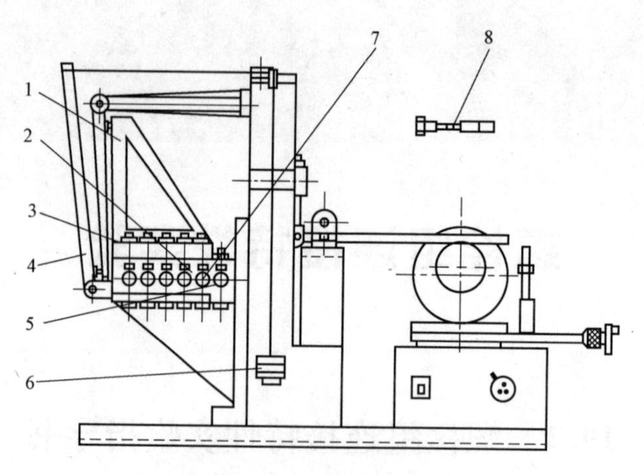

图 19-1　螺栓组实验台

1—托架；2—支架；3—螺栓；4—杠杆组；5—底座；6—加载砝码；7—引线孔；8—应变片

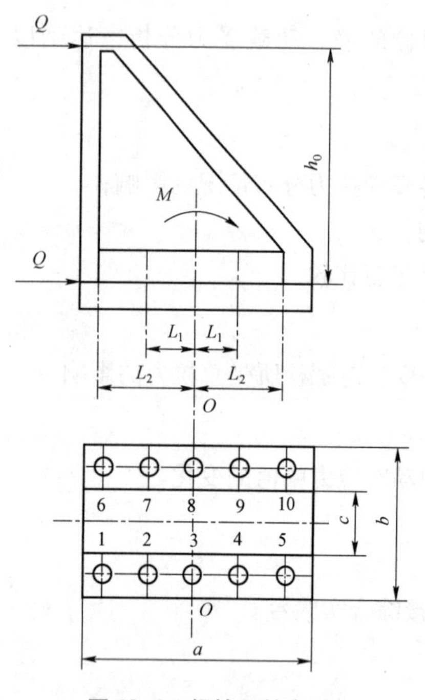

图 19-2　螺栓组的布置

如图 19-2 所示，加载后，托架螺栓组受到一横向力及力矩，与接合面上的摩擦阻力相平衡。而力矩使托架有翻转趋势，使得各个螺栓受到大小不等的外界作用力。根据螺栓变形协调条件，各螺栓所受拉力 F（或拉伸变形）与其中心线到托架底板翻转轴线的距离 L 成正比。即

$$\frac{F_1}{L_1}=\frac{F_2}{L_2} \tag{19-1}$$

式中，F_1、F_2 为安装螺栓处由于托架所受力矩而引起的力（N）；L_1、L_2 为从托架翻转轴线到相应螺栓中心线间的距离（mm）。

本实验台中第 2、4、7、9 号螺栓下标为 1；第 1、5、6、10 号螺栓下标为 2；第 3、8 号螺栓到托架翻转轴线的距离为零（$L=0$）。根据静力平衡条件可得：

$$M = Qh_0 = \sum_{i=1}^{i=10} F_i L_i \tag{19-2}$$

$$M=Qh_0=2\times2F_1L_1+2\times2F_2L_2 \tag{19-3}$$

式中，Q 为托架受力点所受的力（N）；h_0 为托架受力点到接合面的距离（mm），如图 19-2 所示。

本实验中取 $Q=3\ 500$ N，$h_0=210$ mm，$L_1=30$ mm，$L_2=60$ mm。

把式（19-1）代入式（19-3）中，则第 2、4、7、9 号螺栓的工作载荷为

$$F_1=\frac{Qh_0L_1}{2\times2(L_1^2+L_2^2)} \tag{19-4}$$

第 1、5、6、10 号螺栓的工作载荷为

$$F_2=\frac{Qh_0L_2}{2\times2(L_1^2+L_2^2)} \tag{19-5}$$

2. 螺栓预紧力的确定

本实验是在加载后不允许连接接合面分开的情况下来预紧和加载的。在预紧力的作用下，连接接合面产生的挤压应力为

$$\sigma_p=\frac{ZQ_0}{A} \tag{19-6}$$

悬臂梁在载荷力 Q 的作用下，若要使接合面不出现间隙，则应满足

$$\frac{ZQ_0}{A}-\frac{Qh_0}{W}\geqslant0 \tag{19-7}$$

式中，Q_0 为单个螺栓预紧力（N）；Z 为螺栓个数，$Z=10$；A 为接合面面积，$A=a(b-c)$（mm^2）；W 为接合面抗弯截面系数，其计算公式如下：

$$W=\frac{a^2(b-c)}{6} \tag{19-8}$$

本实验中取 $a=160$ mm，$b=105$ mm，$c=55$ mm。

由式（19-6）、式（19-7）及式（19-8）可知：

$$Q_0\geqslant\frac{6Qh_0}{Za} \tag{19-9}$$

为保证一定的安全性，取螺栓预紧力

$$Q_0=(1.25\sim1.5)\frac{6Qh_0}{Za} \tag{19-10}$$

下面我们再分析螺栓的总拉力。

在翻转轴线以左的各螺栓（1、2、6、7 号螺栓）被拉紧，轴向拉力增大，其总拉力为

$$Q_i=Q_0+F_i\frac{C_L}{G_L+C_F} \tag{19-11}$$

或

$$F_i=(Q_i-Q_0)\frac{C_L+C_F}{C_L} \tag{19-12}$$

在翻转轴线以右的各螺栓（4、5、9、10 号螺栓）被放松，轴向拉力减小，总拉力为

$$Q_i=Q_0-F_i\frac{C_L}{G_L+C_F} \tag{19-13}$$

或

$$F_i=(Q_0-Q_i)\frac{C_L+C_F}{C_L} \tag{19-14}$$

式中，$\frac{C_L}{C_L+C_F}$为螺栓的相对刚度，C_L 为螺栓刚度，C_F 为被连接件刚度。

螺栓上所受到的力是通过测量应变值而计算得到的。根据虎克定律：

$$\varepsilon=\frac{\sigma}{E} \tag{19-15}$$

式中，ε 为变量，σ 为应力（MPa），E 为材料的弹性模量，对于钢材，取 $E=2.06\times10^5$ MPa。

螺栓预紧后的应变量为

$$\varepsilon_0=\frac{\sigma_0}{E}=\frac{4Q_0}{E\pi d^2} \tag{19-16}$$

则由式（19-15）可得螺栓受载后总应变量

$$\varepsilon_i=\frac{\sigma_i}{E}=\frac{4Q_i}{E\pi d^2} \tag{19-17}$$

或

$$Q_i=\frac{E\pi d^2}{4}\varepsilon_i=K\varepsilon_i \tag{19-18}$$

式中，d 为被测处的螺栓直径（mm），K 为系数，$K=\frac{E\pi d^2}{4}$（N）。

因此，可得到在翻转轴线以左的各螺栓（1、2、6、7号螺栓）的工作拉力为

$$F_i=K\frac{C_L+C_F}{C_L}(\varepsilon_i-\varepsilon_0) \tag{19-19}$$

在翻转轴线以右的各螺栓（4、5、9、10号螺栓）的工作拉力为

$$F_i=K\frac{C_L+C_F}{C_L}(\varepsilon_0-\varepsilon_i) \tag{19-20}$$

3. 单螺栓连接实验台的结构及工作原理

单螺栓连接实验台部件的结构如图19-3所示。旋动调整螺帽1，通过支持螺杆2与加载杠杆8，可使吊耳3受拉力载荷，吊耳3下有垫片4，改变垫片材料可以得到螺栓连接的不同相对刚度。吊耳3通过被测单螺栓5、紧固螺母6与机座7相连接。小电机9的轴上装有偏心轮10，当电机轴旋转时由于偏心轮转动，通过杠杆使得吊耳和被测单螺栓上产生一个动态拉力。吊耳3与被测单螺栓5上都贴有应变片，用于测量其应变的大小。变应力幅值调节手轮12可以改变小溜板的位置，从而改变动拉力的幅值。

四、实验方法及步骤

1. 螺栓组实验

（1）在实验台螺栓组各螺栓不加任何预紧力的状态下，将各螺栓对应的半桥电路引线（1～10号线）按要求接入所选用的应变仪相应接口中，根据应变仪使用说明书进行预热（一般为三分钟）并调平衡。

（2）由式（19-10）计算出每个螺栓所需的预紧力 Q_0，并由式（19-16）计算出螺栓的预紧应变量 ε_0，并将结果填入表19-1中。

（3）按式（19-4）、式（19-5）计算每个螺栓的工作拉力 F_i，将结果填入表19-1中。

（4）逐个拧紧螺栓组中的螺母，使每个螺栓的预紧应变量约为 ε_0。各螺栓应交叉预紧，为使每个螺栓的预紧力尽可能一致，应反复调整2～3次。

（5）对螺栓组连接进行加载，加载力为3 500 N，其中砝码连同挂钩的重量为3.754 kg。停歇两分钟后卸去载荷，然后再加上载荷，在应变仪上读出每个螺栓的应变量 ε_i，填入表19-2中，反复做3次，取3次测量值的平均值作为实验结果。

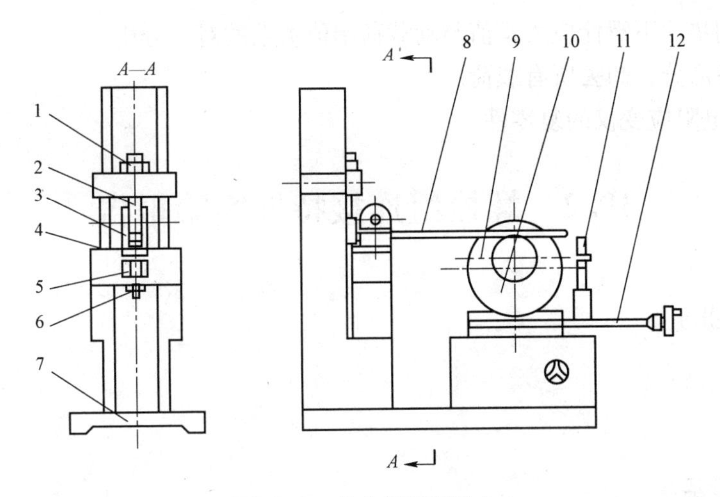

图 19-3　单个螺栓实验台

1—螺帽；2—螺杆；3—吊耳；4—垫片；5—被测螺栓；6—紧固螺母；7—机座；8—加载杠杆；9—小电机；10—偏心轮；11—预紧或加载手轮；12—变应力幅值调节手轮

（6）画出实测的螺栓应力分布图。

（7）用机械设计中的计算理论计算以上各测量值，绘出螺栓组连接的应变图，并与实验结果进行对比分析。

2. 单个螺栓静载实验

（1）旋转调节手轮 12 的摇手，移动小溜板至最外侧位置。

（2）如图 19-3 所示，旋转紧固螺母 6，预紧被测螺栓 5，预紧应变为 $\varepsilon_0=500\mu\varepsilon$。

（3）旋动调整螺帽 1，使吊耳 3 上的应变片（12 号线）产生 $\varepsilon=50\mu\varepsilon$ 的恒定应变。

（4）换用不同弹性模量材料的垫片，重复上述步骤，将螺栓总应变 ε_i 记录在表 19-3 中。

（5）用下式计算刚度 C_e，并作不同垫片实验结果的比较分析。

$$C_e=\frac{\varepsilon_0-\varepsilon_i}{\varepsilon}\times\frac{A'}{A}$$

式中，A 为吊耳测应变的截面面积，本实验中 A 为 224 mm^2；A'为试验螺杆测应变的截面面积，本实验中 A'为 50. 3 mm^2。

3. 单个螺栓动载荷实验

（1）安装吊耳下的钢制垫片。

（2）将被测螺栓 5 加上预紧力，预紧应变仍为 $\varepsilon_0=500\mu\varepsilon$（可通过 11 号线测量）。

（3）将加载偏心轮转到最低点，并调节调整螺母 1，使吊耳应变量 $\varepsilon=5\sim10\mu\varepsilon$（通过 12 号线测量）。

（4）开动小电机，驱动加载偏心轮。

（5）从波形线上分别读出螺栓的应力幅值和动载荷幅值，将结果填入表 19-4 中。

（6）换上环氧垫片，移动电机位置以改变被连接件的刚度，调节动载荷的大小，使动载荷幅值与使用钢垫片时相一致。

（7）估计地读出此时的螺栓应力幅值，将结果填入表 19-4 中。

（8）作不同垫片下螺栓应力幅值与动载荷幅值关系的对比分析。

（9）松开各部分，卸去所有载荷。

（10）校验电阻应变仪的复零性。

19.2 螺栓组连接特性实验报告

一、实验目的

二、实验设备

三、实验数据

（一）螺栓组实验

1. 螺栓组实验数据

表 19-1 计算法测定螺栓上的力

项目 \ 螺栓号数	1	2	3	4	5	6	7	8	9	10
螺栓预紧力 Q_0										
螺栓预紧应变量 $\varepsilon_0 \times 10^{-6}$										
螺栓工作拉力 F_i										

表 19-2 实验法测定螺栓上的力

项目 \ 螺栓号数		1	2	3	4	5	6	7	8	9	10
螺栓总应变量	第一次测量										
	第二次测量										
	第三次测量										
	平均数										
由换算得到的工作拉力 F_i											

2. 绘制实测螺栓应力分布图（如图 19-14 所示）

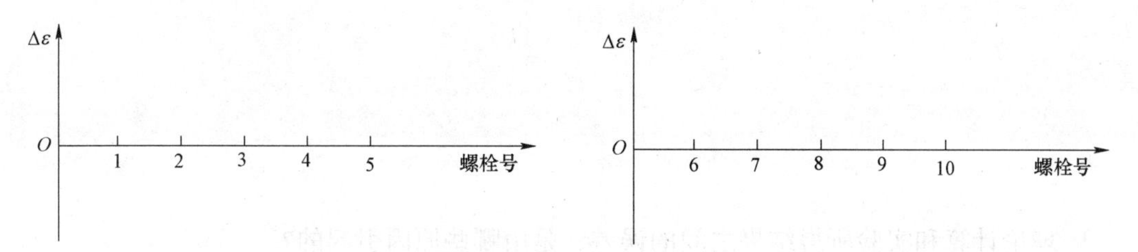

图 19-4 实测螺栓应力分布

3. 确定螺栓连接翻转轴线位置

根据实验记录数据，绘出螺栓组工作拉力分布图。确定螺栓连接翻转轴线的位置。

（二）单个螺栓实验

$K_1=\dfrac{32L}{\pi d^4 G}$______；$\varepsilon$（吊耳）= ________。

表 19-3 单个螺栓相对刚度计算

垫片材料	钢片	环氧片	
ε_e			$C_e=\dfrac{\varepsilon_e-\varepsilon_i}{\varepsilon}\times\dfrac{A}{\ }$
相对刚度 C_e			

注：A 为吊耳上测应变片的截面面积（mm^2），$A=2b\delta$；b 为吊耳截面宽度（mm）；δ 为吊耳截面厚度（mm）；A' 为试验螺栓测应变截面面积（mm^2），$A'=\pi d^2/4$，d 为螺栓直径（mm）。

（三）单个螺栓动载荷实验

表 19-4 单个螺栓动载荷幅值测量

垫片材料		钢片	环氧片
ε_i			
动载荷幅值/mV	第一次测量		
	第二次测量		
螺栓应力幅值/mV	第一次测量		
	第二次测量		

四、思考题

1. 若翻转中心不在 3 号、8 号位置，则说明什么问题？

2. 被连接件刚度与螺栓刚度的大小对螺栓的动态应力分布有何影响？

3. 理论计算和实验所得结果之间的误差，是由哪些原因引起的？

机械传动性能综合测试实验

20.1 机械传动性能综合测试实验指导书

一、实验目的

（1）通过机械传动系统的搭接创意组合实验，进一步了解机械传动系统的基本结构与设计要求；了解机械传动系统创新设计的基本方式，从而提高机械创新意识；

（2）通过对驱动源和传动输出端利用计算机数模和人工对扭矩及各参数的分析，进一步了解机械传动系统的性能特点，提高机械设计能力；

（3）通过实验认识机械传动性能测试与数字化分析的基本原理，培养学生的工程实践能力；

（4）在实验中掌握转速、力矩、传动功率和传动效率等性能参数测试的基本原理和方法；

（5）验证在传动中的摩擦损耗，所引起的输出功率总是小于输入功率，效率总是小于 100%。

二、实验设备

本实验在 JZC 机械传动创意组合与性能分析实验台上进行，本实验台各硬件组成部件的结构布局如图 20-1 所示。

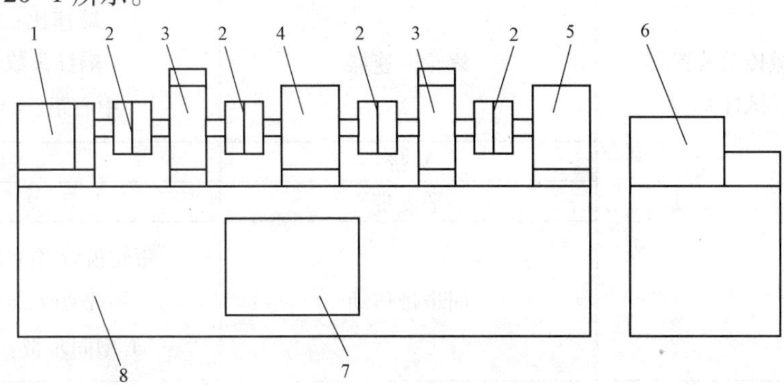

图 20-1 实验台的结构布局

1—变频调速电机；2—联轴器；3—转矩转速传感器；4—试件；5—加载与制动装置；6—工控机；7—电器控制柜；8—台座

实验台组成部件的主要技术参数如表 20-1 所示。

表 20-1　实验台组成部件的主要技术参数

序号	组成部件		技术参数
1	变频调速电机	变频电机 YVF2-801-4（1台）	功率：0.55 kW 电压：380 V 电流：1.5 A 额定转矩：3.5 N·m 变频范围：5-50-100 Hz
		变频器 VFD007M43B（1台）	
2	转矩转速传感器	ZJ 型转矩转速传感器（1台）	额定转矩：10 N·m 精度 0.2 级 转速范围：0～6 000 r/min
		ZJ 型转矩转速传感器（1台）	额定转矩：50 N·m 精度 0.2 级 转速范围：0～5 000 r/min
		转矩转速测试卡（2套）	扭矩测试精度：±0.2%FS 转速测量精度：±0.1%
3	机械传动装置（试件）	直齿圆柱齿轮减速器	减速比：1∶5 齿数 $Z_1=19$，$Z_2=95$
		摆线针轮减速器	减速比：1∶9
		蜗轮减速器	减速比：1∶10 蜗杆头数 $Z_1=1$ 中心距：$a=50$ mm
		V 带	
		平皮带	
		同步带传动	带轮齿数 $Z_1=18$，$Z_2=25$ 节距 $L_P=9.525$ L 型同步带：3×16×80
4	磁粉制动器	CZ50 磁粉制动器 1 台	额定转矩：50 N·m 容许滑差率：1.1 kW
5	数据采集控制卡	数据采集控制卡（1套）	

续表

序号	组成部件		技术参数
6	主要搭接件中心高及轴径尺寸	变频电机	中心高 80 mm，轴径 $\phi 19$ mm
		ZJ10 型智能转矩转速传感器	中心高 60 mm，轴径 $\phi 12$ mm
		ZJ50 型智能转矩转速传感器	中心高 85 mm，轴径 $\phi 26$ mm
		CZ50 法兰式磁粉制动器	轴径 $\phi 25$ mm
		WD2-50（10：1）蜗轮减速器	输入轴中心高 55 mm，轴径 $\phi 14$ mm 输出轴中心高 105 mm，轴径 $\phi 18$ mm
		WB150-9-W 摆线针轮减速器	中心高 120 mm
		ZDY-80 圆柱齿轮减速器	中心高 100 mm 主动轴 $\phi 28$ mm，被动轴 $\phi 32$ mm
		中间支架	中心高 120 mm，轴径 $\phi 24$ mm
7	工控机	华北工控 PC-600	
8	外形尺寸		1 500 mm×750 mm×800 mm

三、实验对象

基本传动装置；带传动（V 带、平皮带及同步带）、链传动、减速器（圆柱齿轮减速器、摆线针轮减速器及蜗轮减速器）等。

四、实验原理

从机械原理的角度看，机械是由若干机构和传动零部件搭接而成的能量转换系统。平面连杆机构、齿轮机构、凸轮机构、间歇运动机构以及带传动、链传动、联轴器等广泛应用在机械传动系统中。

机械传动系统的设计是一种创造性劳动，要想设计出性能可靠的机械传动系统，需要了解机构或传动零部件的性能特点，并进行合理的选择与搭接组合，同时要对新设计的传动方案进行性能分析。

本实验在 JZC 机械传动创意组合与性能分析实验台上进行。该实验台采用模块化结构，由种类齐全的机械传动装置、联轴器、变频电机、加载装置和工控机等模块组成。学生可以根据选择或设计的实验类型、方案和内容，自己动手进行传动连接、安装调试和测试，进行设计性实验、综合性实验或创新性实验。

机械传动性能综合测试实验台的工作原理如图 20-2 所示。

在机械传动中，输入功率应等于输出功率与机械内部损耗功率之和，即

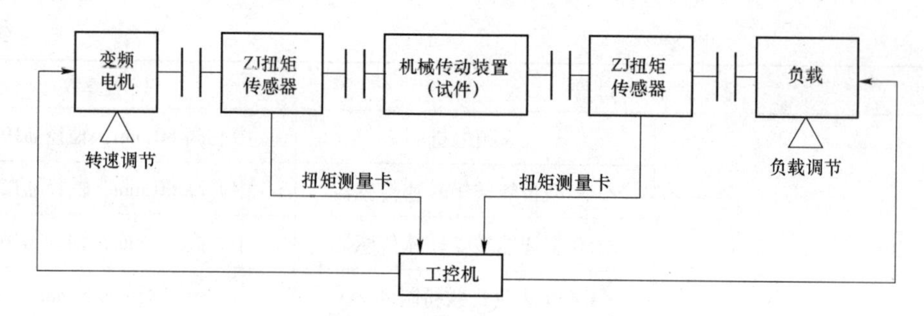

图 20-2　实验台的工作原理

$$P_i = P_0 + P_f \tag{20-1}$$

式中　P_i——输入功率；

P_0——输出功率；

P_f——机械内部损耗功率。

机械效率 η 为

$$\eta = \frac{P_0}{P_i} \tag{20-2}$$

由力学知识可知，对于机械传动若设其传动力矩为 M，角速度为 ω，则对应的功率为

$$P = M\omega = \frac{2\pi n}{60}M = \frac{\pi n}{30}M \tag{20-3}$$

式中，n——传动机械的转速，r/min。

所以，传动效率 η 可改写为

$$\eta = \frac{M_0 n_0}{M_i n_i} \tag{20-4}$$

式中，$P = M\omega = \pi nM/30$、M_0——传动机械输入、输出扭矩；

n_i、n_0——传动机械输入、输出转速。

因此，若利用仪器测出被测对象的输入转矩、转速和输出转矩、转速，就可以通过式（20-4）计算出传动效率。

1. ZJ 型转矩转速传感器的工作原理

ZJ 型转矩转速传感器属磁电式相位差传感器，其基本原理：通过弹性轴、两组磁电信号发生器，把被测转矩、转速转换成具有相位差的两组交流电信号，这两组交流电信号的频率相同且与轴的转速成正比，而其相位差的变化部分又与被测转矩成正比，如图 20-3 所示。

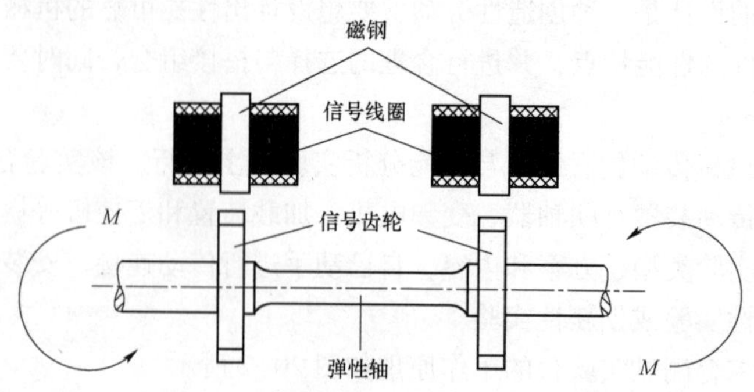

图 20-3　ZJ 型转矩转速传感器工作原理

在弹性轴的两端安装两只信号齿轮，在两齿轮的上方各安装有一组信号线圈，在信号线圈内均装有磁钢，与信号齿轮组成磁电信号发生器。当信号齿轮随弹性轴转动时，由于信号齿轮的齿顶及齿谷交替周期性地扫过磁钢的底部，使气隙磁导产生周期性的变化，线圈内部的磁通量也产生周期性的变化，在两个信号线圈中感生出两个近似正弦变化的电势 u_1 和 u_2。当转矩转速传感器受扭后，这两个感应电势分别为

$$u_1 = U_m \sin z\omega t \tag{20-5}$$

$$u_2 = U_m \sin(z\omega t + z\theta) \tag{20-6}$$

式中，z——齿轮齿数；

ω——轴的角速度，rad/s；

θ——两个基本点齿轮间的偏转角度，rad。

θ 角由两部分组成：一部分是齿轮的初始偏差角 θ_0，另一部分是由于受转矩 M 后弹性轴变形而产生的偏转角 $\Delta\theta = K_1 M$，因此

$$u_2 = U_m \sin(z\omega t + z\theta_0 + zK_1 M) \tag{20-7}$$

这两组交流电信号的频率相同且与齿轮的齿数和轴的转速成正比，因此可以用来测量转速。这两组交流电信号之间的相位，与其安装的相对位置及弹性轴所传递转矩的大小及方向有关。当弹性轴不承受扭矩时，两组交流电信号之间的相位差只与信号线圈及齿轮的安装相对位置有关，这一相位差一般称为初始相位差。在设计制造时，使其相差半个齿距，则两组交流电信号之间的初始相位差为 180°。当弹性轴承受扭矩时，将产生扭矩变形，于是在安装齿轮的两个端面之间相对转动角为 $\Delta\theta$，从而使两组交流电信号之间的相位差产生变化 $\Delta\phi$（见图 20-4）。在弹性变形范围内，$\Delta\phi$ 与 $\Delta\theta$ 成正比，也就是正比于扭矩值，由此即可测出扭矩的大小。

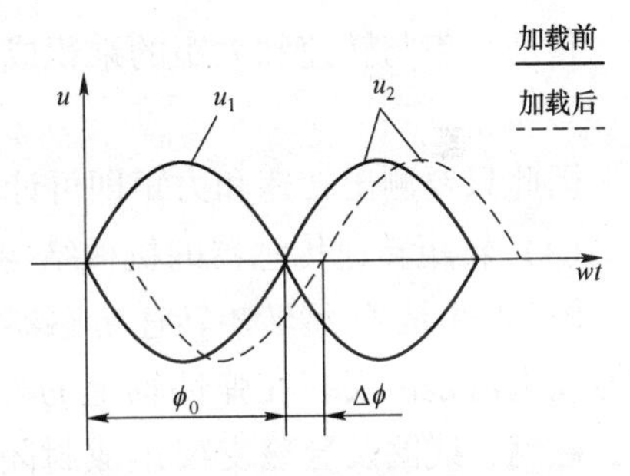

图 20-4　转矩转速传感器输出信号

（1）转速的测试

设转矩转速传感器信号齿轮的齿数为 z，每秒钟转矩转速传感器输出的脉冲数为 f，则转速 n（r/min）为

$$n = 60f/z \tag{20-8}$$

（2）转矩的测试

设转矩转速传感器信号齿轮的齿数为 z，若要求两信号齿轮的两路输出信号的初始相位差为 $\phi_0 = 180°$，则两信号齿轮安装时需要错开 $\frac{360°}{2z}$。

当弹性轴承受扭矩时，将产生扭转变形，于是在安装齿轮的两个端面之间相对转动 $\Delta\theta$，两信号齿轮的错位角为 $\frac{360°}{2z} \pm \Delta\theta$，从而使两组交流电信号之间的相位差变为

$$\phi = z\left(\frac{360°}{2z} \pm \Delta\theta\right) = 180° \pm z\Delta\theta \tag{20-9}$$

则两组交流电信号之间的相位差的增量为

$$\Delta\phi = \phi_0 - \phi = \pm z\Delta\theta \tag{20-10}$$

由材料力学知，在弹性变形范围内，转角 $\Delta\theta$ 与力矩成正比，即

$$\Delta\theta = K_1 M \tag{20-11}$$

式中 M——作用于弹性轴的力矩；

K_1——弹性指数。

设弹性轴的直径为 d，长度为 L，弹性模数为 G，则

$$K_1 = \frac{32L}{\pi d^4 G} \tag{20-12}$$

将 $\Delta\theta$ 代入式（20-10）得

$$\Delta\phi = \pm z K_1 M = KW \tag{20-13}$$

式中，K——比例系数，$K = \pm z K_1$。

因此由式（20-13）可以看出，测出两组交流电信号之间的相位差的增量即可测出对应的力矩的大小。

（3）传动功率的测量

传动功率与转速和力矩的乘积成正比，即

$$P = M\omega = \pi n M / 30 \tag{20-14}$$

因此只要测出转速和力矩即可计算出传动功率的大小。

（4）转矩转速传感器的机械结构

图20-5是ZJ型转矩转速传感器的机械结构图。为了提高测量精度及信号幅值，两端的信号发生器是由安装在弹性轴上的外齿轮、安装在套筒内的内齿轮、固定在机座内的导磁环、磁钢、线圈及导磁支架组成封闭的磁路。其中，外齿轮、内齿轮是齿数相同、互相脱开、不相啮合的。套筒的作用是，当弹性轴的转速较低或不转时，通过传感器顶部的小电动机及齿轮或带传动带动套筒，使内齿轮反向转动，提高内、外齿轮之间的相对转速，保证了转矩测量精度。

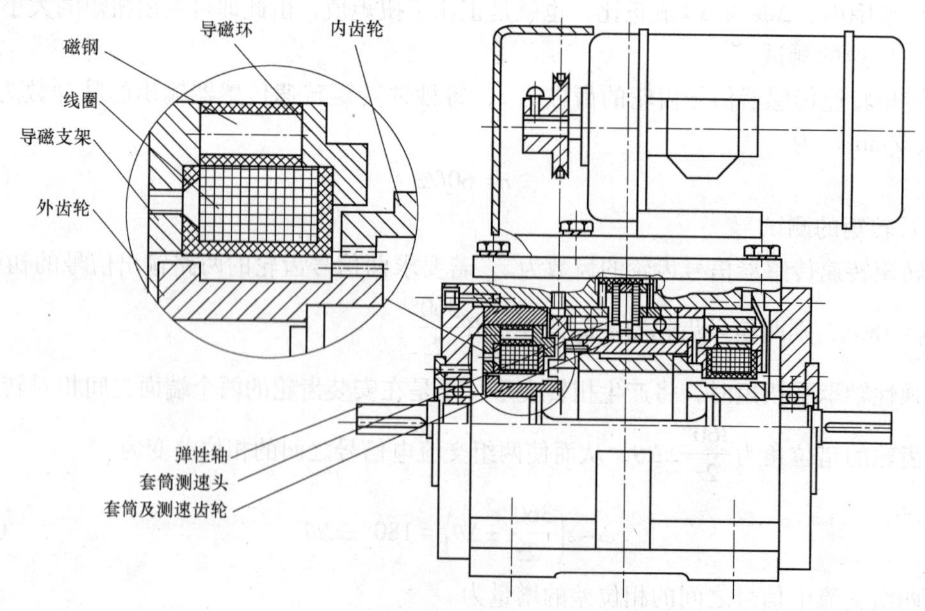

图20-5　ZJ型转矩转速传感器的机械结构

2. STC-1 扭矩测试卡使用说明

（1）概述

STC-1 插卡的总线形式为 STC-1ISA，即 STC-1 为计算机 ISA 总线式插卡，其外形如图 20-6 所示。

图 20-6　STC-1 卡

STC-1 卡有以下特点：

① STC-1 卡与计算机及磁电式相位差型转矩转速传感器配套，配备相应软件，即可实现转矩、转速的高精度测量（一台虚拟仪器）。

② 标准的 PC/AT/PCI 总线。只要将 STC-1 卡插入计算机的 ISA 槽，传感器扭矩信号直接输入 STC-1 卡，无须外接扭矩二次仪表，简单、方便、可靠。

③ Windows9x/Windows2000/Windows XP 软件平台，界面生动，操作简单方便。

④ 不仅转矩、转速、功率 CRT 数字实时显示，而且可对全程测量数据做数学运算，拟合出各种特性曲线。

⑤　既可快速存储，又可慢速选点存储，以及数据、曲线的回放。

⑥　扭矩转速特性误差全程校正。

⑦　STC-1 不仅提供标准的扭矩转速及其曲线的测量、显示软件，而且向用户提供 DOS、Windows3. 2、Windows9x/Windows2000/Windows XP 环境下的接口：DOS 采用内存驻留技术及库函数，Windows 则以 DLL 函数/WDM/VXD（WDM/VXD 驱动仅 PCI 接口卡提供）驱动程序供用户调用，因此用户可以方便地嵌入自己的测量系统。例如，电机、水泵、变速箱、风机等测试系统。

STC-1 接口函数如下：

启动测量函数：StartTest（卡号）

判测量结束标志函数：GetTestFlag（卡号）

取测量数据函数：GetTestValue（卡号，M，n）

注意：一台计算机最多可同时使用 64 块扭矩转速测量卡，其编号为 0～63。

⑧　STC-1 与计算机并行工作，当 STC-1 完成一组数据的采集后，其硬件自动保存测量数据，用户可以在下一次启动测量之前的任意时刻提取测量数据。

⑨　STC-1 可与 JZ 系列、ZJ 系列、CGQ 系列、JC 系列、JCZ 系列、SS 系列等国内外各种磁电式相位差型扭矩传感器配套使用。

（2）技术指标

① 扭矩测量

配用传感器：各种量程相位差式转矩转速传感器。

精度：±0. 1% FS 或±0. 2% FS。

② 转速测量

配用传感器：相位差式转矩转速传感器或测速齿轮

精度：±0. 1% ±1 个字

采样速率：50 ms～3 s 任意设定。

注意：采样速度与转速有关，因为相位差型扭矩仪器完成鉴相至少得有一个周期以上的时间，而且为了保证精度，必须保证信号周期的完整性，若采样速率设置值小于信号周期，那么采样周期将会延长到信号周期的两个周期以上的时间。因此，在要求高速采样的场合，应该尽量地提高扭矩信号的频率（即提高转速）。

（3）使用方法

用跳线将扭矩卡上的 A4、A5、A6、A7、A8、A9 设置 I/O 地址，必须保证设置之地址不被计算机中其他硬件所占用。STC-1 使用 16 个连续 I/O 地址，可以在 0～0x0FH 之间任选一组地址；在 IRQ10、IRQ11、IRQ12 或 IRQ15 之间任选一中断，将 X3 的跳线全去掉，STC-1 不使用中断。

STC-1 ISA 的 SW（DIP）开关见表 20-2。

表 20-2　STC-1 ISA 的 SW（DIP）开关

A4	A5	A6	A7	A8	A9	地址	编号
ON	ON	ON	ON	ON	ON	000～00FH	0
OFF	ON	ON	ON	ON	ON	010～01FH	1
ON	OFF	ON	ON	ON	ON	020～02FH	2
…							…
ON	ON	ON	ON	OFF	OFF	300～30FH	48
…							…
OFF	OFF	OFF	OFF	OFF	OFF	3F0～3FFH	63

① 将扭矩卡插入计算机的 ISA 槽中。

② 将光盘中的 STC-1 程序装入计算机。执行 SETUP. EXE，按照说明分步选择即可。这是演示程序，能判别扭矩卡与传感器是否正常工作。

③ 把 STC-1 嵌入测试系统。STC-1 以 DLL 形式供用户调用，提供四个函数，能让 STC-1 方便地嵌入测试系统。其中，第一个函数仅调用一次，后面三个函数需循环调用。

设置参数函数：SetParameter（）

启动测量函数：StartTest（）

判测量结束标志函数：GetTestFlag（）

取测量数据函数：GetTestValue（）

④ 扭矩测试快速入门

a. 把扭矩传感器铭牌上的系数、齿数、量程（或额定扭矩）送入扭矩测量卡测试软件（或扭矩测量仪）中。

b. 扭矩调零。因为 ZJ 型扭矩传感器空载转动时其输出二路信号初始相位角并不是 0°，而是 180°左右，故需要进行扭矩调零。

扭矩调零要满足两个条件：一是空载，二是主轴转动。当空载转动后，单击“自动调零”按钮，系统便可自动测取扭矩零点。实在无法卸去负载时也可以启动小电机调零，但

这样将会带来同心度误差和转速特性误差，所以应尽量避免。一般情况下，某一扭矩零点是在某一转速下测得的。当转速变化时，该转速状态下的零点也有可能会发生变化。为了保证在任意转速状态下扭矩的测量精度，STC-1 能自动测取多个不同转速（如 20 种转速）状态下的零点，然后用拟合算法，自动算出任意转速状态下的扭矩零点，从而完全克服由于转速变化而引起的转矩测量误差。单击“OK”按钮将保存零点；单击“Cancel”按钮，所测取的零点将不再保存。

正确的扭矩零点应该在量程值左右。

c. 开始测试

3. 磁粉制动器的工作原理

（1）基本结构

磁粉制动器是根据电磁原理和利用磁粉传递扭矩的，它具有励磁电流和传递转矩基本呈线性关系、响应速度快、结构简单等优点，是一种多用途、性能优越的自动控制元件，是各种机械制动、加载的理想装置。

磁粉制动器的结构简图如图 20-7 所示。在定子与转子间隙中填入磁粉，当励磁线圈未通电时，磁粉主要附在定子表面。当励磁线圈接通直流电时，产生磁通，使磁粉立即沿磁通连接成链状。这时磁粉间的结合力和磁粉与工作表面间的摩擦力产生制动力矩，其大小与励磁电流基本上成正比。通过可调稳流器来控制励磁电流的大小，从而控制力矩的大小。但是，当励磁电流增大到一定值时，该力矩趋向饱和。在加载过程中输入的机械能通过摩擦转变为热能。在额定力矩的情况下，制动功率的大小取决于散热的快慢。为了增加制动功率，必须强迫冷却。此外，由于在实验过程中，磁粉制动器在连续状态下运行，因此选择制动器规格时，除考虑到制动力外，还应根据负载特性来选择，即磁粉制动器的允许制动功率应大于被测功率。

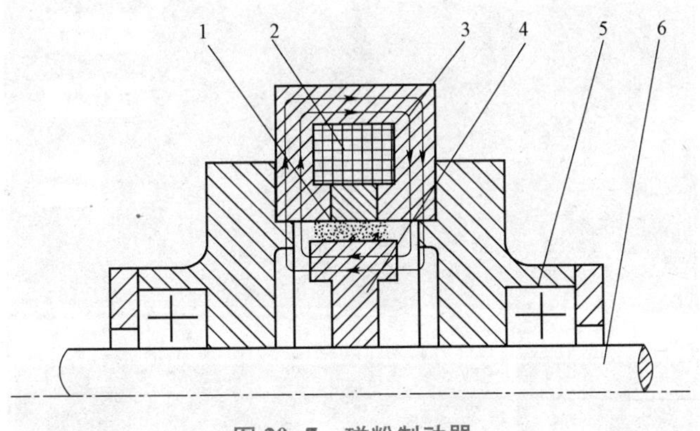

图 20-7 磁粉制动器

1—磁粉；2—线圈；3—定子；4—转子；5—轴承；6—转轴

（2）磁粉制动器的特性

① 励磁电流-转矩特性

励磁电流与转矩基本呈线性关系，通过调节励磁电流可以控制力矩的大小。其特性如图 20-8 所示。

② 转速-转矩特性

转矩与转速无关，保持定值。静力矩和动力矩没有差别，其特性如图 20-9 所示。

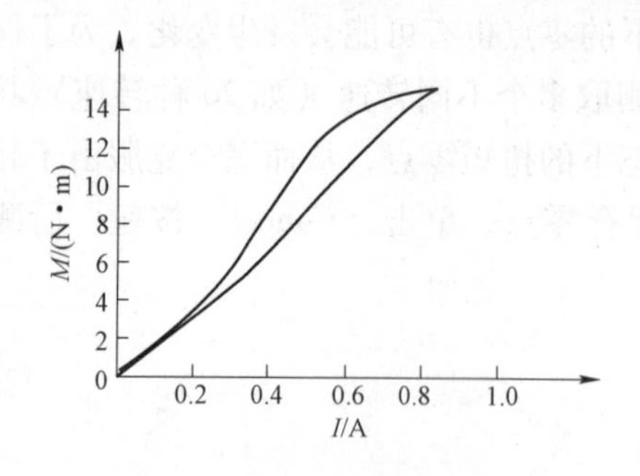

图 20-8 励磁电流-转矩特性曲线

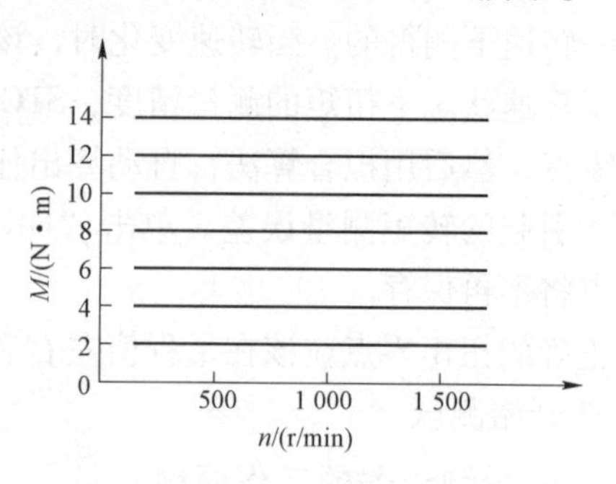

图 20-9 转速-转矩特性曲线

4. 实验台软件的使用说明

（1）运行软件

双击桌面上的快捷方式“Test”，就能进入该软件运行环境了。

（2）界面总览

软件的运行界面，主要由下拉菜单、显示面板、电机控制操作面板、数据操作面板、被测参数数据库、测试记录数据库六部分组成，如图 20-10 所示。其中，电机控制操作面板主要用于控制实验台架；下拉菜单中可以设置各种参数；显示面板用于显示实验数据；测试记录数据库用于存放并显示临时测试数据；被测参数数据库用来存放被测参数；数据操作面板主要用来操作测试记录数据库和被测参数数据库中的数据。

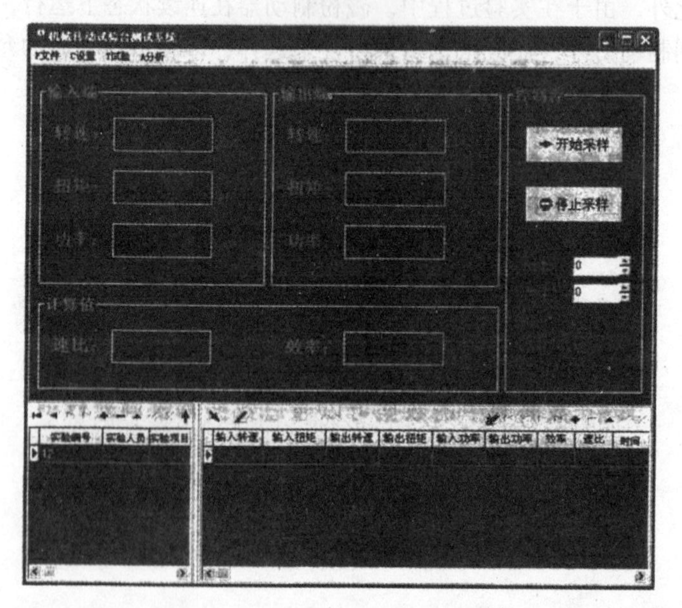

图 20-10 软件界面

① 测试记录数据库

被测参数装入按钮↘：根据被测试件参数数据库表格中的“实验编号”，装入与编号相符的实验数据，并在下面表格中显示，如图 20-11 所示。

手动采样按钮↙：按下此按钮，计算机会将该时刻采集的实验数据填入其下面的表格中，显示并等待用户进行下一个采样点的采样。

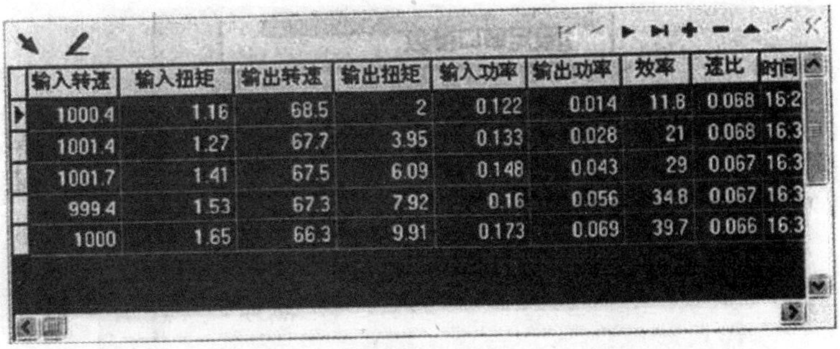

输入转速	输入扭矩	输出转速	输出扭矩	输入功率	输出功率	效率	速比	时间
1000.4	1.16	68.5	2	0.122	0.014	11.8	0.068	16:2
1001.4	1.27	67.7	3.95	0.133	0.028	21	0.068	16:3
1001.7	1.41	67.5	6.09	0.148	0.043	29	0.067	16:3
999.4	1.53	67.3	7.92	0.16	0.056	34.8	0.067	16:3
1000	1.65	66.3	9.91	0.173	0.069	39.7	0.066	16:3

图 20-11　装入数据后的测试记录数据库

② 电机控制操作面板

电机控制操作面板由开始采样按钮、停止采样按钮、电机负载调节框、电机转速调节框构成。

开始采样按钮“→开始采样”：实验开始运行后，由计算机自动进行数据采样。

停止采样按钮“（一）停止采样”：按下此按钮，计算机停止对实验数据进行采样。

负载调节框：控制此调节框，计算机将控制电机负载的大小（磁粉制动器）。调节框可调数值范围为 0～100。

频率调节框：通过调节此框内数值可改变变频器频率，进而调节电机转速，变频器最高频率由变频器设置。

③ 数据操作面板

数据操作面板主要由数据导航控件组成，其作用主要是对被测参数数据库和测试记录数据库中的数据进行操作。数据操作面板中按钮的作用依次是前进一个记录、插入一个记录、前进至最后一个记录、删除当前记录、编辑记录、确认编辑有效、放弃编辑、添加一个记录。

④ 菜单

有“文件”“设置”“试验”“分析”四大主要功能。

“文件”菜单项如图 20-12 所示，由“打开数据文件”“数据另存为”“清除数据库所有记录”“退出系统”四部分组成。“数据另存为”用于保存当前数据库中的数据及报表头信息，将其存为文件，其中数据库中的数据可以通过数据库窗口进行浏览。“打开数据文件”用于打开以前保存的数据库文件。“清除数据库所有记录”即清空两个数据库。“退出系统”用于退出当前程序，退出程序前一定要先停止数据采样。

“设置”菜单项如图 20-13 所示。

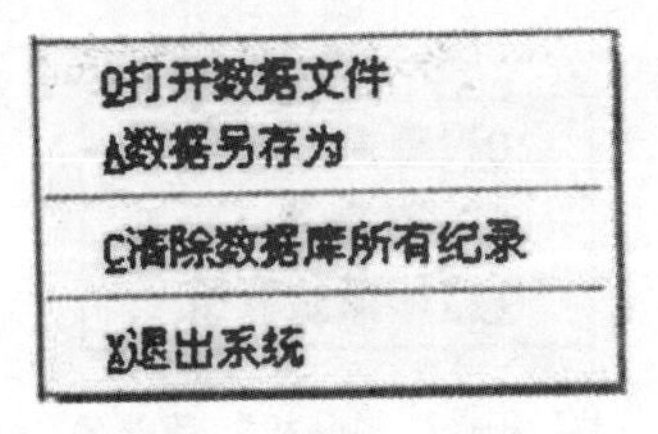

图 20-12　“文件”菜单项

T设定转矩转速传感器参数
B设定串口参数

图 20-13　“设置”菜单项

选择“设定转矩转速传感器参数”会弹出如图20-14所示对话框。根据扭矩转速传感器的铭牌，如实填写所有参数项即可。

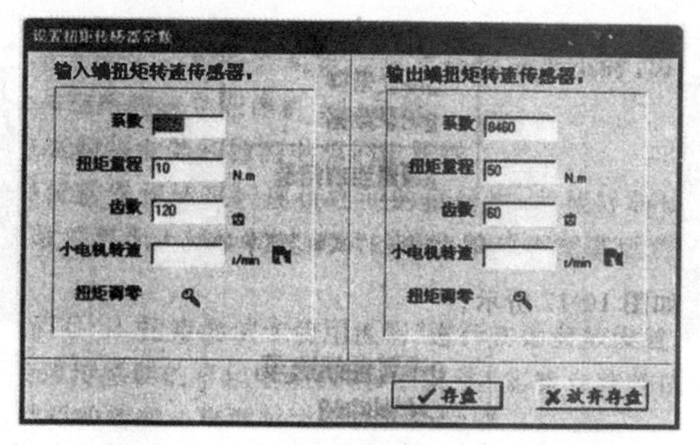

图20-14 “设置扭矩传感器常数”对话框

注意：填写小电机转速时，用户必须启动传感器上小电机，此时测试台架主轴应处于静止状态，按下小电机转速旁一齿轮图标按钮，计算机将自动检测小电机转速，并填入该框内。当主轴转速低于100 r/min时，必须启动传感器上小电机，且小电机转向必须同主轴相反！机械台架每次重新安装后都需要进行扭矩的调零，但是没必要每次测试都进行调零。调零时要注意，输入和输出一定要分开调零。调零分为精细调零和普通调零，当进行精细调零时，要先断开负载和联轴器，然后主轴开始转动，进行输入调零，接下来接好联轴器，主轴转动，进行输出调零。当进行普通调零时则没有这么麻烦，无须断开联轴器，直接开动小电机进行调零即可。但小电机转动方向必须与主轴转动方向相反，处于零点状态时用户只需按下调零框右边一钥匙状按钮，便可自动调零。

选择“设定串口参数”会弹出如图20-15所示对话框，用户可根据串口的使用说明进行正确配置。

图20-15 “配置设备串行口”对话框

“试验”菜单项如图20-16所示。

开始采样：功能相当于电机控制面板上的开始采样按钮。

停止采样：功能相当于电机控制面板上的停止采样按钮。

记录数据：功能相当于电机控制面板上的手动记录数据。

覆盖当前记录：此菜单项将新的记录替换当前记录。

“分析”菜单项如图20-17所示。

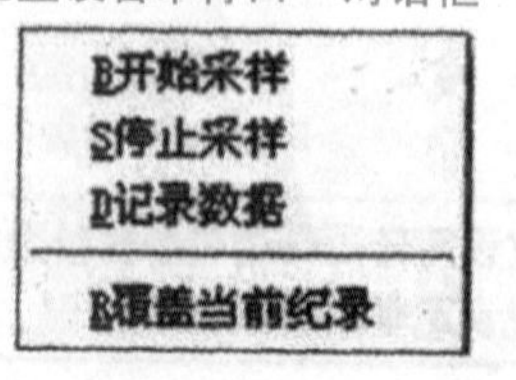

图20-16 “试验”菜单项

O设置曲线选项
C绘制曲线
P打印试验表格

图20-17 “分析”菜单项

选择“设置曲线选项”会弹出如图 20-18 所示对话框。其中，X 轴坐标和 Y 轴坐标的最大值和最小值可以手动设置，也能让程序自动选择；标记采样点的意思是用明显的标记绘出采样点；曲线拟合算法按需要进行选择。如果曲线格式固定，则设置好各项参数后，一般就无须变动了。

“绘制曲线”和“打印试验表格”用于预览及打印曲线和表格。

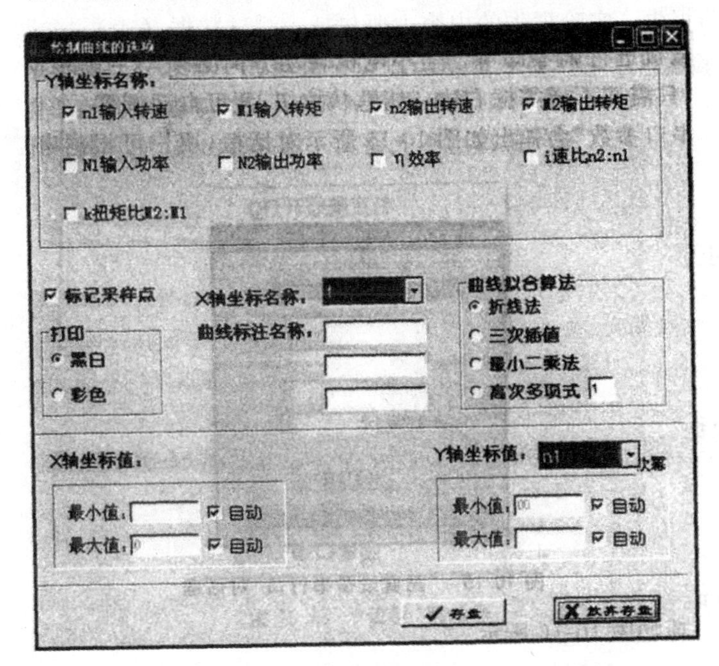

图 20-18　“绘制曲线的选项”对话框

五、实验步骤

1. 设备安装。按图将各设备安装好，并注意各设备之间的同轴度，以避免产生不必要的弯矩，从而保证测量精度。为改变传感器的工作条件，降低安装要求，通常采用柔性联轴器。

安装完毕后，正式实验前一般应开机试运转几分钟至半小时，以检验设备的可靠程度，若发现异常振动和噪声等应立即停机予以排除。

2. 按要求接好磁粉制动器和稳流电源的电源线。

3. 按要求接好传感器和转矩转速仪之间的信号线，并接好转矩转速仪电源。（注意：接好后如果发现软件界面上转矩转速显示的是负数，或当加载后负数越来越大则需调换正反信号线。）

4. 参照前述“STC-1 扭矩测速卡使用说明”进行初始参数的设置。

5. 开启转矩转速传感器的背包电动机，参照前述“实验台软件的使用说明”进行调零。（注意：背包电动机的转向一定要与主轴的转向相反。）

6. 启动主电动机进行测量。测量从空载开始，依次调整磁粉制动器的加载电流增加负载，直至满载荷。依次记录在不同载荷下的输入、输出转速，以及力矩和功率。若输出轴的转速低于 600 r/min，则应开启背包电动机，背包电动机的转向应与输出轴的转向相反，此时，测得的输出轴的转速应该减去背包电动机的转速。

7. 测试完毕，打印实验结果，注意逐步卸载，关闭主电动机和各测试仪器。

8. 根据测试记录，计算出测试对象的传动效率，并绘出测试对象的效率曲线。

9. 改变机械传动系统进行实验。在时间许可的情况下再进行新的搭接组合实验（如链传动—齿轮减速器传动系统方案），并重复上述的步骤。

10. 整理实验报告。实验报告的内容主要包括：测试数据（表）；参数曲线；对实验结果的分析；对实验改革的新设想或新建议。

20.2 机械传动性能综合测试实验报告

一、实验目的

二、实验设备

三、实验原理

四、实验数据记录及处理

1. 进行方案设计。每人应设计一种传动方案（至少Ⅱ级），计算其传动比，并阐述其优缺点，绘出具体的传动方案。

2. 测量输入和输出端的数据，列表记录实验测定参数和计算参数：

序号	记录值				计算值				
	输入转速/（$r \cdot min^{-1}$）	输入扭矩/（$N \cdot m^{-1}$）	输出转速/（$r \cdot min^{-1}$）	输出扭矩/（$N \cdot m^{-1}$）	输入功率 kW	输出功率 kW	效率/%	速比	扭矩比
1									
2									
3									
4									
5									
6									
7									
8									

3. 用坐标纸绘制出效率曲线（效率-输出转矩曲线）。

4. 进行实验误差分析，提出对实验改进的建议。

五、思考题

机械传动效率的影响因素有哪些？在本实验中可以通过哪些措施提高其传递效率?

第二篇

机械设计基础学习指南

第 1 章

机械设计基础概论

1.1 典型例题分析

例 1-1 请用框图来表示机械产品设计的一般过程。

答：机械产品的设计是一个复杂的过程，不同类型的产品及设计，其产品设计过程不尽相同。产品的开发性设计过程大致包括规划设计阶段、方案设计阶段、技术设计阶段、施工设计阶段及改进设计阶段等，可用如图 1-1 所示的框图表示，其详细说明可参考有关资料。

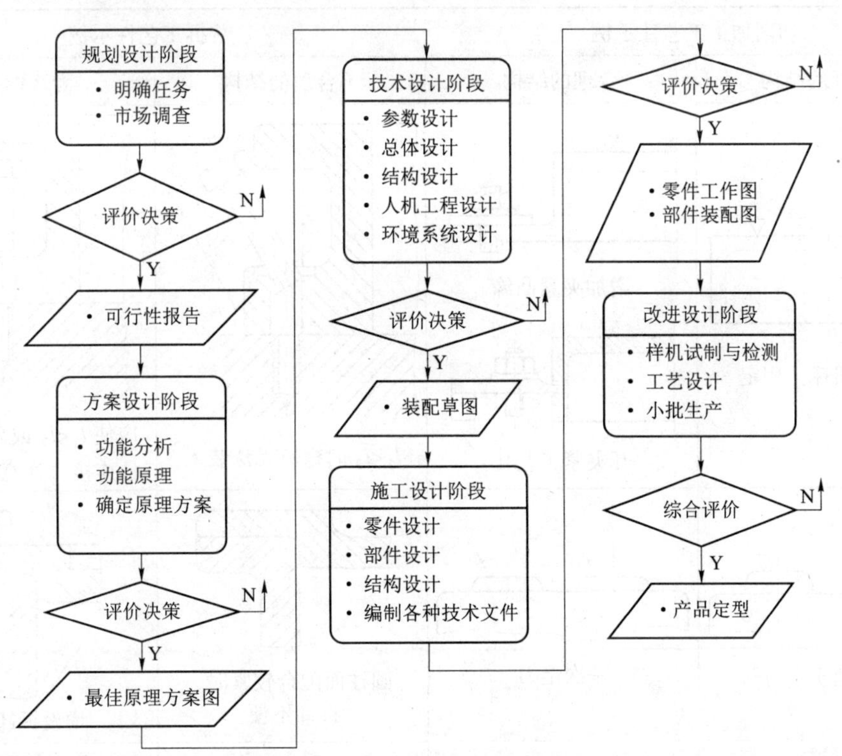

图 1-1 机械产品设计过程

例 1-2 什么是机械零件的结构工艺性？请通过示例加以说明。

答：一台机器中大部分零件的形状、结构和尺寸是通过结构设计来完成的，即使是一些重要零件的基本尺寸，也只是通过设计计算初步确定，再根据使用要求和工艺要求进行结构设计，并作必要修改后才确定的，因此，机械零件的结构设计非常重要。

机械零件的结构工艺性是指所设计的零部件在保证产品使用性能的前提下，能用生产率高、劳动量小、生产成本低的方法制造出来。工程上所说的“某个零件具有良好的结构工艺性”，实际上是指“在相应的生产规模和现有的生产条件下，可以用最少的劳动时间和最小的劳动量以及一般的加工方法把该零件制造出来，而且装配方便”。零件的结构工艺性反映在毛坯制备过程、切削加工过程、热处理过程和装配过程中。对结构工艺性的评定有时是正确与错误的问题，有时则是合理与不太合理的问题，其缺陷一般在加工或装配过程中，也可能在使用过程中暴露出来，但其多是由于设计不合理造成的。

良好的结构工艺性是指零件便于加工、便于装配和费用低等，其基本原则如下：

（1）毛坯选择合理。毛坯选择一般取决于生产条件、批量大小和材料性质。毛坯制备方法有轧制、铸造、锻造、焊接及冲压等。

（2）在满足使用要求的前提下，尽量降低精度要求。

（3）零件结构力求简单，尽量减少加工面、加工量和装夹次数，并便于装拆和维修。

（4）尽量采用标准件和标准系列。

零件的切削加工工艺性和装配工艺性对零件结构设计影响很大，其示例见表1-1。

表1-1　零件结构工艺性示例

切削加工工艺性示例		装拆工艺性示例	
不合理的结构	合理的结构	不合理的结构	合理的结构
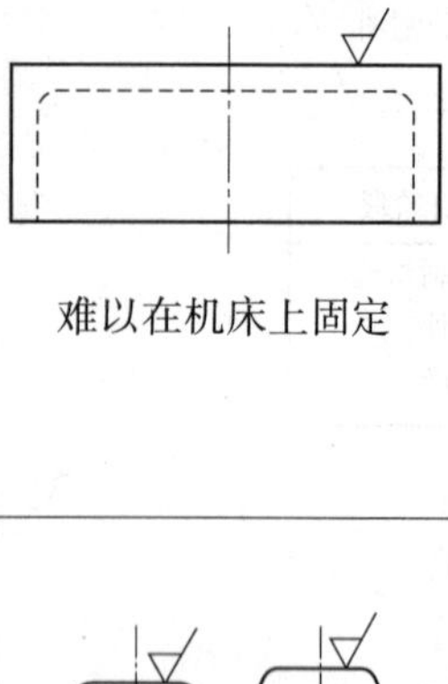 难以在机床上固定	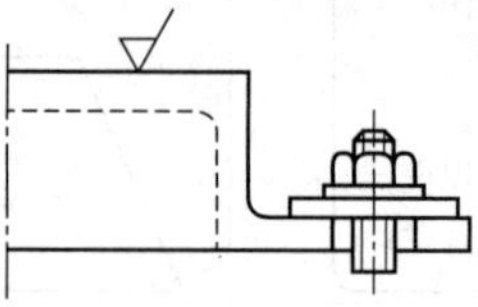 增加夹紧凸缘 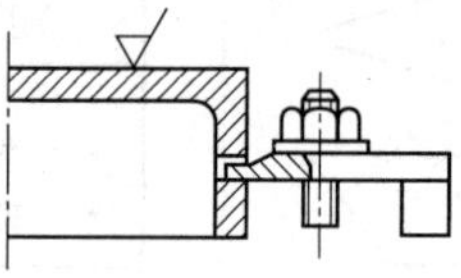 开夹紧工艺孔	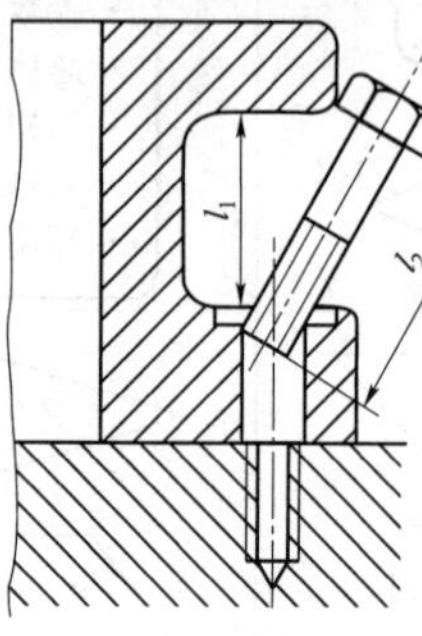 $l_1<l_2$ 时螺钉无法装入	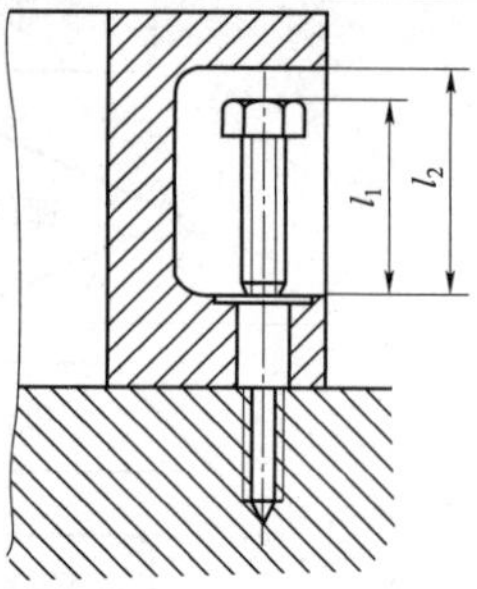 应使 $l_1<l_2$ 或采用双头螺柱连接（注意扳手空间）
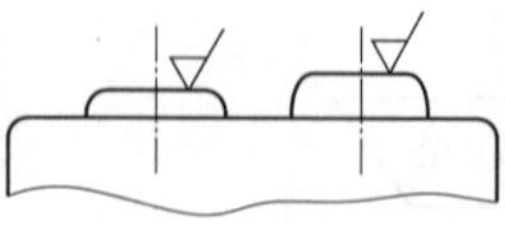 需要两次走刀	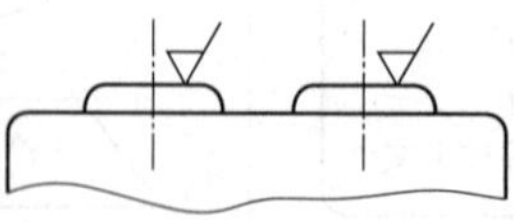 一次走刀	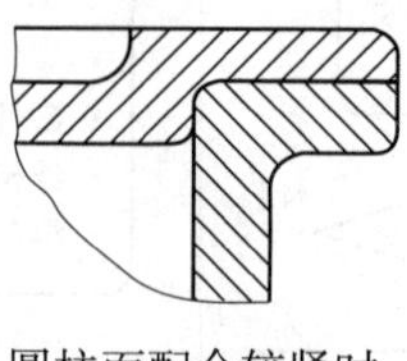 圆柱面配合较紧时，拆卸不便	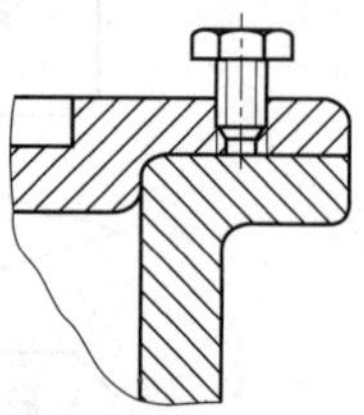 增设拆卸螺钉
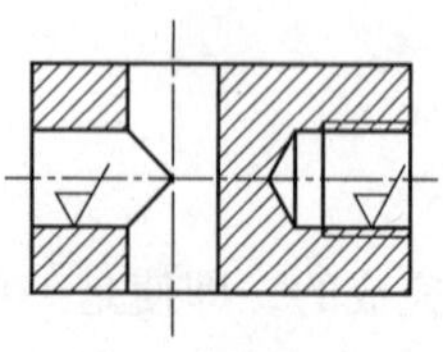 需要两次装卡	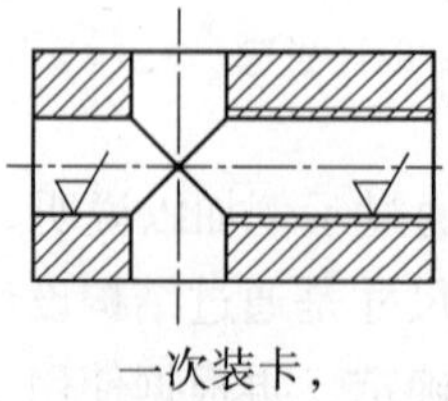 一次装卡，易保证孔的同轴度	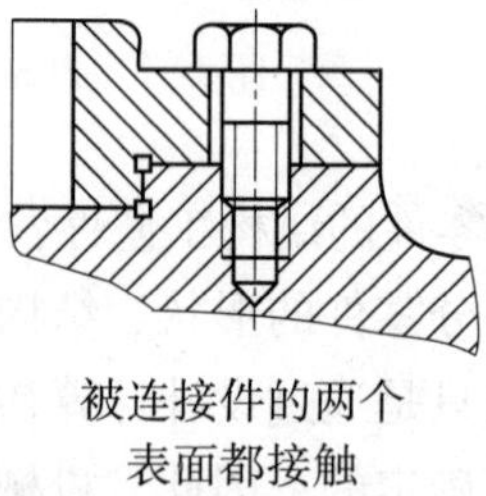 被连接件的两个表面都接触	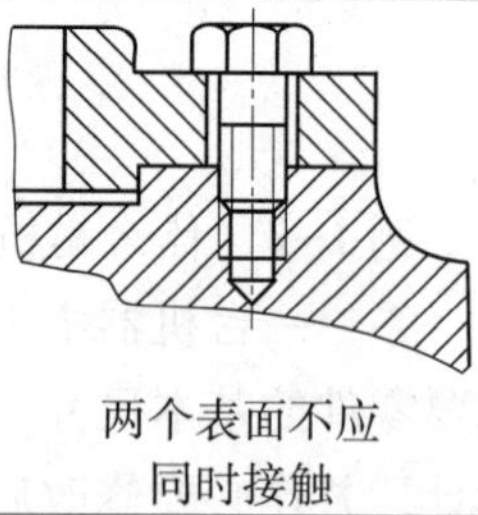 两个表面不应同时接触

续表

切削加工工艺性示例		装拆工艺性示例	
不合理的结构	合理的结构	不合理的结构	合理的结构
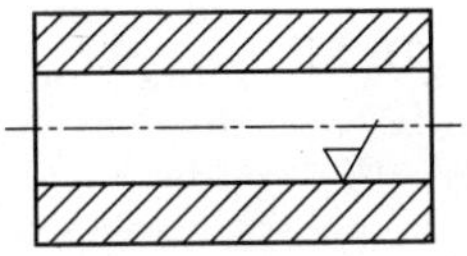 精车长度过长	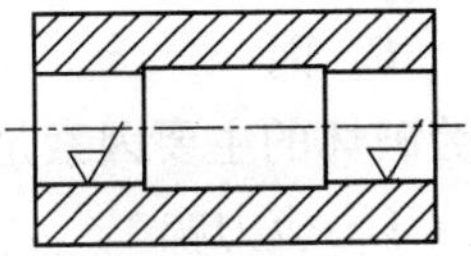 减小精车长度	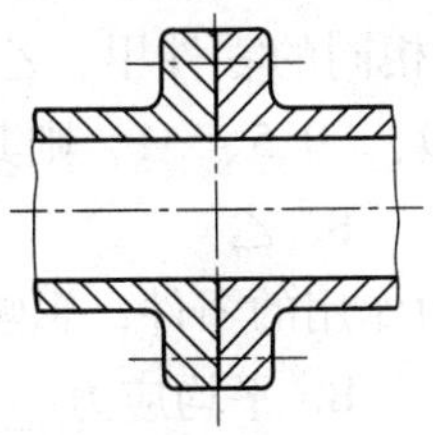 用受拉螺栓连接，无定位基准，不能满足同轴度要求	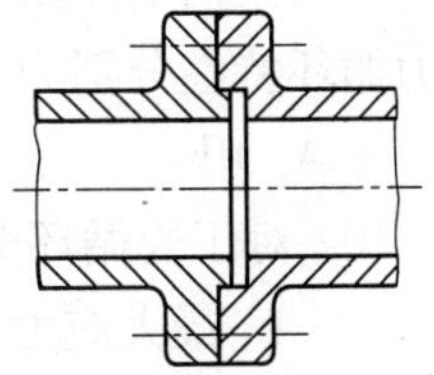 有定位基准，同轴度容易保证

1.2　基本知识测试

选择题：

1. 在机械中属于制造单元的是（　　）。

A. 机构　　B. 零件　　C. 构件　　D. 部件

2. 机构与机器相比，不具备的特征为（　　）。

A. 人为的各个实物组合　　B. 各实物之间具有确定的相对运动

C. 做有用功或转换机械能　　D. 价格较高

3. 构件定义的正确表述是（　　）。

A. 构件是机器的运动单元　　B. 构件是机器的制造单元

C. 构件是由机械零件组合而成的　　D. 构件是机器的装配单元

4. 自行车车轮轴、电风扇叶片、起重机上的起重吊钩、台虎钳上的螺杆、柴油发动机上的曲轴和减速器中的齿轮，以上零件中有（　　）种是通用零件。

A. 2　　B. 5　　C. 4　　D. 3

5. 下列 8 种机械零件：涡轮的叶片，飞机的螺旋桨，往复式内燃机的曲轴，拖拉机发动机的气门弹簧，起重机的起重吊钩，火车车轮，自行车的链条，纺织机的纺锭。其中有（　　）种是专用零件。

A. 3　　B. 6　　C. 5　　D. 4

6. 机械设计的典型步骤是（　　）。

A. 产品规划—施工设计—方案设计—技术设计

B. 方案设计—施工设计—产品规划—技术设计

C. 产品规划—方案设计—技术设计—施工设计

D. 产品规划—方案设计—施工设计—技术设计

7. 某单向回转工作的转轴，考虑启动、停车及载荷不平稳的影响，其危险截面处切应力的应力性质通常按（　　）计算。

A. 对称循环　　B. 脉动循环　　C. 非对称循环　　D. 静应力

8. 当转轴所受力大小、方向不变时，其外圆表面上任一点的弯曲应力属于（　　）。

A. 静应力　　B. 对称循环应力　　C. 脉动循环应力　　D. 随机应力

9. 某四个结构及性能相同的零件甲、乙、丙、丁，若承受最大应力 σ_{max} 的值相等，而应力循环特性分别为+1、0、-0.5、-1，则其中最容易发生失效的零件是（　　）。

A. 甲　　B. 乙　　C. 丙　　D. 丁

10. 对于受循环变应力作用的零件，影响疲劳破坏的主要因素是（　　）。

A. 最大应力　　B. 平均应力　　C. 应力幅

11. 两相对滑动的接触表面，依靠吸附的油膜进行润滑的摩擦状态称为（　　）。

A. 干摩擦　　B. 边界摩擦　　C. 混合摩擦　　D. 液体摩擦

12. 两摩擦表面被一层液体隔开，摩擦性质取决于液体内部分子间黏性阻力的摩擦状态称为（　　）。

A. 液体摩擦　　B. 干摩擦　　C. 混合摩擦　　D. 边界摩擦

13. 摩擦与磨损最小的摩擦状态是（　　）。

A. 干摩擦　　B. 边界摩擦　　C. 液体摩擦　　D. 混合摩擦

14. 在一个零件的磨损过程中，代表使用寿命长短的是（　　）。

A. 剧烈磨损阶段　　B. 稳定磨损阶段

C. 磨合阶段　　D. 以上三阶段之和

15. 当温度升高时，润滑油的黏度（　　）。

A. 随之降低　　B. 保持不变　　C. 随之升高

16. 当压力加大时，润滑油的黏度（　　）。

A. 随之减小　　B. 保持不变　　C. 随之增大

17. 在新国标中，润滑油的恩氏黏度是在规定的温度 T 等于（　　）时测定的。

A. 20 ℃　　B. 40 ℃　　C. 50 ℃　　D. 100 ℃

18. 与稳定磨损阶段相比，跑合磨损阶段的（　　）。

A. 时间短，磨损量大　　B. 时间短，磨损量小

C. 时间长，磨损量小

19. 齿面点蚀现象属于（　　）。

A. 磨粒磨损　　B. 黏着磨损　　C. 疲劳磨损　　D. 腐蚀磨损

20. 齿轮胶合失效属于（　　）。

A. 黏着磨损　　B. 磨粒磨损　　C. 疲劳磨损　　D. 腐蚀磨损

21. 对于边界润滑，起主要作用的润滑油性质是（　　）。

A. 黏度　　B. 闪点　　C. 油性　　D. 凝点

22. 润滑脂是（　　）。

A. 润滑油与金属皂的混合物　　B. 金属皂与稠化剂的混合物

C. 润滑油与添加剂的混合物　　D. 润滑油与稠化剂的混合物

23. 为了在金属表面形成一层保护膜以减轻磨损，应在润滑油中加入（　　）。

A. 抗氧化剂　　B. 极压添加剂　　C. 油性添加剂

24. 已知某机械油在工作温度下的运动黏度 $\nu = 20\ \text{mm}^2/\text{s}$，该油的密度 ρ 为 $900\ \text{kg/m}^3$，则其动力黏度 η 为（　　）Pa·s。

A. 18 000　　B. 0.018　　C. 0.001 8　　D. 45

选择题参考答案：

1. B　2. C　3. A　4. D　5. B　6. C　7. B　8. B　9. D　10. C
11. B　12. A　13. C　14. B　15. A　16. C　17. B　18. A　19. C　20. A
21. C　22. A　23. C　24. B

平面机构的结构分析

2.1 典型例题分析

例 2-1 图 2-1（a）所示为一液压泵机构，试绘制其机构运动简图，并计算其自由度。

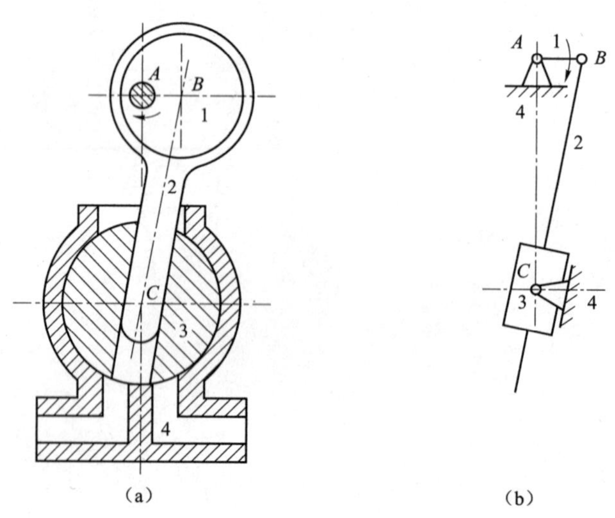

图 2-1 液压泵机构

1—偏心盘；2—柱塞；3—摆动盘；4—机架

解：（1）分析机构的组成和运动情况。在液压泵机构中，偏心盘 1 为原动件，绕固定点 A 转动，带动柱塞 2 在构件 3 的孔中往复移动，从而带动摆动盘 3 摆动。由此可知，液压泵机构由偏心盘 1、柱塞 2、摆动盘 3 和机架 4 四个构件组成。

（2）确定运动副的类型。偏心盘 1 与机架 4 组成转动副 A，偏心盘 1 与柱塞 2 组成转动副 B，柱塞 2 与摆动盘 3 组成移动副，摆动盘 3 与机架 4 组成转动副 C。

（3）选择视图平面。由于液压泵机构是平面机构，故选取构件的运动平面为视图平面。

（4）选择比例尺，绘制机构运动简图。量出运动学尺寸 l_{AB}、l_{AC}，根据选定的比例尺 μ_l 计算出各运动尺寸的图示长度，并绘制机构运动简图，如图 2-1（b）所示。

该机构的自由度为

$$F=3n-2P_L-P_H=3\times3-2\times4-0=1$$

需要指出：绘制机构运动简图时，不管机构有多么复杂，从原动件开始循着运动的传递路径，搞清相接触的构件之间构成什么运动副及运动副的位置最为关键。

例 2-2　图 2-2（a）所示为一简易冲床，试绘制其机构运动简图，并计算其自由度。

解：（1）分析机构的组成和运动情况。在简易冲床机构中，原动件 1 绕固定轴心 O_1 转动，通过滑块 2 带动导杆 3 绕固定轴心 O_2 转动。因导杆 3 和大圆盘为同一构件，故大圆盘随导杆 3 同步转动，带动连杆 4 做平面运动，再由连杆 4 带动冲头 5 上下移动。由此可知，简易冲床机构由原动件 1、滑块 2、导杆 3、连杆 4、冲头 5 和机架 6 六个构件组成。

（2）确定运动副的类型。原动件 1 与机架 6 组成转动副 O_1，原动件 1 与滑块 2 组成转动副 D，滑块 2 铰接于原动件 1 上并与导杆 3 组成移动副，导杆 3 与机架 6 组成转动副 O_2，连杆 4 的上部铰接于大圆盘 3 上组成转动副 C，连杆 4 的下部与冲头 5 组成转动副 E，冲头 5 与机架 6 组成移动副。

（3）选择视图平面。由于简易冲床机构是平面机构，故选取构件的运动平面为视图平面。

（4）选择比例尺，绘制机构运动简图。量出运动学尺寸 l_{O_1D}、l_{O_2C}、l_{CE} 以及 O_1、O_2 间的水平距离和铅垂距离，根据选定的比例尺 μ_l 计算出各运动尺寸的图示长度，并绘制机构运动简图，如图 2-2（b）所示。画图时应注意各运动副之间的相对位置和尺寸关系。O_1、O_2 均为固定铰链；O_2C 线段表示圆盘，它和导杆 3 之间画上焊接符号，表示为同一构件。注意冲头 5 的导路中心线和 O_2 在同一铅垂线上。

该机构的自由度为

$$F=3n-2P_L-P_H=3\times5-2\times7-0=1$$

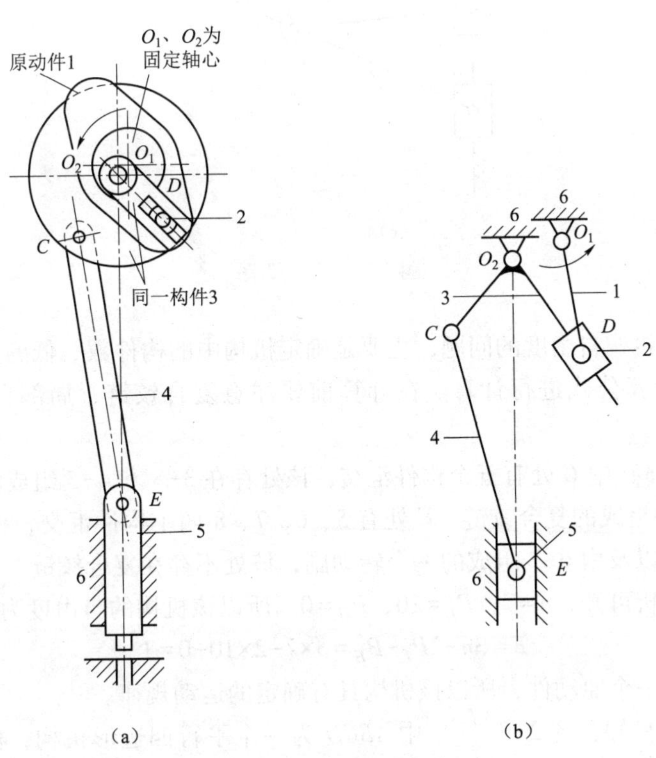

图 2-2　简易冲床机构

1—原动件；2—滑块；3—导杆；4—连杆；5—冲头；6—机架

例2-3 试计算如图2-3（a）、图2-3（b）（其中*AB*、*CD*、*EF*杆平行且相等）和图2-3（c）所示机构的自由度，并指出其中的局部自由度、复合铰链和虚约束，最后判定该机构是否具有确定的运动规律。

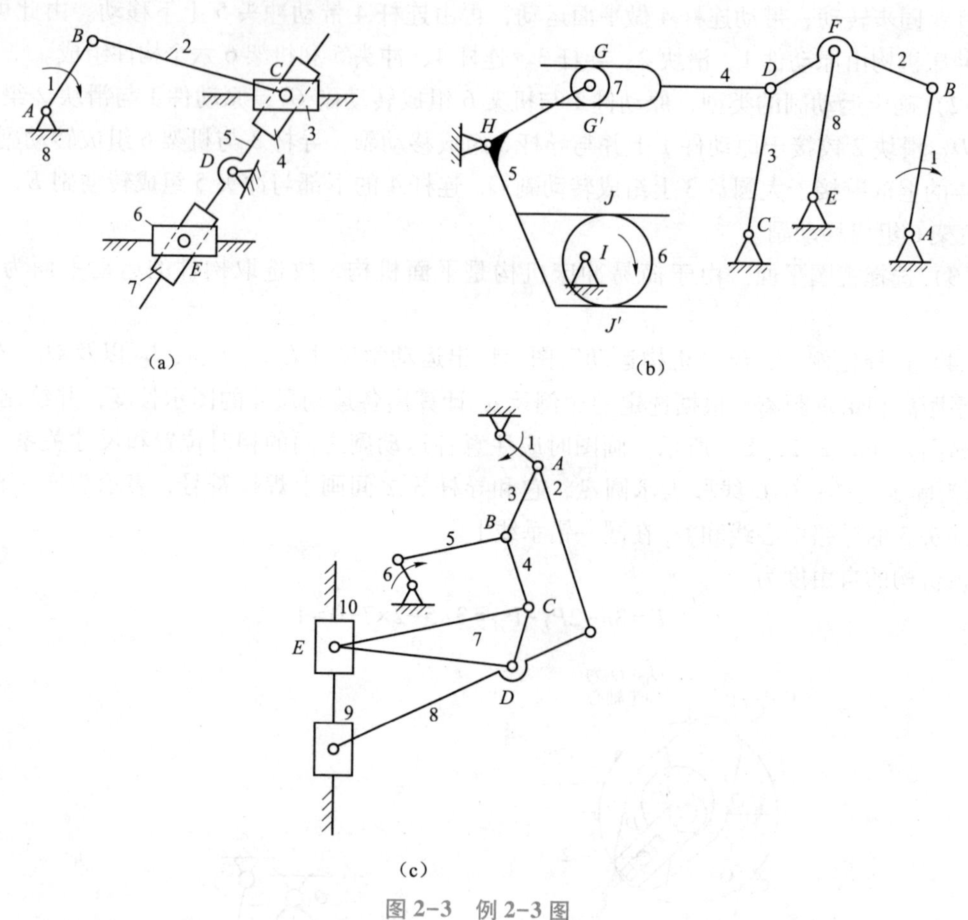

图2-3 例2-3图

解：对于计算机构自由度的问题，主要是确定机构中的构件数、低副数和高副数，然后将其代入自由度计算公式进行计算。在计算前要注意复合铰链、局部自由度和虚约束等情况。

（1）图2-3（a）中*C*处有五个构件汇交，该处存在3-8和4-5组成的两个移动副以及由2-3-4三个构件组成的复合铰链。*E*处有5、6、7、8四个构件汇交，构成由5-7和6-8组成的两个移动副以及由6-7组成的一个转动副，该处不存在复合铰链。

根据上面的分析可知，$n=7$，$P_L=10$，$P_H=0$。所以该机构的自由度为

$$F=3n-2P_L-P_H=3\times7-2\times10-0=1$$

题目中表明有一个原动件，所以该机构具有确定的运动规律。

（2）由已知条件知，图2-3（b）中*ABCD*为一个平行四边形机构，构件*EF*及转动副*E*、*F*引入的约束为虚约束；*D*处存在由2-3-4三个构件组成的复合铰链；滚子7的转动为局部自由度。*G*和*G'*、*J*和*J'*为两构件组成的两个高副，各实际上只能算一个高副，而另一个是虚约束。

根据上面的分析，去除机构中的局部自由度和虚约束可知，$n=6$，$P_L=7$，$P_H=2$。所以该机构的自由度为

$$F=3n-2P_L-P_H=3\times6-2\times7-2=2$$

题目中表明有两个原动件，所以该机构具有确定的运动规律。

（3）图2-3（c）中A处为由1-2-3三个构件组成的复合铰链，B处为由3-4-5三个构件组成的复合铰链。CDE应看作一个构件。

根据上面的分析可知，$n=10$，$P_L=14$，$P_H=0$。所以该机构的自由度为

$$F=3n-2P_L-P_H=3\times10-2\times14-0=2$$

题目中表明有两个原动件，所以该机构具有确定的运动规律。

例2-4　找出下列机构在图2-4所示位置时的所有瞬心；若已知构件1的角速度ω_1，求如图2-4（a）~图2-4（c）所示位置时构件3的速度或角速度（用表达式表示）。

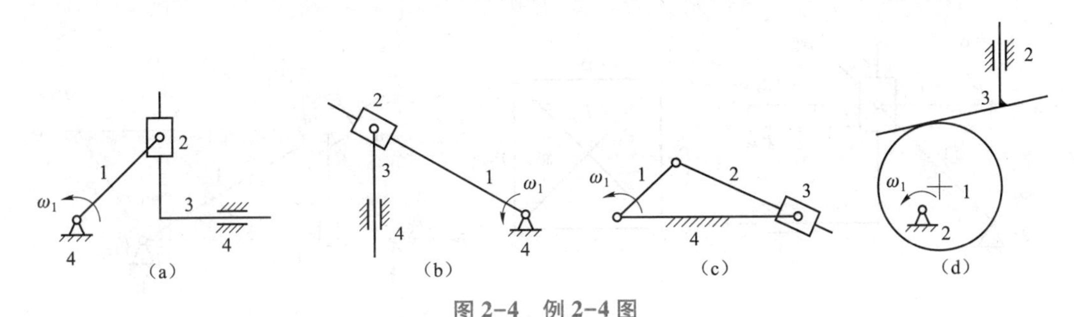

图2-4　例2-4图

解：两构件以转动副相连，其转动副中心为其瞬心；两构件以移动副相连，其瞬心在垂直于导路的无穷远处；对未构成运动副的两构件间的瞬心，可由三心定理来确定。在确定瞬心时，可借助于辅助多边形法，以免遗漏瞬心。在进行速度分析时，可利用瞬心点求解待求构件的速度。

（1）如图2-5（a）所示，构件1和2及构件1和4构成转动副，转动副中心即P_{12}、P_{14}；构件2和3及构件3和4构成移动副，P_{23}、P_{34}在垂直于各移动副导路的无穷远处。由三心定理可知，P_{13}在直线$P_{12}P_{23}$上，也在直线$P_{14}P_{34}$上，两直线的交点即P_{13}；同理，直线$P_{12}P_{24}$和$P_{23}P_{34}$的交点即P_{24}。

构件3的速度可通过瞬心P_{13}求出：

$$v_3=v_{P_{13}}=\omega_1 l_{P_{14}P_{13}}(\text{方向}:\leftarrow)$$

（2）如图2-5（b）所示，构件1和2及构件1和4构成转动副，转动副中心即P_{12}、P_{14}；构件2和3及构件3和4构成移动副，P_{23}、P_{34}在垂直于各移动副导路的无穷远处。由三心定理可知，P_{13}在直线$P_{12}P_{23}$上，也在直线$P_{14}P_{34}$上，两直线的交点即P_{13}；同理，直线$P_{12}P_{24}$和$P_{23}P_{34}$的交点即P_{24}。

构件3的速度可通过瞬心P_{13}求出：

$$v_3=v_{P_{13}}=\omega_1 l_{P_{14}P_{13}}(\text{方向}:\downarrow)$$

（3）如图2-5（c）所示，构件1和2、构件1和4及构件3和4构成转动副，转动副中心即P_{12}、P_{14}、P_{34}；构件2和3构成移动副，P_{23}在垂直于移动副导路的无穷远处。由三心定理可知，P_{13}在直线$P_{12}P_{23}$上，也在直线$P_{14}P_{34}$上，两直线的交点即P_{13}；同理，直线

$P_{12}P_{24}$ 和 $P_{23}P_{34}$ 的交点即 P_{24}。

构件3的角速度可通过相对瞬心 P_{13} 和绝对瞬心 P_{14}、P_{34} 求出：

$$v_{P_{13}}=\omega_1 l_{P_{14}P_{13}}=\omega_3 l_{P_{13}P_{34}}$$

$$\omega_3=\frac{l_{P_{14}P_{13}}}{l_{P_{13}P_{34}}}\omega_1\text{（转向为顺时针）}$$

（4）如图2-5（d）所示，构件1和2构成转动副，转动副中心即 P_{12}；构件2和3构成移动副，P_{23} 在垂直于移动副导路的无穷远处；构件1和3构成高副，P_{13} 在过接触点的公法线上。由三心定理可知，P_{13}、P_{23}、P_{12} 应在一条直线上，这样，P_{13} 的具体位置就可以确定了。

构件3的速度可通过瞬心 P_{13} 求出：

$$v_3=v_{P_{13}}=\omega_1 l_{P_{14}P_{13}}\text{（方向：↑）}$$

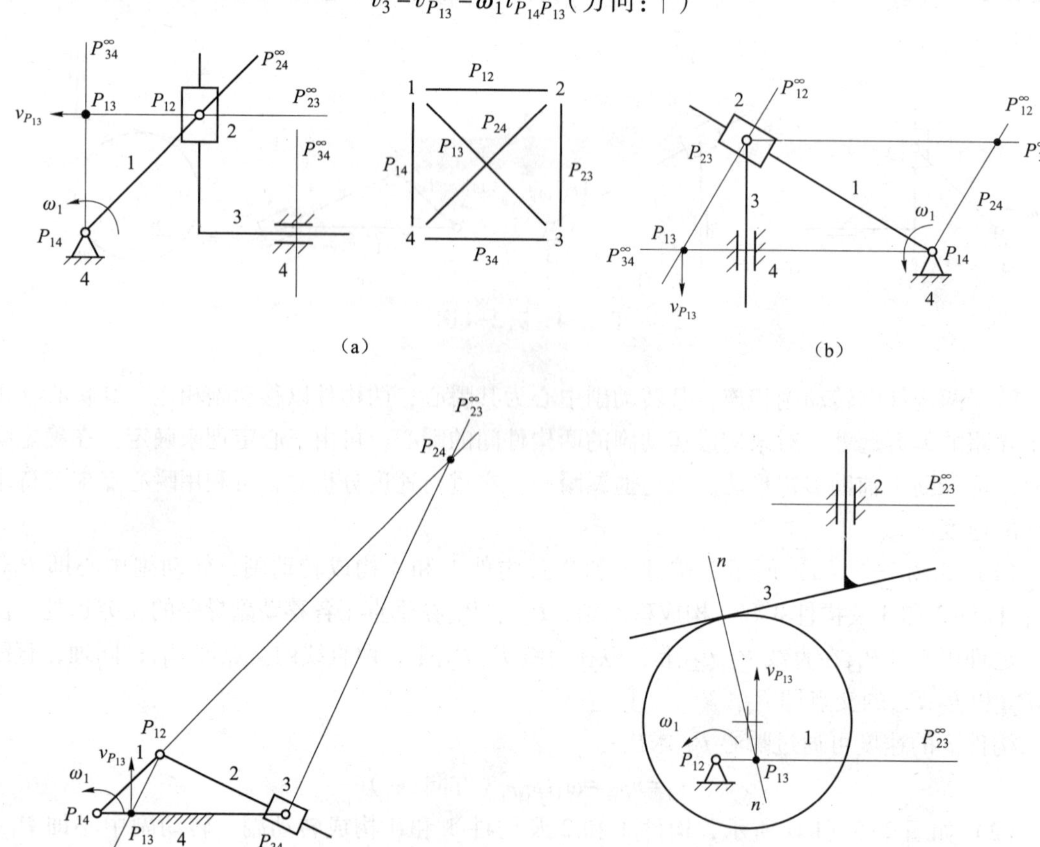

图2-5 例2-4解图

2.2 基本知识测试

选择题：

1. 两构件通过（　　）接触组成的运动副称为低副。

A. 面　　B. 点或线　　C. 面或线

2. 在平面内用高副连接的两构件共有（　　）自由度。

A. 3　　B. 4　　C. 5　　D. 6

3. 一般门与门框之间有两个铰链，这应为（　　）。

A. 复合铰链　　B. 局部自由度　　C. 虚约束

4. 平面运动链成为具有确定运动机构的条件是其自由度数等于（　　）。

A. 1　　B. 从动件数目　　C. 原动件数目

5. 由 K 个构件汇交而成的复合铰链应具有（　　）个转动副。

A. $K-1$　　B. K　　C. $K+1$

6. 平面运动的构件最多具有（　　）个自由度。

A. 1　　B. 2　　C. 3　　D. 4

7. 平面运动副所提供的约束数为（　　）。

A. 1　　B. 2　　C. 3　　D. 1 或 2

8. 当机构的自由度数 F 大于原动件数目时，机构（　　）。

A. 具有确定运动　　B. 运动不确定　　C. 构件被破坏

9. 当机构的自由度数 F 小于原动件数目时，则（　　）。

A. 机构中运动副及构件被损坏　　B. 机构运动确定

C. 机构运动不确定

10. 在机构中，某些不影响机构运动传递的重复部分所带入的约束为（　　）。

A. 虚约束　　B. 局部自由度　　C. 复合铰链

11. 杆组是自由度等于（　　）的运动链。

A. 0　　B. 1　　C. 原动件数

12. 某机构为Ⅲ级机构，那么该机构应满足的必要充分条件是（　　）。

A. 含有一个原动件组　　B. 至少含有一个基本杆组

C. 至少含有一个Ⅱ级杆组　　D. 至少含有一个Ⅲ级杆组

13. 机构中只有一个（　　）。

A. 闭式运动链　　B. 原动件　　C. 从动件　　D. 机架

14. 如图 2-6 所示，在三种机构运动简图中，运动不确定的是（　　）。

A. 图 2-6（a）和图 2-6（b）　　B. 图 2-6（b）和图 2-6（c）

C. 图 2-6（a）和图 2-6（c）

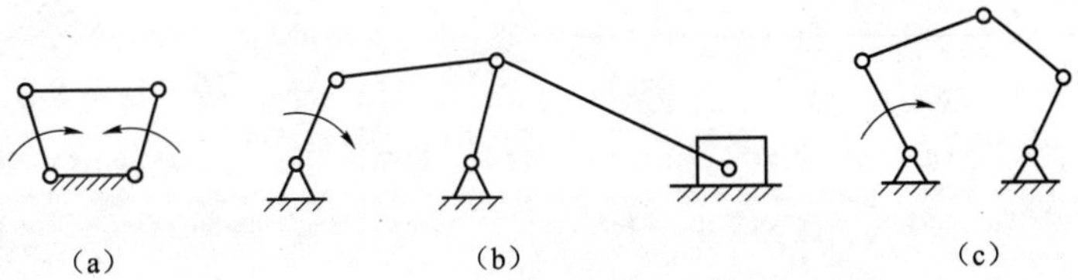

(a)　　(b)　　(c)

图 2-6

15. 如图 2-7 所示，该机构中共有（　　）个转动副。

A. 8　　B. 9　　C. 10

16. 如图 2-8 所示，要使机构具有确定的相对运动，需要（　　）个原动件。

A. 1　　　　　　　　B. 2　　　　　　　　C. 3

17. 如图2-9所示，机构的自由度F为（　　）。

A. 1　　　　　　　　B. 2　　　　　　　　C. 3

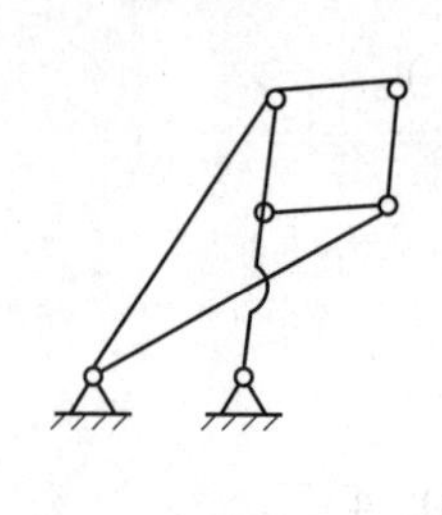

图2-7

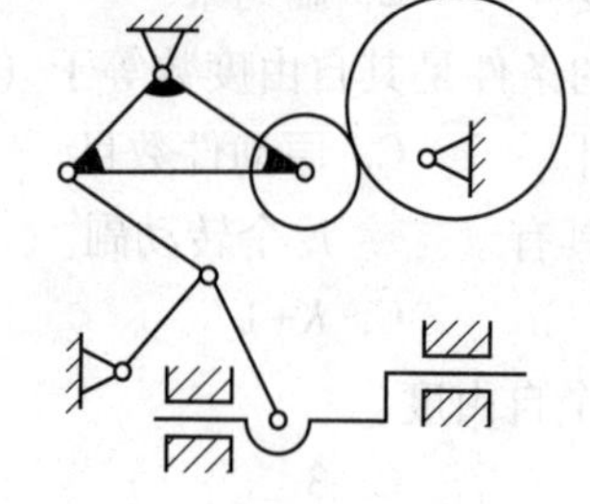

图2-8

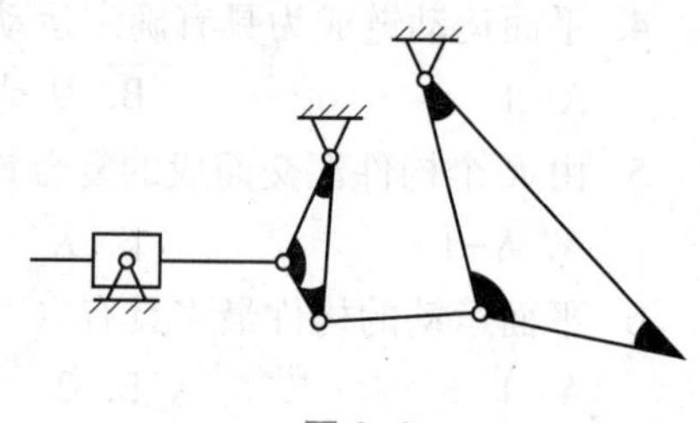

图2-9

18. 车轮在轨道上转动，车轮与轨道间构成（　　）。

A. 转动副　　　　　　B. 移动副　　　　　　C. 高副

19. 在两构件的相对速度瞬心处，瞬时重合点间的速度应（　　）。

A. 两点间相对速度为零，但两点绝对速度不等于零

B. 两点间相对速度不等于零，但其中一点的绝对速度等于零

C. 两点间相对速度不等于零且两点的绝对速度也不等于零

D. 两点间的相对速度和绝对速度都等于零

20. 机械出现自锁的原因是（　　）。

A. 机械效率小于零　　　　　　　　B. 驱动力太小

C. 阻力太大　　　　　　　　　　　D. 约束反力太大

选择题参考答案：

1. A　2. C　3. C　4. C　5. A　6. C　7. D　8. B　9. A　10. A

11. A　12. D　13. D　14. C　15. C　16. A　17. A　18. C　19. A　20. A

第 3 章

平面连杆机构

3.1 典型例题分析

例 3-1 在如图 3-1 所示的铰链四杆机构中，各构件的长度分别为 $l_{AB}=240$ mm，$l_{BC}=600$ mm，$l_{CD}=400$ mm，$l_{AD}=500$ mm。

（1）当取构件 4 为机架时，该机构为何种机构？

（2）若各构件长度不变，能否以选不同构件为机架的方法获得双曲柄机构和双摇杆机构？如何获得？

（3）若 AB、BC、CD 三个构件的长度不变，取构件 4 为机架，要获得曲柄摇杆机构，则 l_{AD} 的取值范围是什么？

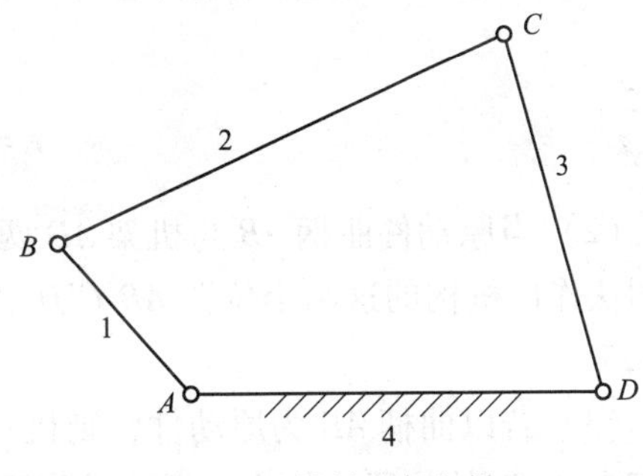

图 3-1 铰链四杆机构

解： 从连杆机构曲柄存在的必要条件：最短杆与最长杆的长度之和小于或等于其余两杆长度之和入手来求解此题。

（1）由已知条件知，最短杆为连架杆 AB，最长杆为 BC，因：

$$l_{AB}+l_{BC}=240+600=840(\text{mm})<l_{CD}+l_{AD}=400+500=900(\text{mm})$$

故 AB 杆为曲柄，CD 杆为摇杆，该机构为曲柄摇杆机构。

（2）若各构件长度不变，则可以选不同构件为机架获得双曲柄机构和双摇杆机构。若选 AB 为机架，则可得到双曲柄机构；若选 CD 为机架，则可得到双摇杆机构。

（3）若 AB、BC、CD 三个构件的长度不变，取构件 4 为机架，要获得曲柄摇杆机构，则 l_{AD} 的取值范围可分两种情况来讨论：

① 若 AD 不是最长杆，则 BC 应为最长杆，即：

$$l_{AB}+l_{BC}\leqslant l_{CD}+l_{AD}$$

$$240+600\leqslant 400+l_{AD}$$

解得
$$l_{AD}\geqslant 440$$

② 若 AD 是最长杆，则：

$$l_{AB}+l_{AD}\leqslant l_{BC}+l_{CD}$$

$$240+l_{AD}\leqslant 600+400$$

解得
$$l_{AD}\leqslant 760$$

综合考虑以上两种情况可知：$440 \leqslant l_{AD} \leqslant 760$。

例 3-2 在如图 3-2 所示的铰链四杆机构中，已知各构件的长度为 $l_{AB}=42$ mm，$l_{BC}=78$ mm，$l_{CD}=75$ mm，$l_{AD}=108$ mm。

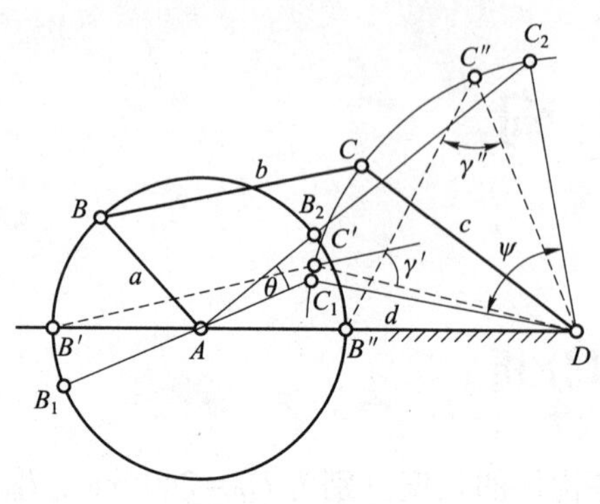

图 3-2 铰链四杆机构

（1）若以构件 *AB* 为原动件，试用作图法求出摇杆 *CD* 的最大摆角 ψ 及此机构的极位夹角 θ，并确定行程速度变化系数 *K*；

（2）若以构件 *AB* 为原动件，试用作图法求出该机构的最小传动角 $\gamma_{\min}$；

（3）试分析此机构有无死点位置。

解：（1）当原动件曲柄 *AB* 与连杆 *BC* 两次共线时，摇杆 *CD* 处于两极限位置。适当选取长度比例尺 μ_l，作出摇杆 *CD* 处于两极限位置时的机构位置图 AB_1C_1D 和 AB_2C_2D，在图中量得 $\psi=70°$、$\theta=16°$，故可求得：

$$K=\frac{180°+\theta}{180°-\theta}\approx 1.19$$

（2）当原动件曲柄 *AB* 与机架 *AD* 两次共线时，是最小传动角 $\gamma_{\min}$ 可能出现的位置。用作图法作出机构的这两个位置 $AB'C'D$ 和 $AB''C''D$，在图中量得 $\gamma'=27°$、$\gamma''=50°$，故 $\gamma_{\min}=\gamma'=27°$。

（3）若以曲柄 *AB* 为原动件，则机构不存在连杆 *BC* 与从动件 *CD* 共线的两个位置，即不存在 $\gamma=0°$ 的位置，故机构无死点位置；若以摇杆 *CD* 为原动件，则机构存在连杆 *BC* 与从动件 *AB* 共线的位置，即存在 $\gamma=0°$ 的位置，故机构存在两个死点位置。

例 3-3 如图 3-3（a）所示破碎机的行程速度变化系数 $K=1.4$，动颚板长度 $l_{CD}=300$ mm，摆角 $\psi=35°$，颚板在左极限位置 DC_1 时铰链 C_1 与 *A* 之间的距离 $l_{AC_1}=225$ mm，试用图解法求曲柄 l_{AB}、连杆 l_{BC} 和机架 l_{AD} 的长度。

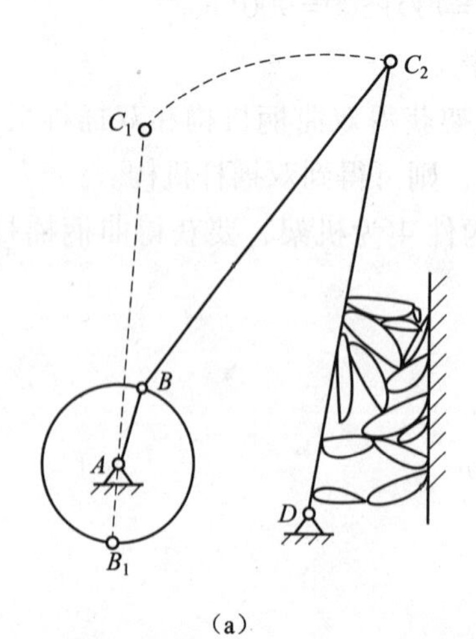

（a）

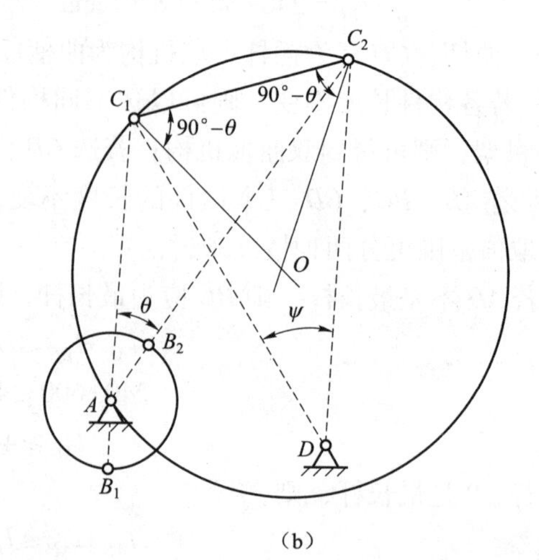

（b）

图 3-3 破碎机设计

解：此题是已知行程速度变化系数设计四杆机构，因此可先作出固定铰链 A 所处的圆，再根据 l_{AC_1} 值即可确定 A 的位置。

（1）求极位夹角 θ：

$$\theta=180°\times\frac{K-1}{K+1}=30°$$

（2）任取一点作为铰链中心 D，选长度比例尺 $\mu_l=0.005\ \text{m/mm}$，作出摇杆的两个极限位置 C_1D、C_2D，使 $C_1D=C_2D=l_{CD}/\mu_l=60\ \text{mm}$、$\angle C_1DC_2=\psi=30°$，如图 3-3（b）所示。

（3）连接 C_1C_2，作 $\angle C_1C_2O=\angle C_2C_1O=90°-\theta=60°$，$C_1O$ 与 C_2O 交于 O 点；

（4）以 O 为圆心、OC_1 为半径作圆，与以 C_1 为圆心、$AC_1=l_{AC_1}/\mu_l=45\ \text{mm}$ 为半径的圆弧交于 A 点。

（5）由 3-3（b）图中量取 $AC_2=67\ \text{mm}$、$AD=37\ \text{mm}$，则：

$$AB=\frac{AC_2-AC_1}{2}=11\ \text{mm},BC=\frac{AC_1+AC_2}{2}=56\ \text{mm}$$

即 $$l_{AB}=AB\cdot\mu_l=55\ \text{mm},l_{BC}=BC\cdot\mu_l=280\ \text{mm},l_{AD}=AD\cdot\mu_l=185\ \text{mm}$$

例 3-4　在如图 3-4 所示的偏置曲柄滑块机构中，已知行程速度变化系数 $K=1.4$，滑块行程 $h=60\ \text{mm}$，偏距 $e=20\ \text{mm}$。试用图解法求曲柄长度 l_{AB} 和连杆长度 l_{BC}。

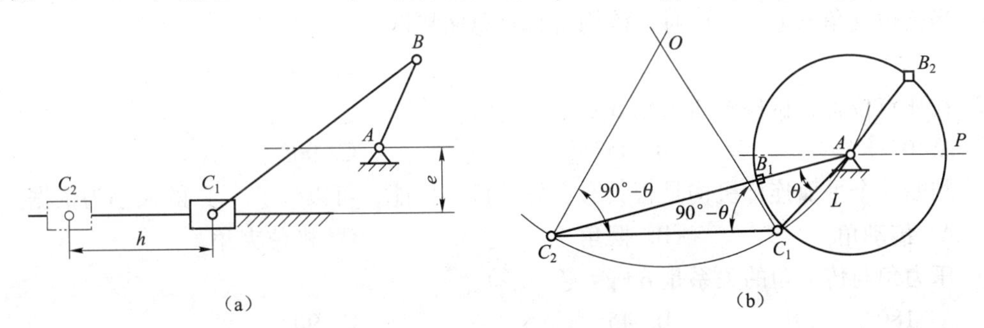

图 3-4　偏置曲柄滑块机构设计

解：此题是已知行程速度变化系数设计四杆机构，因此可先作出固定铰链 A 所处的圆，再根据偏距 e 即可确定 A 的位置。

（1）求极位夹角 θ：

$$\theta=180°\times\frac{K-1}{K+1}=30°$$

（2）选长度比例尺 $\mu_l=0.001\ \text{m/mm}$，作出滑块的两个极限位置 C_1、C_2，连接 C_1C_2，使 $C_1C_2=h/\mu_l=60\ \text{mm}$，在 C_1C_2 上方作直线 P 平行于 C_1C_2，使两直线间的距离为 $e/\mu_l=20\ \text{mm}$，如图 3-4（b）所示。

（3）作 $\angle C_1C_2O=\angle C_2C_1O=90°-\theta=60°$，$C_1O$ 与 C_2O 交于 O 点。

（4）以 O 为圆心、OC_1 为半径作辅助圆，与直线 P 交于 A 点。

（5）由图中量取 $AC_1=30\ \text{mm}$，$AC_2=84\ \text{mm}$，于是：

$$AB=\frac{AC_2-AC_1}{2}=27\ \text{mm},BC=\frac{AC_1+AC_2}{2}=57\ \text{mm}$$

则 $$l_{AB}=AB\cdot\mu_l=27\ \text{mm},l_{BC}=BC\cdot\mu_l=57\ \text{mm}$$

3.2 基本知识测试

选择题：

1. 双曲柄机构中用原机架对面的构件作为机架后，（　　）得到双摇杆机构。
   A. 不能　　B. 一定能　　C. 不一定能
2. 双摇杆机构中用原机架对面的构件作为机架后，（　　）得到双曲柄机构。
   A. 不能　　B. 一定能　　C. 不一定能
3. 曲柄摇杆机构中用原机架对面的构件作为机架后，（　　）得到曲柄摇杆机构。
   A. 不能　　B. 一定能　　C. 不一定能
4. 在铰链四杆机构中，若最短杆与最长杆长度之和（　　）其余两杆长度之和，则一定是双摇杆机构。
   A. 小于　　B. 大于　　C. 等于
5. 一曲柄摇杆机构，若曲柄与连杆处于共线位置，则当（　　）为原动件时，称为机构的死点位置。
   A. 曲柄　　B. 连杆　　C. 摇杆
6. 当极位夹角 θ（　　）时，机构就具有急回特性。
   A. <0　　B. >0　　C. $=0$
7. 在死点位置，机构的压力角 $\alpha=$（　　）。
   A. 0°　　B. 45°　　C. 90°
8. 判断一个平面连杆机构是否具有良好的传力性能，可以（　　）的大小为依据。
   A. 传动角　　B. 摆角　　C. 极位夹角
9. 压力角与传动角的关系是 $\alpha+\gamma=$（　　）。
   A. 180°　　B. 45°　　C. 90°
10. 在以曲柄为原动件的曲柄摇杆机构中，最小传动角出现在（　　）的位置。
    A. 曲柄与连杆共线　　B. 曲柄与摇杆共线　　C. 曲柄与机架共线
11. 在以曲柄为原动件的曲柄滑块机构中，最小传动角出现在（　　）的位置。
    A. 曲柄与连杆共线　　B. 曲柄与滑块导路垂直　　C. 曲柄与滑块导路平行
12. 在曲柄摇杆机构中，摇杆的极限位置出现在（　　）的位置。
    A. 曲柄与连杆共线　　B. 曲柄与摇杆共线　　C. 曲柄与机架共线
13. 在平面四杆机构中，是否存在死点取决于（　　）是否与连杆共线。
    A. 主动件　　B. 从动件　　C. 机架
14. 对心曲柄滑块机构的行程速度变化系数一定（　　）。
    A. 大于1　　B. 小于1　　C. 等于1
15. 在摆动导杆机构中，当导杆处于极限位置时，其（　　）与曲柄垂直。
    A. 一定　　B. 不一定　　C. 一定不
16. 缝纫机的脚踏板机构是以（　　）为主动件的曲柄摇杆机构。
    A. 曲柄　　B. 连杆　　C. 摇杆

17. 机车车轮是铰链四杆机构基本型式中的（　　）机构。

A. 曲柄摇杆　　　　B. 双曲柄　　　　C. 双摇杆

18. 铰链四杆机构各杆的长度分别为 $l_{AB} = 30$ mm、$l_{BC} = 60$ mm、$l_{CD} = 70$ mm、$l_{AD} = 80$ mm。若取杆 l_{AD} 为机架，则它属于（　　）。

A. 曲柄摇杆机构　　　　B. 双曲柄机构　　　　C. 双摇杆机构

19. 当曲柄为原动件的曲柄摇杆机构在图 3-5 所示位置时，机构的压力角是指（　　）。

A. α_1　　　　B. α_2

C. α_3　　　　D. α_4

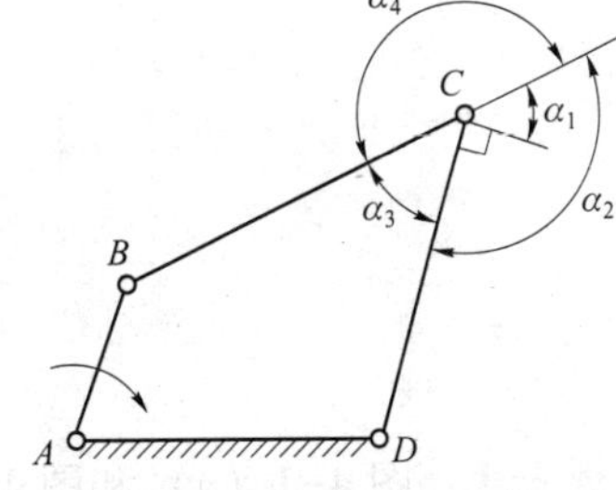

图 3-5　曲柄摇杆机构

20. 当曲柄为原动件时，（　　）具有急回特性。

A. 对心曲柄滑块机构

B. 平行双曲柄机构

C. 摆动导杆机构

选择题参考答案：

1. C　2. C　3. B　4. B　5. C　6. B　7. C　8. A　9. C　10. C

11. B　12. A　13. B　14. C　15. A　16. C　17. B　18. A　19. A　20. C

第 4 章

凸轮机构

4.1 典型例题分析

例 4-1 图 4-1（a）和图 4-1（b）所示为已知凸轮轮廓的偏置移动从动件盘形凸轮机构，从动件与凸轮轮廓在点 A 处相接触。随着凸轮的转动，接触点由点 A 移动到点 B，求在点 B 时，凸轮所对应的转角 φ_{AB} 以及在点 B 接触时的压力角 α_B。

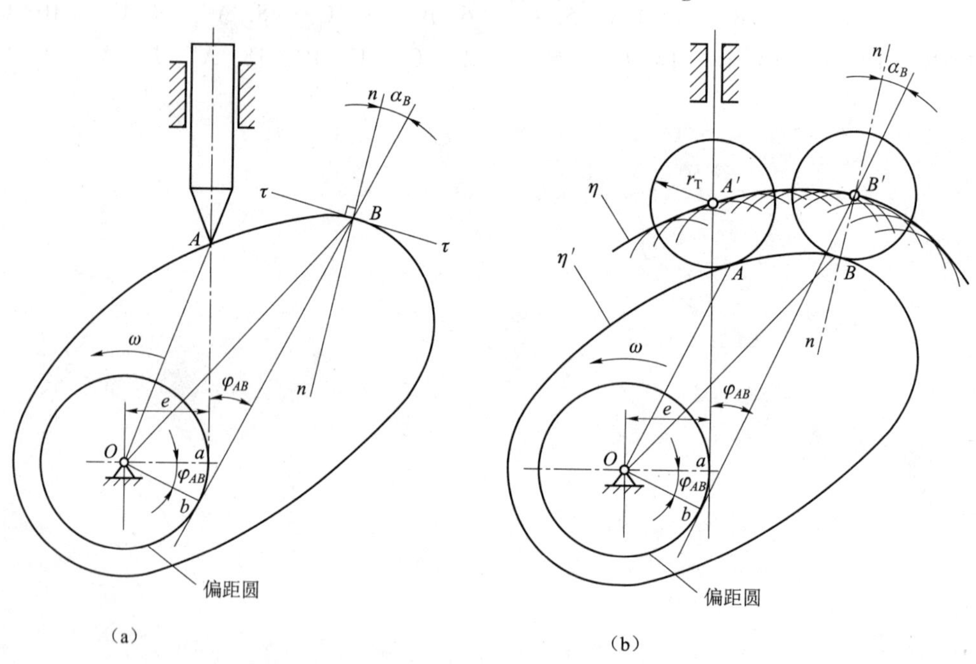

图 4-1 偏置移动从动件凸轮机构压力角

解： 采用反转法求解，关键是确定反转后从动件端点或滚子中心的位置。对偏置移动从动件盘形凸轮机构，在反转后，从动件导路中心线仍切于偏距圆。

（1）确定在 B 点时凸轮所对应的转角 φ_{AB}。图 4-1（a）所示为尖顶偏置移动从动件凸轮机构，因此需要作出偏距圆。当从动件尖顶与凸轮在点 A 接触时，从动件运动线与偏距圆相切于点 a；当从动件尖顶与凸轮轮廓在点 B 接触时，从动件运动线与偏距圆相切于点 b。相应的凸轮转角 φ_{AB} 应为这两条运动线之间的夹角或两个切点 a 和 b 对凸轮轴 O 的夹角 $\angle aOb$。应当注意，对于尖顶从动件，在偏心距 $e\neq0$ 的情况下，轮廓上两点向径之间的夹角

不等于相应的凸轮转角，即$\angle AOB \neq \varphi_{AB}$；只有在偏心距$e=0$的情况下，轮廓上两点向径之间的夹角才等于相应的凸轮转角，即$\angle AOB=\varphi_{AB}$。

图 4-1（b）所示为滚子偏置移动从动件凸轮机构。在求凸轮转角时，必须作出从动件的运动线。由于运动线必切于偏距圆，并且通过滚子中心，因此，需要找出滚子中心的相应位置；而滚子中心则应位于理论轮廓η上，因此需要根据已知的实际轮廓η'求出理论轮廓η。实际轮廓η'和理论轮廓η是互相以滚子半径r_T为距离的法向等距曲线。因此，以已知的实际轮廓上各点为圆心，作一系列的滚子圆，它们的包络线即理论轮廓η，如图 4-1（b）所示。其中，以A为圆心所作的滚子圆，与理论轮廓η相切于点A'；以点B为圆心所作的滚子圆与理论轮廓η相切于点B'，则点A'和点B'即相应的滚子中心的位置。过点A'和点B'作偏距圆的切线（即从动件的运动线），得到切点a和b，则该两切线之间的夹角或两个切点a和b对凸轮轴O的夹角$\angle aOb$，即相应的凸轮转角φ_{AB}。需要强调指出，对于滚子从动件，即使偏心距$e=0$，实际轮廓上η'两接触点的向径之间的夹角也不等于相应的凸轮转角。

（2）轮廓上点B的压力角α_B是轮廓法线nn（力的方向）与从动件运动线（速度方向）之间的夹角。图 4-1（a）所示为尖顶偏置移动从动件凸轮机构，求点B处的法线时，可以先作轮廓点B的切线，然后再找出切线的垂线，即B处的法线nn，它与运动线Bb之间的夹角即压力角α_B。

图 4-1（b）所示为滚子偏置移动从动件凸轮机构，由于法线nn必通过接触点和滚子中心，则连线BB'即实际轮廓η'上点B的法线nn（当然也是理论轮廓η上点B'的法线），它与从动件运动线$B'b$之间的夹角，即点B的压力角α_B。

例 4-2　一滚子偏置移动从动件盘形凸轮机构。已知：从动件在推程中的运动规律为简谐运动，上升$h=40$ mm。回程以等加速等减速运动规律回到原处。对应于从动件各运动阶段的凸轮转角分别为：推程角$\varphi=110°$，远休止角$\varphi_S=15°$，回程角$\varphi'=175°$，近休止角$\varphi'_S=60°$。基圆半径$r_0=85$ mm，滚子半径$r_T=25$ mm，凸轮逆时针转动，偏距$e=21$ mm，在与凸轮转向相反的一侧。凸轮在低速轻载下工作，精度要求一般。试用图解法绘制此凸轮的轮廓曲线，并校核其压力角。

解：（1）绘制轮廓曲线。

① 选定比例尺μ_l、μ_φ，作从动件的位移线图。取位移比例尺$\mu_l=2$ mm/mm，角度比例尺$\mu_\varphi=6°$/mm，按比例画出的位移图如图 4-2（a）所示。

② 把滚子中心看作尖顶从动件的尖点，按给定的运动规律，用绘制偏置尖顶从动件盘形凸轮轮廓的方法，画出理论轮廓曲线，如图 4-2（b）所示。

③ 以理论轮廓上的一系列点为圆心，以滚子半径为半径作若干滚子圆，此圆族的内包络线就是实际轮廓。

（2）校核机构的压力角。

校核对象是推程的最大压力角。余弦加速度运动规律的最大速度发生在行程的中点。因此，凸轮机构在推程中的最大压力角可能出现在起始位置或行程中点的附近，现以后者为例说明。

① 在理论廓线上确定校核点，通常可以近似地认为行程中点处的压力角是最大压力角，由于推程分为 8 个分点，故以理论轮廓上的第 4 分点（即$\varphi/2$处）作为校核点，即图 4-2（b）中的C点。

② 作 C 点的法线 nn，nn 与该点偏距圆的切线的夹角 α 如图 4-2（b）所示。量得校核点的压力角 $\alpha=10°<30°\sim40°$，可以满足工作要求。

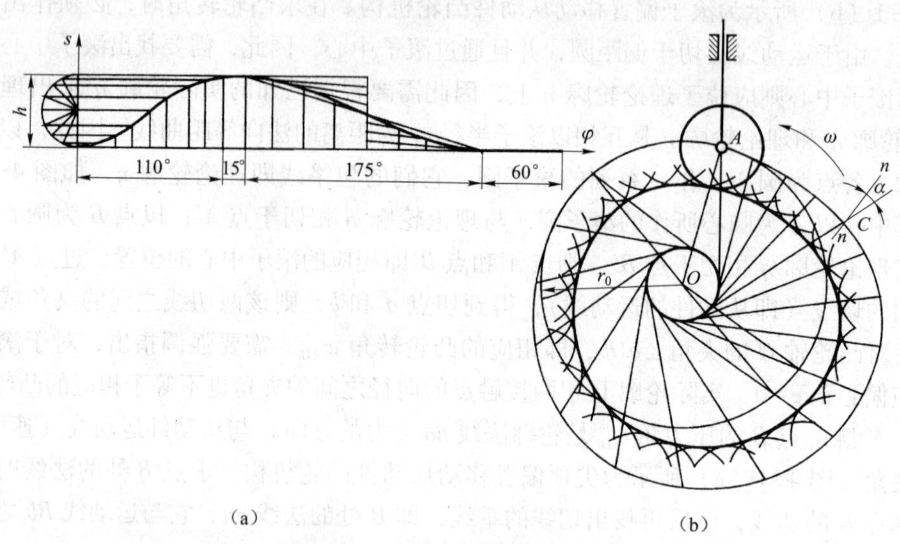

图 4-2 偏置移动从动件盘形凸轮轮廓图解设计

4.2 基本知识测试

选择题：

1. 在凸轮机构中，从动件的运动规律取决于（ ）。

A. 凸轮轮廓的大小　　B. 凸轮轮廓的形状　　C. 基圆的大小

2. 设计凸轮机构时，凸轮的轮廓曲线形状取决于从动件的（ ）。

A. 运动规律　　B. 运动形式　　C. 结构形状

3. 等速运动规律的凸轮机构，从动件在运动开始和终止时，加速度值为（ ）。

A. 零　　B. 无穷大　　C. 常量

4. 等速运动规律的凸轮机构，从动件在运动开始和终止时，将引起（ ）冲击。

A. 刚性　　B. 柔性　　C. 无

5. 等加速等减速运动规律的凸轮机构将引起（ ）冲击。

A. 刚性　　B. 柔性　　C. 无

6. 简谐运动规律的凸轮机构将引起（ ）冲击。

A. 刚性　　B. 柔性　　C. 无

7. 为防止滚子从动件运动失真，滚子半径必须（ ）凸轮理论廓线的最小曲率半径。

A. 小于　　B. 大于　　C. 等于

8. 对心尖顶直动从动件盘形凸轮机构的推程压力角超过许用值时，可采用（ ）的措施来解决。

A. 增大基圆半径　　B. 改用滚子从动件

C. 改变凸轮转向　　D. 改为偏置尖顶从动件

9. 与连杆机构相比，凸轮机构最大的缺点是（　　）。

A. 点、线接触，易磨损　B. 惯性力难以平衡　C. 设计较为复杂

10. 与其他机构相比，凸轮机构的最大优点是（　　）。

A. 可实现各种预期的运动规律

B. 便于润滑

C. 制造方便，易获得较高的精度

D. 从动件的行程可较大

11. 增大滚子半径，滚子从动件盘形回转凸轮实际廓线外凸部分的曲率半径（　　）。

A. 增大　B. 减小　C. 不变

12. 凸轮轮廓与从动件之间的可动连接是（　　）。

A. 移动副　B. 转动副

C. 高副　D. 可能是高副也可能是低副

13. 图 4-3 所示机构为（　　）。

A. 曲柄滑块机构　B. 滚子直动从动件盘形凸轮机构

C. 偏心轮机构　D. 平底直动从动件盘形凸轮机构

14. 在如图 4-4 所示凸轮机构中，（　　）所示从动件的摩擦损失小且传力性能好。

A. 图 4-4（a）　B. 图 4-4（b）　C. 图 4-4（c）

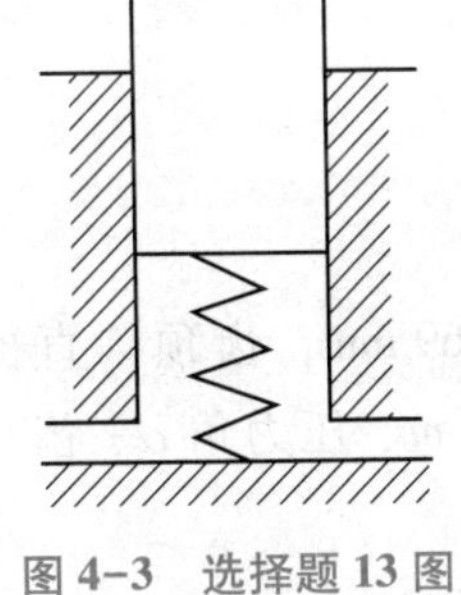

图 4-3　选择题 13 图

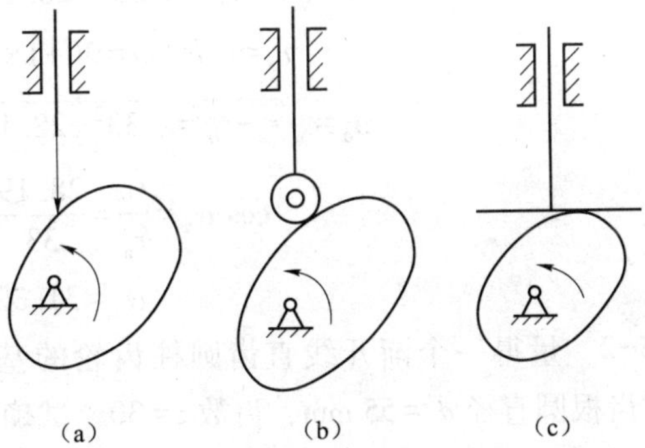

(a)　(b)　(c)

图 4-4　选择题 14 图

15. 某凸轮机构从动件用来控制刀具的进给运动，则处在切削阶段时，从动件宜采用（　　）规律。

A. 等速运动　B. 等加速等减速

C. 简谐运动　D. 其他运动

选择题参考答案：

1. B　2. A　3. B　4. A　5. B　6. B　7. A　8. A　9. A　10. A

11. B　12. C　13. D　14. B　15. A

齿 轮 机 构

5.1 典型例题分析

例 5-1 已知一正常齿制标准直齿圆柱齿轮，$z=20$，$\alpha=20°$，$m=3$ mm。试求齿廓曲线在分度圆和齿顶圆上的曲率半径以及齿顶压力角 α_a。

解：

$$r=\frac{1}{2}mz=\frac{1}{2}\times3\times20=30(\text{mm})$$

$$r_b=r\cos\alpha=30\times\cos20°=28.19(\text{mm})$$

$$\rho=\sqrt{r^2-r_b^2}=\sqrt{30^2-28.19^2}=10.26(\text{mm})$$

$$r_a=r+h_a^*m=30+1\times3=33(\text{mm})$$

$$\rho_a=\sqrt{r_a^2-r_b^2}=\sqrt{33^2-28.19^2}=17.16(\text{mm})$$

$$\cos\alpha_a=\frac{r_b}{r_a}=\frac{28.19}{33}=0.8542$$

$$\alpha_a=31.32°$$

例 5-2 量得一个渐开线直齿圆柱齿轮的基圆齿距 $p_b=6.069$ mm，齿顶圆直径 $d_a=64$ mm，齿根圆直径 $d_f=55$ mm，齿数 $z=30$。试确定该齿轮的模数 m、压力角 α、齿顶高系数 h_a^* 和顶隙系数 c^*。

解：全齿高：

$$h=\frac{1}{2}(d_a-d_f)=\frac{1}{2}\times(64-55)=4.5\ (\text{mm})$$

试设该齿轮为正常齿制，即 $h_a^*=1$，$c^*=0.25$，因：

$$h=(2h_a^*+c^*)m$$

故

$$m=\frac{h}{2h_a^*+c^*}=\frac{4.5}{2.25}=2(\text{mm})\text{（符合模数标准所列数据）}$$

又设该齿轮为短齿制，即 $h_a^*=0.8$，$c^*=0.3$，则：

$$m=\frac{h}{2h_a^*+c^*}=\frac{4.5}{1.9}=2.36(\text{mm})\text{（不符合模数标准所列数据）}$$

由上述计算可以确定 $m=2$ mm，$h_a^*=1$，$c^*=0.25$。

压力角与分度圆、基圆齿距之间有以下的关系：

$$\cos\alpha=\frac{p_b}{p}=\frac{p_b}{\pi m}=\frac{6.069}{\pi\times2}=0.9659$$

故得 $\alpha=15°$。

例 5-3　一对标准安装的正常齿制渐开线标准直齿圆柱齿轮外啮合传动。已知 $a=100$ mm，$z_1=20$，$z_2=30$，$\alpha=20°$。

求：

（1）试计算下列几何尺寸：两轮的分度圆直径 d_1、d_2，两轮的齿顶圆直径 d_{a1}、d_{a2}，两轮的齿根圆直径 d_{f1}、d_{f2}，两轮的基圆直径 d_{b1}、d_{b2}，顶隙 c；

（2）若安装中心距增至 $a'=102$ mm，则：

① 上述各值有无变化？如有，应为多少？

② 两轮的节圆半径 r'_1、r'_2和啮合角 α'为多少？

（3）试计算标准安装和安装中心距为 $a'=102$ mm 时的重合度 ε，并绘出单齿及双齿啮合区。

解：（1）应先确定齿轮的模数 m：

$$m=2a/(z_1+z_2)=2\times100/(20+30)=4\ (\text{mm})$$

$$d_1=mz_1=4\times20=80\ (\text{mm})$$

$$d_2=mz_2=4\times30=120\ (\text{mm})$$

$$d_{a1}=d_1+2h_a=d_1+2h_a^*m=80+2\times1\times4=88\ (\text{mm})$$

$$d_{a2}=d_2+2h_a=d_2+2h_a^*m=120+2\times1\times4=128\ (\text{mm})$$

$$d_{f1}=d_1-2h_f=d_1-2(h_a^*+c^*)m=80-2\times(1+0.25)\times4=70\ (\text{mm})$$

$$d_{f2}=d_2-2h_f=d_2-2(h_a^*+c^*)m=120-2\times(1+0.25)\times4=110\ (\text{mm})$$

$$d_{b1}=d_1\cos\alpha=80\times\cos20°=75.18\ (\text{mm})$$

$$d_{b2}=d_2\cos\alpha=120\times\cos20°=112.76\ (\text{mm})$$

$$c=c^*m=0.25\times4=1\ (\text{mm})$$

（2）由于渐开线齿轮传动具有可分性，中心距加大后其传动比不变，但两节圆分别大于两分度圆，啮合角大于压力角，故此时安装中心距 a'与啮合角 α'的关系为 $a'\cos\alpha'=a\cos\alpha$。当安装中心距增至 $a'=102$ mm 时：

① 上述各值中只有顶隙发生变化，变化后的顶隙为

$$c=c^*m+(a'-a)=0.25\times4+(102-100)=3\ (\text{mm})$$

② 啮合角 α'和节圆半径 r'_1、r'_2分别为

$$\alpha'=\arccos(a\cos\alpha/a')=\arccos(100\times\cos20°/102)=22.89°$$

$$r'_1=r_{b1}/\cos\alpha'=40.8\ \text{mm}$$

$$r'_2=r_{b2}/\cos\alpha'=61.2\ \text{mm}$$

（3）标准安装时的重合度 ε：

$$\alpha_{a1}=\arccos\frac{d_{b1}}{d_{a1}}=\arccos\frac{75.18}{88}=31.32°$$

$$\alpha_{a2}=\arccos\frac{d_{b2}}{d_{a2}}=\arccos\frac{112.76}{128}=28.24°$$

标准安装时，$\alpha'=\alpha=20°$，则重合度为

$$\varepsilon=\frac{1}{2\pi}[z_1(\tan\alpha_{a1}-\tan\alpha')+z_2(\tan\alpha_{a2}-\tan\alpha')]$$

$$=\frac{1}{2\pi}[20(\tan31.32°-\tan20°)+30(\tan28.24°-\tan20°)]$$

$$=1.60$$

该对齿轮传动标准安装时的单齿及双齿啮合区如图 5-1（a）所示。

当安装中心距为 $a'=102$ mm 时，齿顶圆压力角不变，$\alpha'=22.89°$，所以其重合度 ε 为

$$\varepsilon=\frac{1}{2\pi}[z_1(\tan\alpha_{a1}-\tan\alpha')+z_2(\tan\alpha_{a2}-\tan\alpha')]$$

$$=\frac{1}{2\pi}[20(\tan31.32°-\tan22.89°)+30(\tan28.24°-\tan22.89°)]$$

$$=1.14$$

当该对齿轮传动中心距为 $a'=102$ mm 时，单齿及双齿啮合区如图 5-1（b）所示。

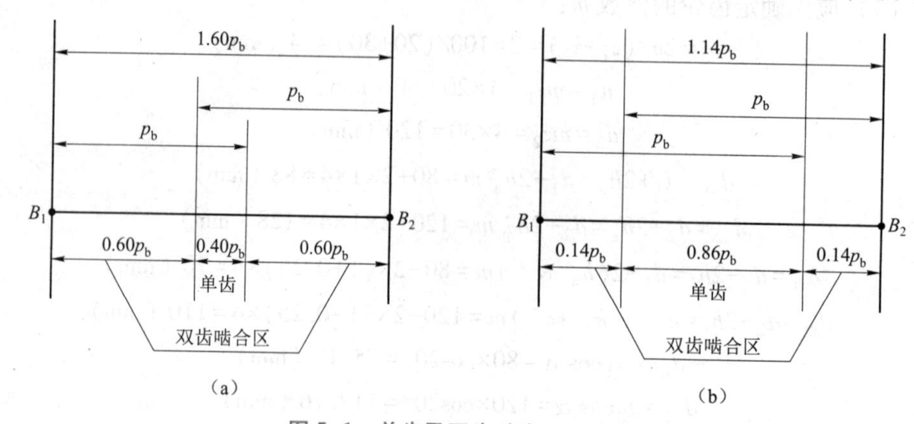

图 5-1 单齿及双齿啮合区示意图

例 5-4 已知一对外啮合正常齿制标准斜齿圆柱齿轮传动，$z_1=27$，$z_2=64$，$m_n=3$ mm，$\alpha_n=20°$，$\beta=12°50'$。试计算两齿轮的分度圆直径 d_1、d_2，两齿轮的齿顶圆直径 d_{a1}、d_{a2}，两齿轮的齿根圆直径 d_{f1}、d_{f2}，两齿轮的当量齿数 z_{v1}、z_{v2}，该齿轮传动的中心距 a、法面齿距 p_n 及端面齿距 p_t。

解：本题属于简单的标准斜齿圆柱齿轮传动基本尺寸的计算。

$$d_1=\frac{m_n}{\cos\beta}z_1=\frac{3}{\cos12°50'}\times27=83.08\ (\text{mm})$$

$$d_2=\frac{m_n}{\cos\beta}z_2=\frac{3}{\cos12°50'}\times64=196.92\ (\text{mm})$$

$$d_{a1}=d_1+2h_a=d_1+2h_{an}^*m_n=83.08+2\times1\times3=89.08\ (\text{mm})$$

$$d_{a2}=d_2+2h_a=d_2+2h_{an}^*m_n=196.92+2\times1\times3=202.92\ (\text{mm})$$

$$d_{f1}=d_1-2h_f=d_1-2(h_{an}^*+c_n^*)m=83.08-2\times(1+0.25)\times3=75.58\ (\text{mm})$$

$$d_{f2}=d_2-2h_f=d_2-2(h_{an}^*+c_n^*)m=196.92-2\times(1+0.25)\times3=189.42\ (\text{mm})$$

$$z_{v1}=\frac{z_1}{\cos^3\beta}=\frac{27}{\cos^3 12°50'}=29.13$$

$$z_{v2}=\frac{z_2}{\cos^3\beta}=\frac{64}{\cos^3 12°50'}=69.05$$

$$a=\frac{d_1+d_2}{2}=\frac{83.08+196.92}{2}=140\ (\mathrm{mm})$$

或

$$a=\frac{m_n}{2\cos\beta}(z_1+z_2)=\frac{3}{2\cos 12°50'}(27+64)=140\ (\mathrm{mm})$$

$$p_n=\pi m_n=9.42\ (\mathrm{mm})$$

$$p_t=\frac{p_n}{\cos\beta}=\frac{9.42}{\cos 12°50'}=9.66\ (\mathrm{mm})$$

例 5-5 在如图 5-2 所示的蜗杆蜗轮机构中，已知蜗杆的旋向和转向，试判断蜗轮的转向。

解：在蜗杆蜗轮机构中，通常蜗杆是主动件，从动件蜗轮的转向主要取决于蜗杆的转向和旋向。可以用左、右手法则来确定，右旋用右手判定，左旋用左手断定。图 5-2（a）所示为右旋蜗杆蜗轮，将右手四指沿蜗杆角速度 ω_1 方向弯曲，则拇指所指方向的相反方向即蜗轮上啮合接触点的线速度方向，所以蜗轮以角速度 ω_2 逆时针方向转动。图 5-2（b）所示为左旋蜗杆蜗轮，将左手四指沿蜗杆角速度 ω_1 方向弯曲，则拇指所指方向的相反方向即蜗轮上啮合接触点的线速度方向，所以蜗轮以角速度 ω_2 顺时针方向转动。如果把如图 5-2（b）所示的蜗轮放在蜗杆下方［见图 5-2（c）］，则蜗轮逆时针方向转动，这说明蜗轮转向还与蜗杆蜗轮相对位置有关。

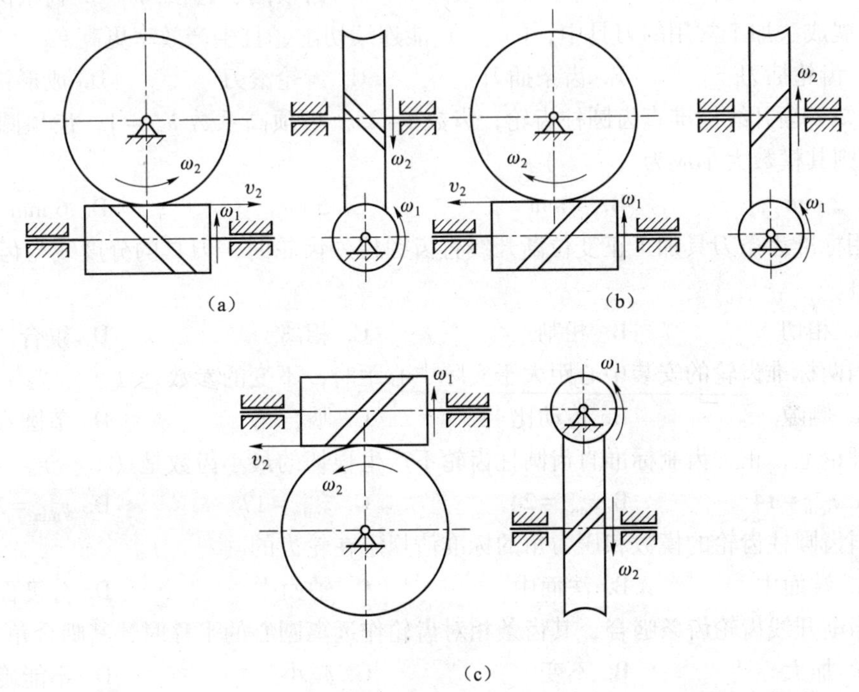

图 5-2 蜗杆蜗轮机构

5.2 基本知识测试

选择题：

1. 齿轮渐开线的形状取决于（　　）。

A. 齿顶圆半径的大小　　B. 基圆半径的大小
C. 分度圆半径的大小　　D. 压力角 α 的大小

2. 对一个齿轮来说，（　　）不存在。

A. 基圆　　B. 分度圆　　C. 节圆　　D. 齿根圆

3. 渐开线齿轮齿顶圆压力角 α_a 与基圆压力角 α_b 的关系是（　　）。

A. $\alpha_a=\alpha_b$　　B. $\alpha_a>\alpha_b$　　C. $\alpha_a<\alpha_b$　　D. $\alpha_a\leqslant\alpha_b$

4. 两个渐开线齿轮齿形相同的条件是（　　）。

A. 分度圆相等　　B. 模数相等　　C. 基圆相等　　D. 齿数相等

5. 齿条不同高度廓线的模数和压力角（　　）。

A. 从齿根到齿顶逐渐减小
B. 始终不变
C. 从齿根到齿顶逐渐增大
D. 从齿根到齿顶模数逐渐增加，压力角不变

6. 一对渐开线直齿圆柱齿轮的啮合线相切于（　　）。

A. 两分度圆　　B. 两基圆　　C. 两齿根圆　　D. 两齿顶圆

7. 在渐开线齿轮的几何尺寸中，当齿数为偶数时，（　　）是可以直接测量的。

A. 分度圆、齿顶圆　　B. 节圆、齿根圆　　C. 齿根圆、齿顶圆　　D. 齿根圆、基圆

8. 在展成法加工常用的刀具中，（　　）能连续切削，且生产效率更高。

A. 齿轮插刀　　B. 齿条插刀　　C. 齿轮滚刀　　D. 成形铣刀

9. 已知一渐开线标准直齿圆柱齿轮，齿数 $z=25$，齿顶高系数 $h_a^*=1$，齿顶圆直径 $d_a=135$ mm，则其模数大小应为（　　）。

A. 2 mm　　B. 4 mm　　C. 5 mm　　D. 6 mm

10. 用标准齿条刀具加工正变位渐开线直齿圆柱外齿轮时，刀具的分度线与齿轮的分度圆（　　）。

A. 相切　　B. 相割　　C. 相离　　D. 重合

11. 当两标准齿轮的安装中心距大于实际中心距时，不变的参数是（　　）。

A. 侧隙　　B. 传动比　　C. 啮合角　　D. 节圆直径

12. 理论上，正常齿制标准直齿圆柱齿轮不产生根切的最小齿数是（　　）。

A. $z_{min}=14$　　B. $z_{min}=24$　　C. $z_{min}=17$　　D. $z_{min}=21$

13. 斜齿圆柱齿轮的模数和压力角的标准值规定在轮齿的（　　）。

A. 端面中　　B. 法面中　　C. 轴面中　　D. 分度面中

14. 当渐开线齿轮齿条啮合，其齿条相对齿轮作远离圆心的平移时，其啮合角（　　）。

A. 加大　　B. 不变　　C. 减小　　D. 不能确定

15. 一对渐开线斜齿圆柱齿轮在啮合传动过程中，一对齿廓上的接触线长度是（　　）

变化的。

A. 由小到大　　B. 由大到小　　C. 由小到大再到小　D. 保持定值

16. 一对渐开线齿廓啮合时，啮合点处两者的压力角（　）。

A. 一定相等　　B. 一定不相等　　C. 一般不相等　　D. 无法判断

17. 在渐开线标准直齿圆柱齿轮中，（　　）决定了轮齿的大小及齿轮的承载能力。

A. 齿数 z　　B. 模数 m　　C. 压力角 α　　D. 齿顶系数 h_a^*

18. 和标准齿轮相比，以下变位齿轮的四个参数中（　　）已经发生了改变。

A. 齿距 p　　B. 模数 m　　C. 压力角 α　　D. 分度圆齿厚

19. 渐开线齿廓上某点的压力角是指该点所受正压力方向与该点（　　）方向线之间所夹的锐角。

A. 滑动速度　　B. 相对速度　　C. 绝对速度

20. 渐开线标准齿轮是 m、α、h^*、c^* 均为标准值，且分度圆齿厚（　　）齿槽宽的齿轮。

A. 等于　　B. 大于　　C. 小于

21. 当齿轮中心距稍有改变时，（　　）保持原值不变的性质称为中心距可分性。

A. 瞬时角速度比　　B. 啮合角　　C. 压力角

22. 渐开线齿轮传动的啮合角等于（　　）上的压力角。

A. 基圆　　B. 分度圆　　C. 节圆

23. 渐开线直齿圆柱齿轮传动的重合度是实际啮合线段与（　　）的比值。

A. 分度圆齿距　　B. 基圆齿距　　C. 理论啮合长度

24. 标准齿轮以标准中心距安装时，啮合角（　　）分度圆压力角。

A. 大于　　B. 等于　　C. 小于

25. 斜齿轮端面模数（　　）法面模数。

A. 小于　　B. 等于　　C. 大于

26. 斜齿轮分度圆螺旋角为 β，齿数为 z，其当量齿数 z_v =（　　）。

A. $z/\cos\beta$　　B. $z/\cos^2\beta$　　C. $z/\cos^3\beta$

27. 正变位齿轮的分度圆齿厚（　　）标准齿轮的分度圆齿厚。

A. 小于　　B. 等于　　C. 大于

28. 负变位齿轮的分度圆齿距（　　）标准齿轮的分度圆齿距。

A. 小于　　B. 等于　　C. 大于

29. 外啮合平行轴斜齿圆柱齿轮的正确啮合条件为（　　）。

A. 法面模数相等，法面压力角相等，分度圆螺旋角相等，旋向相反

B. 法面模数相等，法面压力角相等，分度圆螺旋角相等，旋向相同

C. 法面模数相等，法面压力角相等

30. 蜗杆传动中，若蜗杆和蜗轮的轴交角 $\sum=90°$，则（　　）。

A. $\gamma=90°-\beta_2$　　B. $\gamma=\beta_2$　　C. $\gamma=-\beta_2$

31. 阿基米德蜗杆的（　　）模数应符合标准数值。

A. 法向　　B. 端面　　C. 轴向

32. 直齿锥齿轮（　　）的参数为标准值。

A. 法面　　B. 端面　　C. 大端

33. 渐开线直齿锥齿轮的当量齿数 z_v（　　）其实际齿数 z。

A. 小于　　B. 大于　　C. 等于

选择题参考答案：

1. B　2. C　3. B　4. C　5. B　6. B　7. C　8. C　9. C　10. C
11. B　12. C　13. B　14. B　15. C　16. C　17. B　18. D　19. C　20. A
21. A　22. C　23. B　24. B　25. C　26. C　27. C　28. B　29. A　30. B
31. C　32. C　33. B

第 6 章

轮系及其设计

6.1 典型例题分析

例 6-1 在如图 6-1 所示的轮系中，已知蜗杆 1 为单头右旋蜗杆，转向如图 6-1 所示，转速 $n_1 = 1\ 500$ r/min，$z_2 = 50$，$z_2' = z_3' = 30$，$z_3 = z_4 = z_5 = 20$，$z_4' = 40$，$z_5' = 17$，$z_6 = 60$，求 n_6 的大小和转向。

解： 由图 6-1 可以看出，这是一个由圆柱齿轮、圆锥齿轮、蜗杆蜗轮组成的空间定轴轮系，计算传动比大小时计算结果不应加“+”“-”号，转向只能用画箭头的方法确定。

$$i_{16} = \frac{n_1}{n_6} = \frac{z_2 z_3 z_4 z_5 z_6}{z_1 z_2' z_3' z_4' z_5'} = \frac{50 \times 20 \times 20 \times 20 \times 60}{1 \times 30 \times 30 \times 40 \times 17} = 39.2$$

$$n_6 = \frac{n_1}{i_{16}} = \frac{1\ 500}{39.2} = 38.3 (\text{r/min})$$

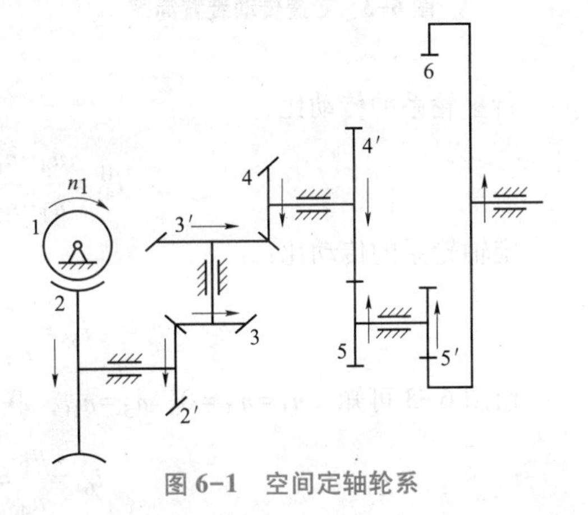

图 6-1 空间定轴轮系

根据右手螺旋法则判断出蜗轮的转向，再用画箭头的方法判定 n_6 的转向，如图 6-1 所示。

例 6-2 在图 6-2 所示的轮系中，已知 $z_1 = 60$，$z_2 = 15$，$z_2' = 20$，各轮模数均相同，求 z_3 及 i_{1H}。

解： 由图 6-2 可以看出，这是一个由 1、2、2′、3、H 组成的行星轮系。由同心条件可得：

$$\frac{m}{2}(z_1 - z_2) = \frac{m}{2}(z_3 - z_2')$$

$$z_3 = z_1 + z_2' - z_2 = 60 + 20 - 15 = 65$$

$$i_{13}^{H} = \frac{n_1 - n_H}{n_3 - n_H} = \frac{z_2 z_3}{z_1 z_2'}$$

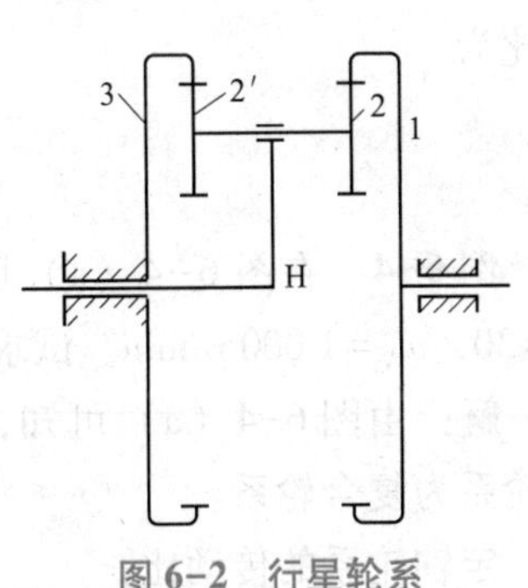

图 6-2 行星轮系

由图 6-2 可知，$n_3 = 0$，代入上式可得：

$$i_{13}^{H} = \frac{n_1 - n_H}{0 - n_H} = 1 - i_{1H}$$

$$i_{1H}=1-i_{13}^{H}=1-\frac{z_2z_3}{z_1z_2'}=1-\frac{15\times65}{60\times20}=1-\frac{13}{16}=\frac{3}{16}$$

故齿轮1与行星架H的转向相同。

例6-3 图6-3所示为某机床变速传动装置简图，已知各轮齿数，A为快速进给电动机，B为工作进给电动机，齿轮4与输出轴相连。

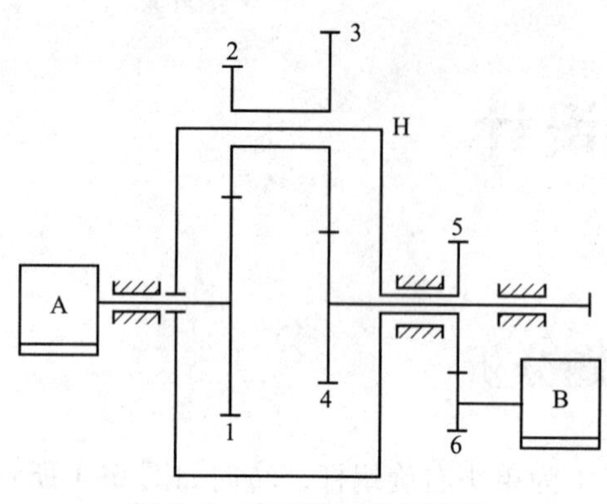

图6-3 变速传动装置简图

求：

（1）当A不动时，工作进给传动比i_{64}；

（2）当B不动时，快速进给传动比i_{14}。

解：（1）当$n_A=0$时，双联齿轮2和3为行星轮，H为行星架，齿轮1、4为太阳轮，它们一起组成行星轮系；齿轮5、6组成定轴轮系。该轮系为复合轮系。

行星轮系的传动比：

$$i_{41}^{H}=\frac{n_4-n_H}{n_1-n_H}=(-1)^2\frac{z_3z_1}{z_4z_2}$$

定轴轮系的传动比：

$$i_{65}=\frac{n_6}{n_5}=(-1)^1\frac{z_5}{z_6}$$

由图6-3可知，$n_1=n_A=0$，$n_5=n_H$，联立求解得：

$$i_{64}=\frac{n_6}{n_4}=\frac{1}{\frac{z_6}{z_5}\left(1-\frac{z_3z_1}{z_4z_2}\right)}$$

（2）当$n_B=0$时，$n_6=n_5=n_H=n_B=0$，所以齿轮1、2、3、4构成平面定轴轮系，其传动比为

$$i_{14}=\frac{n_1}{n_4}=(-1)^2\frac{z_2z_4}{z_1z_3}=\frac{z_2z_4}{z_1z_3}$$

例6-4 在图6-4（a）所示轮系中，已知$z_1=20$，$z_2=40$，$z_{2'}=50$，$z_3=30$，$z_{3'}=20$，$z_4=30$，$n_A=1\ 000$ r/min。试求轴B的转速n_B的大小，并指出其转向与n_A的转向是否相同。

解：由图6-4（a）可知，齿轮1、2组成定轴轮系，2′、3、3′、4、H组成行星轮系，该轮系为复合轮系。

定轴轮系的传动比：

$$i_{12}=\frac{n_1}{n_2}=-\frac{z_2}{z_1}=-\frac{40}{20}=-2$$

行星轮系的传动比

$$i_{2'4}^{H}=\frac{n_{2'}-n_H}{n_4-n_H}=-\frac{z_3z_4}{z_{2'}z_{3'}}$$

齿数比前的符号只能用画箭头的方法确定，如图6-4（b）所示，2′和4转向相反，所以用负号。

由图6-4（a）可知，$n_1=n_A$，$n_2=n_{2'}$，$n_4=0$，$n_B=n_H$，联立求解得：

$$n_B=-263.2\ \text{r/min}$$

计算结果为负值，所以n_B和n_A转向相反。

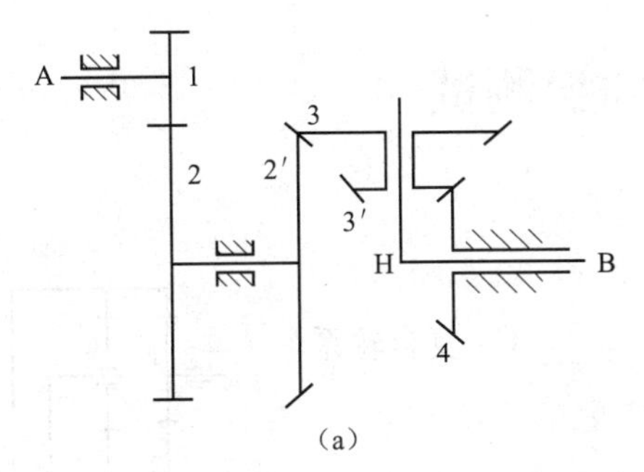

（a）

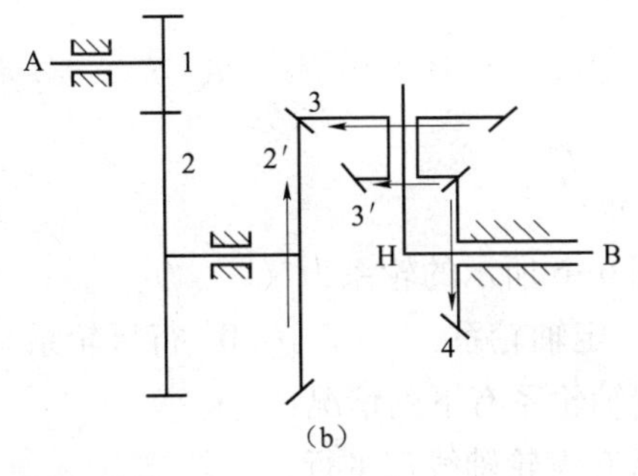

（b）

图6-4　复合轮系

例6-5　在图6-5所示的轮系中，设已知$n_1=3\,549$ r/min，各轮齿数为$z_1=36$，$z_2=60$，$z_3=23$，$z_4=49$，$z_{4'}=69$，$z_5=31$，$z_6=131$，$z_7=94$，$z_8=36$，$z_9=167$，试求行星架H_2的转速n_{H2}（大小和转向）。

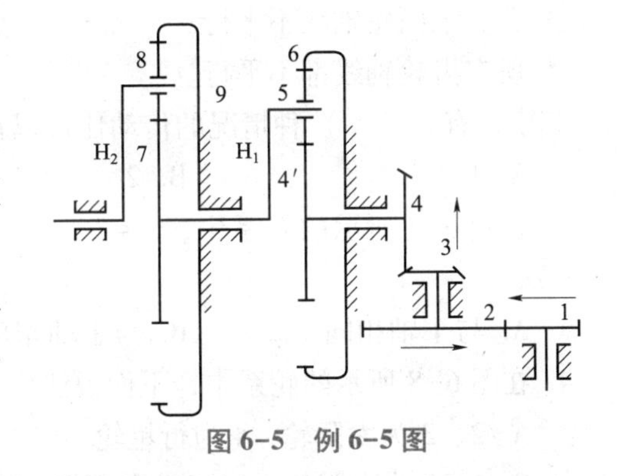

图6-5　例6-5图

解：由图6-5可知，齿轮1、2（3）、4组成定轴轮系，4′、5、6、H_1组成行星轮系，7、8、9、H_2组成行星轮系，该轮系为复合轮系。

在1、2（3）、4组成的定轴轮系中：

$$i_{14}=\frac{z_2z_4}{z_1z_3}=\frac{60\times49}{36\times23}=3.551 \tag{1}$$

转向如图6-5所示。

在4′、5、6、H_1组成的行星轮系中：

$$i_{4'6}^{H_1}=\frac{n_{4'}-n_{H_1}}{n_6-n_{H_1}}=-\frac{z_6}{z_{4'}}=-\frac{131}{69}$$

由图6-5可知，$n_4=n_{4'}$，$n_{H_1}=n_7$，$n_6=0$，代入上式可得：

$$i_{47}=1+\frac{z_6}{z_{4'}}=1+\frac{131}{69}=2.899 \tag{2}$$

在7、8、9、H_2组成的行星轮系中：

$$i_{79}^{H_2}=\frac{n_7-n_{H_2}}{n_9-n_{H_2}}=-\frac{z_9}{z_7}=-\frac{167}{94}$$

由图6-5可知，$n_9=0$，代入上式可得：

$$i_{7H_2}=1+\frac{z_9}{z_7}=1+\frac{167}{94}=2.777 \tag{3}$$

联立（1）、（2）、（3）式可得：

$$i_{1H_2}=i_{14}i_{47}i_{7H_2}=3.551\times2.899\times2.777=28.587$$

故得：

$$n_{H_2}=\frac{n_1}{i_{1H_2}}=\frac{3\ 549}{28.587}=124.15(\text{r/min})$$

转向与齿轮4转向相同。

6.2 基本知识测试

选择题：

1. 图6-6所示的轮系为（　　）。

A. 定轴轮系　　B. 行星轮系　　C. 复合轮系

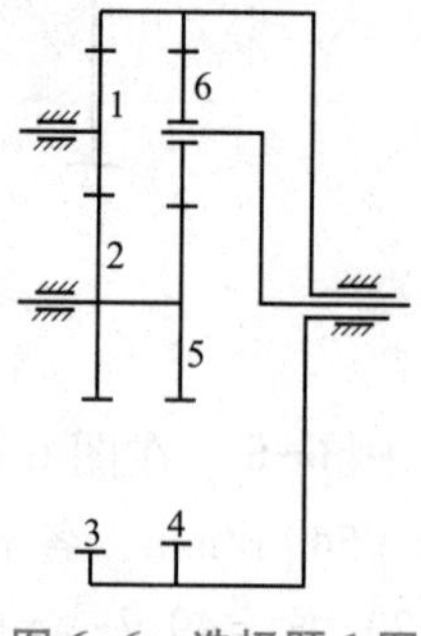

图6-6　选择题1图

2. 定轴轮系有下列情况：

① 所有齿轮轴线都平行；

② 首、末两轮轴线平行；

③ 首、末两轮轴线不平行；

④ 所有齿轮轴线都不平行。

其中，有（　　）种情况的传动比冠以正负号。

A. 1　　B. 2　　C. 3

3. 在图6-7所示的轮系中，$z_1=z_3$，若Ⅰ轴的转速和转向已定，则Ⅲ轴的转速和转向（　　）。

A. 与Ⅰ轴相同　　B. 与Ⅰ轴相反　　C. 与Ⅰ轴的转速相同、转向相反

4. 在图6-8所示的轮系中，下面说法中正确的是（　　）。

A. 2、3为太阳轮，4为行星轮　　B. 3为太阳轮，4、5为行星轮

C. 1、3为太阳轮，4、5为行星轮

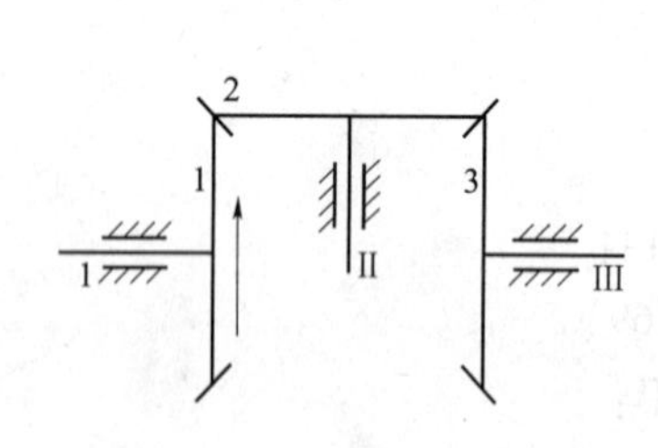

图6-7　选择题3图

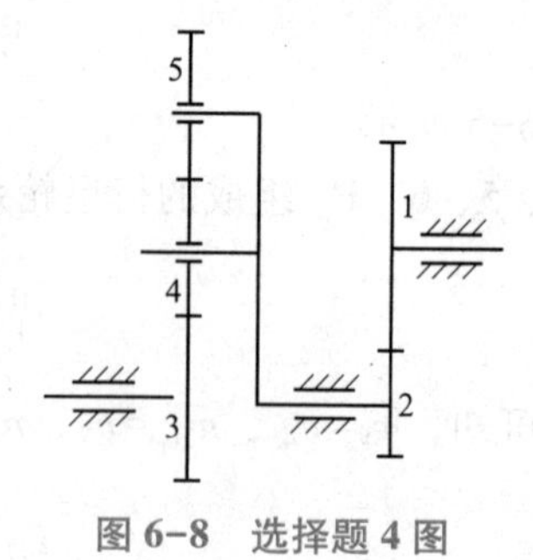

图6-8　选择题4图

5. 差动轮系的自由度为（　　）。

A. 1　　B. 2　　C. 3　　D. 4

6. 行星轮系的自由度为（　　）。

A. 1　　B. 2　　C. 3　　D. 4

7. 基本周转轮系是由（　　）构成的。

A. 行星轮和太阳轮　　B. 行星轮、惰轮和太阳轮

C. 行星轮、行星架和太阳轮　　D. 行星轮、惰轮和行星架

8. 在下列四项功能中，(　　) 可以通过轮系的运用得以实现。

① 两轴的较远距离传动　　② 变速传动

③ 获得大的传动比　　④ 实现合成和分解运动

A. ①②　　B. ①②③　　C. ②③④　　D. ①②③④

9. (　　) 轮系中必须有一个中心轮是固定不动的。

A. 周转　　B. 行星　　C. 差动

10. (　　) 轮系中有两个中心轮都是运动的。

A. 周转　　B. 行星　　C. 差动

11. (　　) 轮系不能用转化轮系传动比公式求解。

A. 行星轮系　　B. 差动轮系　　C. 复合轮系

12. 每个单一周转轮系具有 (　　) 个行星架。

A. 1　　B. 2　　C. 1 或 2

13. 每个单一周转轮系中，行星架与中心轮的几何轴线必须 (　　)。

A. 交错　　B. 重合　　C. 平行

14. 转化轮系传动比 i_{GK}^{H} 应为 (　　)

A. n_G/n_K　　B. $(n_G-n_H)/(n_K-n_H)$　　C. $(n_K-n_H)/(n_G-n_H)$

15. 行星轮系转化轮系传动比 $i_{AB}^{H}=\dfrac{n_A-n_H}{n_B-n_H}$ 若为负值，则齿轮 A 与齿轮 B 转向 (　　)。

A. 一定相同　　B. 一定相反　　C. 可能相同，也可能相反

选择题参考答案：

1. C　2. A　3. C　4. B　5. B　6. A　7. C　8. D　9. B　10. C

11. C　12. A　13. B　14. B　15. C

第 7 章

间歇运动机构

7.1 典型例题分析

例 7-1 某装配工作台有六个工位，每个工位在工作静止时间 $t_j=10$ s 内完成装配工序，转位机构采用单销外槽轮机构。试求：

（1）该槽轮机构的运动系数 τ；

（2）主动件拨盘的转速 n_1；

（3）槽轮的转位时间 t_d。

解：（1）因为工作台有六个工位，所以槽轮槽数 $z=6$，故运动系数为

$$\tau=\frac{t_d}{t}=\frac{z-2}{2z}=\frac{1}{3}$$

（2）由 $\tau=\frac{t_d}{t}=\frac{t-t_j}{t}$ 求出拨盘运动一周的时间 t，进而求出主动拨盘的转速 n_1。

由 $\tau=\frac{1}{3}$ 和 $t_j=10$ s，得：

$$\frac{1}{3}t=t-10$$

所以

$$t=15\ \text{s}$$

则

$$n_1=\frac{1}{t}\times 60=4\ \text{r/min}$$

（3）槽轮的转位时间 t_d：

$$t_d=t-t_j=5\ \text{s}$$

例 7-2 有一外槽轮机构，已知槽轮的槽数 $z=6$，槽轮的静止时间 t_j 为运动时间 t_d 的 $\frac{1}{2}$，试求：

（1）槽轮机构的运动系数 τ；

（2）所需的圆销数 k。

解：（1）设在一个运动循环中主动拨盘的运动时间为 t，于是 $t=t_j+t_d=\frac{3}{2}t_d$，则运动系数为

$$\tau=\frac{t_d}{t}=\frac{2}{3}$$

（2）槽轮机构的运动系数 τ，圆销数 k 与槽轮槽数 z 之间的关系为

$$\tau=\frac{k(z-2)}{2z}=\frac{2}{3}$$

所以

$$k=\frac{2z\tau}{z-2}=\frac{2\times6\times\frac{2}{3}}{6-2}=2$$

7.2　基本知识测试

选择题：

1. 人在骑自行车时能够实现不蹬踏板的自由滑行，这是（　　）机构实现超越运动的结果。

A. 凸轮　　B. 不完全齿轮　　C. 棘轮　　D. 槽轮

2. 在单销槽轮机构中，径向槽数目应（　　）。

A. 等于 3　　B. 小于 3　　C. 大于 3　　D. 大于或等于 3

3. 在单销槽轮机构中，槽轮机构的运动时间总是（　　）静止时间。

A. 大于　　B. 小于　　C. 等于　　D. 大于或等于

4. 四槽单销槽轮机构的运动特性系数为（　　）。

A. 0.2　　B. 0.25　　C. 0.3　　D. 0.35

5. 在以下间歇运动机构中，（　　）机构更适应于高速工作情况。

A. 凸轮间歇运动　　B. 不完全齿轮　　C. 棘轮　　D. 槽轮

6. 在电影院放电影时，是利用电影放映机卷片机内部的（　　）机构，实现胶片画面的依次停留，从而使人们通过视觉暂留获得连续场景的。

A. 凸轮　　B. 飞轮　　C. 棘轮　　D. 槽轮

7. 在单向间歇运动机构中，棘轮机构常用于（　　）的场合。

A. 低速轻载　　B. 高速轻载　　C. 高速重载　　D. 低速重载

8. 在单向间歇运动机构中，（　　）的间歇回转角可以在较大的范围内调节。

A. 棘轮机构　　B. 槽轮机构　　C. 不完全齿轮机构

9. 槽轮机构的槽轮转角（　　）。

A. 可以无级调节　　B. 可以有级调节

C. 可以在小范围内调节　　D. 不能调节

10. 在棘轮机构中采用止回棘爪主要是为了（　　）。

A. 防止棘轮反转　　B. 对棘轮进行双向定位

C. 保证棘轮每次转过相同的角度

选择题参考答案：

1. C　2. D　3. B　4. B　5. A　6. D　7. A　8. A　9. D　10. A

第 8 章

带 传 动

8.1 典型例题分析

例 8-1 单根V带（三角带）传动的初拉力 $F_0=354$ N，主动带轮的基准值经 $d_{d1}=160$ mm，主动轮的转速 $n_1=1\ 500$ r/min，主动带轮上的包角 $\alpha_1=150°$，带与带轮之间的摩擦系数为 $f=0.48$。试求：

（1）V带紧边、松边的拉力 F_1、F_2；

（2）V带传动能传递的最大有效圆周力 F_{emax}；

（3）带能传递的最大功率（理论值）。

解：（1）带速：

$$v=\frac{\pi d_{d1} n_1}{60\times 1\ 000}=\frac{\pi\times 160\times 1\ 500}{60\times 1\ 000}=12.57\ (\mathrm{m/s})$$

（2）紧边及松边拉力：

由于

$$F_1+F_2=2F_0=2\times 354=708\ (\mathrm{N})$$

且

$$F_1/F_2=e^{f\alpha}=e^{0.48\times\frac{150}{180}\times\pi}=3.56\ (\mathrm{N})$$

故可解得：

$$F_1=552.71\ \mathrm{N}, F_2=155.29\ \mathrm{N}$$

（3）能传递的最大有效圆周力：

$$F_{emax}=F_1\left(1-\frac{1}{e^{f\alpha_1}}\right)=552.71\times\left(1-\frac{1}{3.56}\right)=397.41\ (\mathrm{N})$$

（4）能传递的最大功率：

$$P=\frac{F_{emax}v}{1\ 000}=\frac{397.41\times 12.57}{1\ 000}=5\ (\mathrm{kW})$$

例 8-2 单根普通V带传动，能传递的最大功率 $P=10$ kW，主动轮的转速 $n_1=1\ 450$ r/min，主动轮、从动轮的基准直径分别为 $d_{d1}=180$ mm、$d_{d2}=350$ mm，中心距 $a=630$ mm，带与带轮间的摩擦系数 $f=0.2$。试求最大有效拉力 F_{emax}、紧边拉力 F_1 和松边拉力 F_2。

解： 根据题目给定的能传递的“最大功率”可知，F_1 和 F_2 之间符合欧拉公式 $F_1/F_2=e^{f\alpha}$。

小带轮包角：

$$\alpha_1 = 180° - \frac{d_{d1} - d_{d2}}{a} \cdot \frac{180°}{\pi} = 180° - \frac{350-180}{630} \cdot \frac{180°}{\pi} = 2.88\ (\text{rad})$$

根据欧拉公式可得：

$$\frac{F_1}{F_2} = e^{f\alpha} = 2.718^{0.2\times2.88} \approx 1.78 \tag{1}$$

带速：

$$v = \frac{\pi d_{d1} n_1}{60\times1\ 000} = \frac{\pi\times180\times1\ 450}{60\times1\ 000} = 13.67\ (\text{m/s})$$

有效拉力：

$$F_{\text{emax}} = \frac{1\ 000\ P}{v} = \frac{1\ 000\times10}{13.67} = 731.5\ (\text{N})$$

则有：

$$F_1 - F_2 = F_{\text{emax}} = 731.5\ (\text{N}) \tag{2}$$

联立（1）、（2）两式解得：

$$F_1 = 1\ 670\ \text{N}, F_2 = 938\ \text{N}$$

注意：本题考查了带传动打滑临界状态的概念。解题时应注意，无论是正常工作状态还是打滑临界状态均有 $F_e = F_1 - F_2$，但只有在临界状态下才能满足欧拉公式。

8.2　基本知识测试

选择题：

1. 带传动张紧的目的是（　　）。
   A. 减轻带的弹性滑动　　B. 提高带的寿命
   C. 改变带的运动方向　　D. 使带具有一定的初拉力
2. 在传递相同功率的条件下，与平带传动相比，V 带的主要优点是（　　）。
   A. 传动装置结构简单　　B. 传动结构紧凑
   C. 价格便宜　　D. 传动比准确
3. 普通 V 带的型号选择主要取决于（　　）。
   A. 带传递的功率和小带轮转速　　B. 带的线速度
   C. 带的紧边拉力　　D. 带的松边拉力
4. V 带轮槽楔角 φ 与 V 带楔角 α 之间的关系是（　　）。
   A. $\varphi=\alpha$　　B. $\varphi\geqslant\alpha$　　C. $\varphi<\alpha$　　D. $\varphi>\alpha$
5. 普通 V 带传动中，v_1 为主动轮圆周速度，v_2 为从动轮圆周速度，v 为带速。这些速度之间存在的关系是（　　）。
   A. $v_1=v_2=v$　　B. $v_1>v>v_2$　　C. $v_1<v<v_2$　　D. $v_1=v>v_2$
6. 带传动中当两带轮直径一定时，减小中心距将引起（　　）。
   A. 带的弹性滑动加剧　　B. 带的传动效率降低
   C. 带的工作噪声增大　　D. 小带轮上的包角减小
7. 带传动的紧边拉力为 F_1，松边拉力为 F_2，则其有效圆周力 F_e 为（　　）。

A. F_1+F_2　　B.（F_1+F_2）/2　　C. F_1-F_2　　D.（F_1-F_2）/2

8. 带传动中，用（　　）的方法可使小带轮包角 α_1 增大。

A. 增大小带轮直径 d_{d1}　　B. 减小小带轮直径 d_{d1}

C. 增大大带轮直径 d_{d2}　　D. 减小中心距 a

9. 设计 V 带传动时，限制小带轮的最小直径主要是为了防止（　　）。

A. 带内的弯曲应力过大　　B. 小带轮上的包角过小

C. 带的离心力过大　　D. 带的长度过长

10. 带传动工作时，假定小带轮为主动轮，则带内应力的最大值发生在（　　）。

A. 带刚绕入大带轮处　　B. 带刚绕入小带轮处

C. 带刚离开大带轮处　　D. 带刚离开小带轮处

11. 带传动在工作时产生弹性滑动的原因是（　　）。

A. 带与带轮之间的摩擦系数较小　　B. 带绕过带轮时产生了离心力

C. 带的弹性及紧边与松边存在拉力差　　D. 带传动的中心距大

12. 带传动正常工作时，不能保证准确的传动比，其原因是（　　）。

A. 带容易变形和磨损　　B. 带在带轮上出现打滑

C. 带传动工作时发生弹性滑动　　D. 带传动的中心距大

13. 带传动的设计准则是（　　）。

A. 防止带产生打滑及表面产生疲劳点蚀

B. 防止带产生弹性滑动和保证一定的使用寿命

C. 防止带产生打滑并保证具有一定的疲劳强度和寿命

D. 防止带产生弹性滑动及表面产生疲劳点蚀

14. 若所设计的 V 带传动 V 带根数过多，则最有效的解决方法是（　　）。

A. 增大传动比　　B. 减小传动比

C. 加大传动中心距　　D. 选用更大截面型号的 V 带

15. 当带速较低时，带轮的材料一般选用（　　）。

A. 灰口铸铁　　B. 铸钢　　C. 铸铝　　D. 球墨铸铁

16. 同步带传动是靠带齿与轮齿间的（　　）来传递运动和动力的。

A. 摩擦力　　B. 压紧力　　C. 啮合力　　D. 楔紧力

17. 利用张紧轮张紧中心距不是特别小的 V 带传动时，张紧轮应布置在（　　）。

A. 松边内侧靠近大轮　　B. 紧边内侧靠近小轮

C. 紧边内侧靠近大轮　　D. 松边内侧靠近小轮

选择题参考答案：

1. D　2. B　3. A　4. C　5. B　6. D　7. C　8. A　9. A　10. B

11. C　12. C　13. C　14. D　15. A　16. C　17. A

第 9 章

链 传 动

9.1 典型例题分析

例 9-1 一双排滚子链传动，传递的功率 $P=1.5$ kW，传动中心距 $a=500$ mm，链节距 $p=12.7$ mm，主动链轮的转速 $n_1=145$ r/min，主动链轮的齿数 $z_1=17$，承受冲击载荷，水平传动布置，取静强度安全系数 $S=4\sim8$，试校核该链传动的静强度。

解：（1）计算链速：

$$v=\frac{z_1pn_1}{60\times1\ 000}=\frac{17\times12.7\times145}{60\times1\ 000}=0.52\ (\text{m/s})<0.6\ \text{m/s}$$

可知此传动为低速链传动。

（2）极限拉伸载荷 F_{Qlim}。

由滚子链规格和主要参数表查得 $p=12.7$ mm 的 08A 号链条，其 $F_{\text{Qlim}}=13.8$ kN（单排）。

（3）链传动的有效圆周力 F_e。

$$F_e=1\ 000\ P/v=1\ 000\times1.5/0.52=2\ 885\ (\text{N})$$

由于其承受冲击载荷，查得工作情况系数 $K_A=1.4$（已知 $m=2$）。

（4）应用 $S=\dfrac{F_{\text{Qlim}}\cdot m}{K_AF_1}$，校核其静强度。

因为 F_1 可近似用有效圆周力 F_e 代替，故得：

$$S=\frac{F_{\text{Qlim}}\cdot m}{K_AF_e}=\frac{13.8\times10^3\times2}{1.4\times2\ 885}=6.83$$

满足静强度要求。

9.2 基本知识测试

选择题：

1. 节距是滚子链的主要参数，节距增大则（　　）。

A. 链条中各零件尺寸增大，可传递的功率也增大

B. 链条中各零件尺寸增大，可传递的功率减小

C. 链条中各零件尺寸减小，可传递的功率增大

D. 链条中各零件尺寸减小，可传递的功率也减小

2. 多排链的排数不宜过多，这主要是因为排数过多则（　　）。
A. 会给安装带来困难　　B. 会使各排链受力不均
C. 链传动的轴向尺寸过大　　D. 链的质量过大

3. 链传动中，限制链轮最少齿数的目的之一是（　　）。
A. 防止润滑不良时磨损加剧　　B. 使小链轮齿受力均匀
C. 减少传动的运动不均匀性和动载荷　　D. 防止链节磨损后脱链

4. 当链条磨损后，脱链通常发生在（　　）。
A. 小链轮上　　B. 大链轮上　　C. 同时在大、小链轮上

5. 在保证强度和结构合理的情况下，克服链传动不均匀的方法是（　　）。
A. 增加小链轮的齿数，选用较小的链节距 p，将链传动放在低速级
B. 减小小链轮的齿数，选用较大的链节距 p
C. 将链传动放在高速级

6. 在滚子链传动中，滚子的作用是（　　）。
A. 缓和冲击　　B. 减小套筒与轮齿间的磨损
C. 提高链的极限拉伸载荷　　D. 保证链条与轮齿间的良好啮合

7. 链传动中链节数常采用偶数，其目的是（　　）。
A. 使工作平稳　　B. 使链条与链轮轮齿磨损均匀
C. 提高传动效率　　D. 避免采用过渡链节

8. 链条的磨损主要发生在（　　）。
A. 滚子与套筒的接触面上　　B. 销轴与套筒的接触面上
C. 滚子与链轮齿的接触面上

9. 链传动中，大链轮齿数过多时（$z_2>120$）会使（　　）。
A. 工作噪声增大　　B. 链条与链轮轮齿磨损均匀
C. 链条脱离链轮　　D. 传动效率降低

10. 链条在小链轮上的包角，一般应大于（　　）。
A. 90°　　B. 120°　　C. 150°　　D. 180°

11. 滚子链传动的链条尽量不使用过渡链节的原因是（　　）。
A. 不便制造　　B. 难以装配
C. 破坏传动平稳性　　D. 避免过渡链节的链板承受附加弯矩

12. 链传动的瞬时传动比 i 为（　　）。
A. $\frac{n_1}{n_2}$　　B. $\frac{\omega_1}{\omega_2}$　　C. $\frac{z_1}{z_2}$　　D. $\frac{n_2}{n_1}$

13. 链传动作用在轴上的压力要比带传动小，这主要是因为（　　）。
A. 链传动只用来传递较小功率
B. 链速较高，在传递相同功率时圆周力小
C. 链传动是啮合传动，无须大的初拉力
D. 传动链的质量大、离心力大

14. 与齿轮传动相比，链传动的优点是（　　）。

A. 传动效率高　　B. 工作平稳，无噪声

C. 承载能力大　　D. 传动中心距大

15. 链传动中心距过小的缺点是（　　）。

A. 链条工作时易颤动，运动不平稳　　B. 链条运动不均匀性和冲击作用增强

C. 小链轮上的包角小，链条磨损快　　D. 容易发生脱链现象

16. 链传动张紧的目的是（　　）。

A. 避免打滑

B. 避免链条垂度过大时产生啮合不良

C. 使链条与轮齿之间产生摩擦力，以使链传动能传递运动和功率

D. 使链条产生初拉力，以使链传动能传递运动和动力

17. 链传动进行人工润滑时，润滑油应加在（　　）。

A. 紧边上　　B. 链条和链轮啮合处

C. 松边上

18. 应用标准滚子链传动的许用功率曲线，必须根据（　　）来选择链条的型号和润滑的方法。

A. 链条的圆周力和传递功率　　B. 小链轮的转速和计算功率

C. 链条的圆周力和计算功率　　D. 链条的速度和计算功率

选择题参考答案：

1. A　2. B　3. C　4. B　5. A　6. B　7. D　8. B　9. C　10. B

11. D　12. B　13. C　14. D　15. C　16. B　17. C　18. B

第 10 章

齿 轮 传 动

10.1 典型例题分析

例 10-1 现有两对标准直齿圆柱齿轮，其材料、热处理方法、精度等级和齿宽均对应相等，并按无限寿命考虑。已知齿轮的模数和齿数分别为：第一对齿轮 $m=4$ mm，$z_1=20$，$z_2=40$；第二对齿轮 $m'=2$ mm，$z_1'=40$，$z_2'=80$。若不考虑重合度不同产生的影响，试求在同样工况下工作时，这两对齿轮接触应力的比值 σ_H/σ_H' 和弯曲应力的比值 σ_F/σ_F'。（已查得 $z=20$ 时，$Y_{Fa1}=2.8$，$Y_{Sa1}=1.56$；$z=40$ 时，$Y_{Fa2}=2.42$，$Y_{Sa2}=1.67$；$z=80$ 时，$Y_{Fa2}'=2.22$，$Y_{Sa2}'=1.77$。）

解：

（1）接触疲劳强度。

由已知条件：

$$d_1=mz_1=4\times 20=80\ (\text{mm})$$

$$d_1'=m'z_1'=2\times 40=80\ (\text{mm})$$

即两对齿轮 $d_1=d_1'$，其他条件均未变，则接触疲劳强度也不变，即 $\sigma_H/\sigma_H'=1$。

（2）弯曲疲劳强度。根据弯曲疲劳强度计算公式：

$$\sigma_{F1}=\frac{2KT_1}{bd_1m}Y_{Fa1}Y_{Sa1}\leqslant[\sigma_{F1}]$$

$$\sigma_{F1}'=\frac{2KT_1}{bd_1'm}Y_{Fa1}'Y_{Sa1}'\leqslant[\sigma_{F1}']$$

再由题设条件及计算知 $d_1=d_1'$，于是这两对齿轮的应力比为

$$\frac{\sigma_{F1}}{\sigma_{F1}'}=\frac{Y_{Fa1}Y_{Sa1}}{m}\cdot\frac{m'}{Y_{Fa1}'Y_{Sa1}'}=\frac{2.8\times 1.56}{4}\times\frac{2}{2.42\times 1.67}=0.540\ 4$$

$$\frac{\sigma_{F2}}{\sigma_{F2}'}=\frac{Y_{Fa2}Y_{Sa2}}{m}\cdot\frac{m'}{Y_{Fa2}'Y_{Sa2}'}=\frac{2.42\times 1.67}{4}\times\frac{2}{2.22\times 1.77}=0.514\ 3$$

即第二对齿轮比第一对齿轮的弯曲应力大，因为它们的许用弯曲应力相同，故其弯曲疲劳强度低。

例 10-2 一闭式直齿圆柱齿轮传动，已知：齿数 $z_1=20$，$z_2=60$；模数 $m=3$ mm；齿宽系数 $\psi_d=1$；小齿轮转速 $n_1=750$ r/min。若主、从动轮的许用接触应力分别为 $[\sigma_{H1}]=700$ MPa，$[\sigma_{H2}]=650$ MPa；载荷系数 $K=1.6$；节点区域系数 $Z_H=2.5$；弹性系数 $Z_E=$

189. 8$\sqrt{\text{MPa}}$。试按接触疲劳强度求该齿轮传动所能传递的功率。

解：（1）参数和几何尺寸计算。

分度圆直径 d_1：

$$d_1 = mz_1 = 3\times20 = 60\ (\text{mm})$$

齿数比 u：

$$u = \frac{z_2}{z_1} = \frac{74}{25} = 2.96 \approx 3$$

又因为

$$b = \psi_d d_1 = 1\times60 = 60\ (\text{mm})$$

由公式：

$$\sigma_H = Z_E Z_H \sqrt{\frac{2KT_1}{bd_1^2}\cdot\frac{u+1}{u}} \leqslant [\sigma_H]$$

可得：

$$T_1 \leqslant \left(\frac{[\sigma_H]}{Z_E Z_H}\right)^2 \frac{bd_1^2}{2K}\cdot\frac{u}{u+1} = \left(\frac{650}{189.8\times2.5}\right)^2 \times\frac{60\times60^2}{2\times1.6}\times\frac{3}{3+1}$$

$$= 9.5\times10^4\ (\text{N}\cdot\text{mm})$$

（2）该齿轮所能传递的功率为

$$P = \frac{T_1 n_1}{9.55\times10^6} = \frac{9.5\times10^4\times750}{9.55\times10^6} = 7.46\ (\text{kW})$$

例 10-3　两级斜齿圆柱齿轮减速器的已知条件如图 10-1 所示。试问：

（1）低速级斜齿圆柱齿轮的螺旋线方向如何选择才能使中间轴上两齿轮的轴向力方向相反？

（2）低速级斜齿轮螺旋角 β_2 应为多大才能使中间轴上两齿轮的轴向力完全抵消？

（3）在各齿轮分离体的啮合点处标出齿轮的轴向力 F_a、径向力 F_r 和圆周力 F_t 的方向。

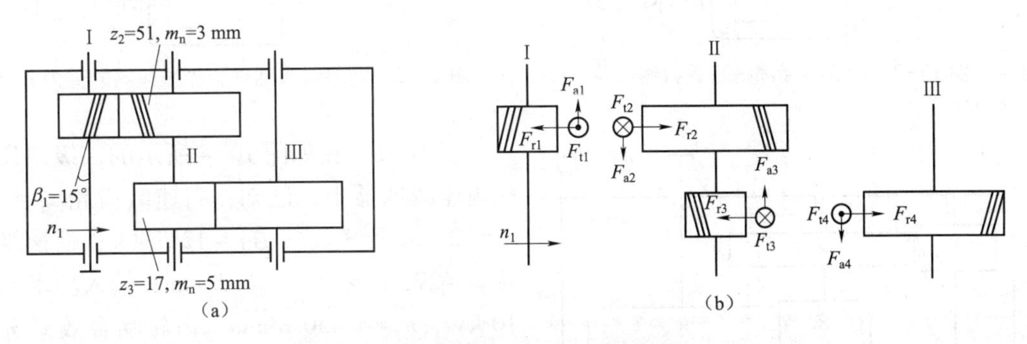

图 10-1　两级斜齿圆柱齿轮传动的受力分析

解：

（1）根据齿轮 1 的转向和旋向（右旋），用主动轮右手定则可判断出齿轮 1 和齿轮 2 的轴向力方向，如图 10-1（b）所示。根据题意，齿轮 3 的轴向力方向应向上，根据已知 F_{a3}

的方向及齿轮3的转向，利用主动轮左右手定则，判断出齿轮3必为左旋，才能使中间轴上两齿轮轴向力的方向相反。如图10-1（b）所示。

（2）为使中间轴上两齿轮的轴向力完全抵消，必须使：

$$F_{a2}=F_{a3}$$

即：

$$F_{t2}\tan\beta_1=F_{t3}\tan\beta_2$$

$$\frac{2T_2}{d_2}\tan\beta_1=\frac{2T_2}{d_3}\tan\beta_2$$

$$\tan\beta_2=\frac{d_3}{d_2}\tan\beta_1=\frac{5\times17/\cos\beta_2}{3\times51/\cos\beta_1}\tan\beta_1$$

$$\sin\beta_2=\frac{5\times17}{3\times51}\sin\beta_1=\frac{5\times17}{3\times51}\sin15^\circ=0.143\ 8$$

求得 $\beta_2=8.27^\circ$。

（3）各齿轮三个分力的方向如图10-1（b）所示。

例10-4 试合理确定图10-2所示两级斜齿圆柱齿轮减速器各斜齿轮的螺旋线方向（电动机转向见图10-2）。

解：如图10-3所示，由圆锥齿轮的受力分析可得齿轮5轴向力的方向；由中间轴上各轴向力平衡可知各齿轮轴向力的方向；由电动机转向可知各齿轮的转向；根据主动轮左右手定则可知齿轮1、2分别为右旋和左旋，齿轮3、4分别为左旋和右旋。

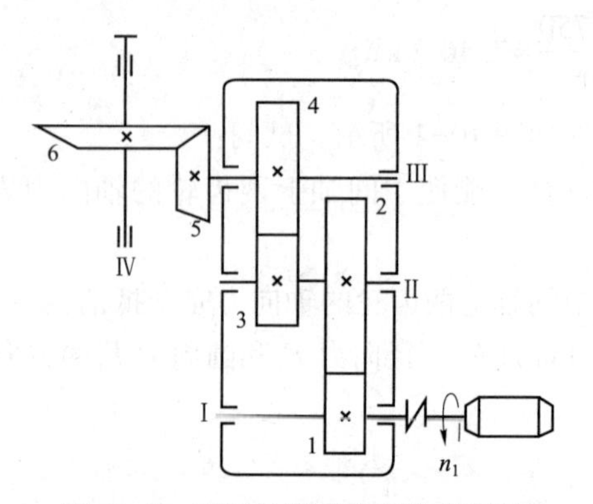

图10-2 两级斜齿圆柱齿轮减速器

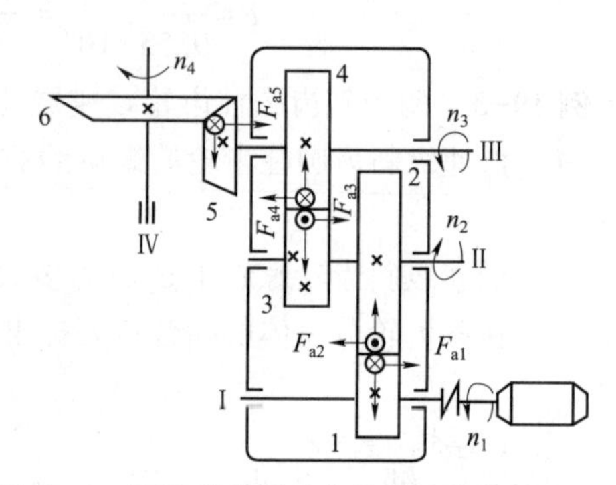

图10-3 两级斜齿圆柱齿轮减速器的受力分析

例10-5 在如图10-4所示的二级斜齿圆柱齿轮减速器中，已知：高速级齿轮 $z_1=21$，$z_2=52$，$m_{n1}=3$ mm，$\beta_{\mathrm{I}}=12°7'43''$；低速级齿轮 $z_3=27$，$z_4=54$，$m_{n2}=5$ mm；输入功率 $P_1=10$ kW，$n_1=1\ 450$ r/min。齿轮啮合效率 $\eta_1=0.98$，滚动轴承效率 $\eta_2=0.99$。试求：

（1）低速级小齿轮的旋（齿）向，以使中间轴上的轴承所受的轴向力较小。

（2）各轴转向及所受到的转矩大小。

（3）低速级斜齿轮分度圆螺旋角 β_{II} 为多

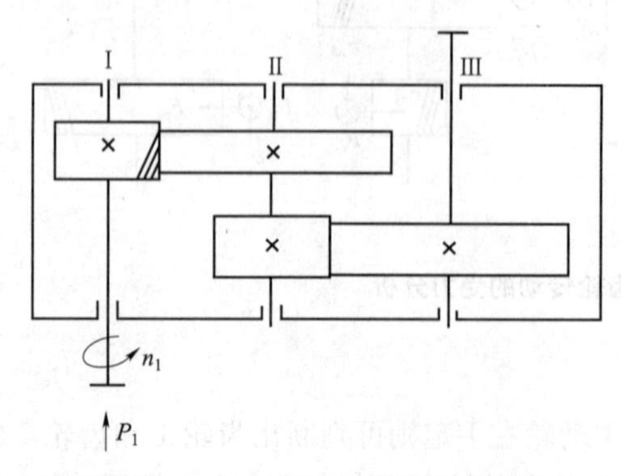

图10-4 二级斜齿圆柱齿轮减速器

少时，中间轴上的轴承所受的轴向力完全抵消。

（4）齿轮各啮合点所受的圆周力 F_t、径向力 F_r 及轴向力 F_a 的大小和方向。

解：

（1）中间轴上齿轮的齿向相同，即低速级小齿轮的齿向为左旋，如图 10-5 所示。可使中间轴上的轴承所受的轴向力较小。

（2）各轴转向如图 10-5 所示，各轴转矩为

Ⅰ轴：$T_1=9.55\times10^6\dfrac{P_1}{n_1}=9.55\times10^6\times\dfrac{10}{1\,450}=65\,900$（N·mm）

Ⅱ轴：$T_2=T_1 i_1\eta_1\eta_2=65\,900\times\dfrac{52}{21}\times0.98\times0.99=1.583\times10^5$（N·mm）

Ⅲ轴：$T_3=T_2 i_2\eta_1\eta_2=1.583\times10^5\times\dfrac{54}{27}\times0.98\times0.99=3.07\times10^5$（N·mm）

（3）为使中间轴上的轴承所受的轴向力完全抵消，必须使 $F_{a2}=F_{a3}$，即：

$$F_{t1}\tan\beta_{\mathrm{I}}=F_{t3}\tan\beta_{\mathrm{II}}$$

$$\frac{2T_1\eta_2}{d_1}\tan\beta_{\mathrm{I}}=\frac{2T_1 i_1\eta_1\eta_2^2}{d_3}\tan\beta_{\mathrm{II}}$$

$$\tan\beta_{\mathrm{II}}=\frac{d_3}{d_1 i_2\eta_1\eta_2}\tan\beta_{\mathrm{I}}=\frac{d_3}{d_2\eta_1\eta_2}\tan\beta_{\mathrm{I}}=\frac{\dfrac{5\times27}{\cos\beta_{\mathrm{II}}}}{\dfrac{3\times52}{\cos\beta_{\mathrm{I}}}\eta_1\eta_2}\tan\beta_{\mathrm{I}}$$

$$\sin\beta_{\mathrm{II}}=\frac{5\times27}{(3\times52)\times0.98\times0.99}\times\sin12°7'43''=0.187\,4$$

故得　$\beta_{\mathrm{II}}=10.8°$。

当 $\beta_{\mathrm{II}}=10.8°$ 时，

$$a_{\mathrm{II}}=\frac{m_n(z_3+z_4)}{2\cos\beta_{\mathrm{II}}}=\frac{5\times(27+54)}{2\cos10.8°}=206.15\ (\mathrm{mm})$$

中心距 a_{II} 应取为整数，令 $a_{\mathrm{II}}=206$ mm，则：

$$\beta_{\mathrm{II}}=\arccos\frac{5\times(27+54)}{2\times206}=10°34'37''$$

（4）齿轮各啮合点作用力三个分力的方向如图 10-5 所示，其大小可求得如下：

$$F_{t1}=F_{t2}=\frac{2T_1\eta_2}{d_1}=\frac{2\times65\,900\times0.99}{\dfrac{3\times21}{\cos12°7'43''}}=2\,025\ (\mathrm{N})$$

$$F_{r1}=F_{r2}=\frac{F_{t1}\tan\alpha_n}{\cos\beta_{\mathrm{I}}}=\frac{2\,025\times\tan20°}{\cos12°7'43''}=753.8\ (\mathrm{N})$$

$$F_{a1}=F_{a2}=F_{t1}\tan\beta_{\mathrm{I}}=2\,025\times\tan12°7'43''=435.2\ (\mathrm{N})$$

$$F_{t3}=F_{t4}=\frac{2T_2\eta_2}{d_3}=\frac{2\times1.583\times10^5\times0.99}{\dfrac{5\times27}{\cos10°34'37''}}=2\,282.3\ (\mathrm{N})$$

$$F_{r3}=F_{r4}=\frac{F_{t3}\tan\alpha_n}{\cos\beta_{II}}=\frac{2\ 282.3\times\tan 20°}{\cos 10°34'37''}=845\ (\text{N})$$

$$F_{a3}=F_{a4}=F_{t3}\tan\beta_{II}=2\ 282.3\times\tan 10°34'37''=426\ (\text{N})$$

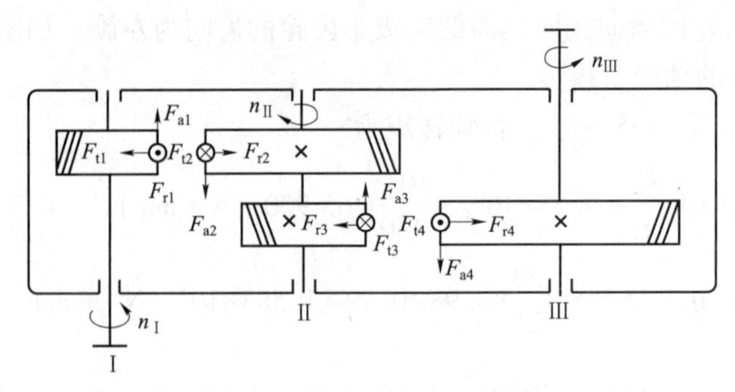

图 10-5　二级斜齿圆柱齿轮减速器的受力分析

例 10-6　图 10-6（a）所示为直齿锥齿轮—斜齿圆柱齿轮减速器，齿轮 1 主动，转向如图 10-6 所示。锥齿轮的参数为 $m=2$ mm，$z_1=20$，$z_2=40$，$\psi_R=0.3$；斜齿圆柱齿轮的参数为 $m_n=3$ mm，$z_3=20$，$z_4=60$。试求：

（1）画出各轴的转向。

（2）为使轴Ⅱ所受轴向力最小，画出齿轮 3、4 的螺旋线方向。

（3）画出轴Ⅱ上齿轮 2、3 所受各力的方向。

（4）若要求使轴Ⅱ上的轴承几乎不承受轴向力，则齿轮 3 的螺旋角应取多大（忽略摩擦损失）？

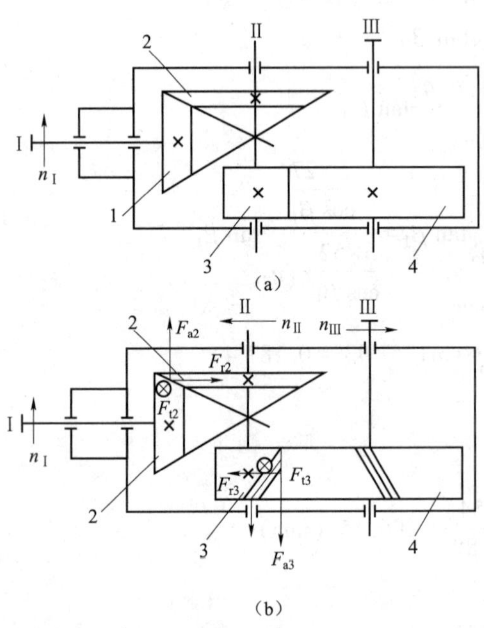

图 10-6　直齿锥齿轮-斜齿圆柱齿轮减速器

1，2，3，4—齿轮

解：（1）轴Ⅱ、Ⅲ的转向如图 10-6（b）所示。

（2）齿轮 3、4 的螺旋线方向已示于图 10-6（b）中，即 z_3 为右旋、z_4 为左旋。

（3）齿轮 2、3 所受各力 F_{t2}、F_{a2}、F_{r2} 及 F_{t3}、F_{a3}、F_{r3} 如图 10-6（b）所示。

（4）欲使轴Ⅱ上的轴承不承受轴向力，则要求 $|F_{a2}|=|F_{a3}|$。按题设忽略摩擦损失，有：

$$\tan\delta_1=1/u=z_1/z_2=20/40=0.5$$

所以

$$\delta=26°33'54''$$

设输入轴转矩为 T_1，$d_{m1}=(1-0.5\psi_R)d_1=(1-0.5\times0.3)mz_1=0.85\times2\times20=34$（mm）

则：

$$F_{t1}=\frac{2T_1}{d_{m1}}=\frac{2T_1}{34}=\frac{T_1}{17}$$

$$F_{a2}=F_{r1}=F_{t1}\tan\alpha\cos\delta_1=\frac{T_1}{17}\tan\alpha\cos\delta_1$$

$$F_{t3}=\frac{2T_2}{d_3}=\frac{2iT_1}{d_3}=\frac{4T_1}{60/\cos\beta}=\frac{T_1\cos\beta}{15}$$

$$F_{a3}=F_{t3}\tan\beta=\frac{T_1\cos\beta}{15}\tan\beta=\frac{T_1}{15}\sin\beta$$

由 $F_{a2}=F_{a3}$ 可得：

$$\frac{1}{17}T_1\tan\alpha\cos\delta_1=\frac{T_1}{15}\sin\beta$$

$$\sin\beta=\frac{15}{17}\tan\alpha\cos\delta_1=\frac{15}{17}\times\tan 20^\circ\cos 26^\circ33'54''=0.287\ 25$$

故当 $\beta=16^\circ41'35''$ 时，轴 Ⅱ 上的轴承可几乎不受轴向力。

10.2　基本知识测试

选择题：

1. 对于一对材料相同的软齿面齿轮传动，常用的热处理方法是（　　）。

A. 小齿轮正火，大齿轮调质　　B. 小齿轮调质，大齿轮正火

C. 小齿轮氮化，大齿轮淬火　　D. 小齿轮调质，大齿轮淬火

2. 在下列措施中，不利于减轻和防止齿面点蚀发生的措施是（　　）。

A. 采用低黏度的润滑油　　B. 提高齿面硬度

C. 增加齿轮的直径　　D. 降低齿面表面粗糙度

3. 一般参数的闭式硬齿面齿轮传动，其主要失效形式是（　　）。

A. 齿面点蚀　　B. 轮齿折断

C. 齿面磨损　　D. 齿面胶合

4. 材料为 20Cr 的齿轮要达到硬齿面，适宜的热处理方法是（　　）。

A. 整体淬火　　B. 调质

C. 渗碳淬火　　D. 表面淬火

5. 以下几种做法中，不能提高轮齿抗折断能力的是（　　）。

A. 增大齿根过渡圆角半径　　B. 采用表面强化处理

C. 增大轴及支承的刚性　　D. 增大表面粗糙度

6. 一减速齿轮传动，小齿轮 1 选用 45 钢调质，大齿轮 2 选用 45 钢正火，则它们的齿面接触应力的关系是（　　）。

A. $\sigma_{H1}=\sigma_{H2}$　　B. $\sigma_{H1}>\sigma_{H2}$

C. $\sigma_{H1}<\sigma_{H2}$　　D. 无法确定

7. 对于齿面硬度≤350 HBW 的闭式钢制齿轮传动，其主要失效形式为（　　）。

A. 轮齿疲劳折断　　B. 齿面疲劳点蚀

C. 齿面胶合　　D. 齿面塑性变形

8. 齿面塑性变形一般在（　　）的情况下容易发生。

A. 硬齿面齿轮高速重载下工作　　B. 开式齿轮传动润滑不良

C. 铸铁齿轮过载工作　　D. 软齿面齿轮低速重载下工作

9. 设计一对受冲击载荷较大的硬齿面齿轮传动，小齿轮材料和热处理方案应选（　　）。

A. 40 调质　　B. 20Cr 表面淬火

C. 35SiMn 调质　　D. 20Cr 渗碳淬火

10. 对某一类型机器的齿轮传动，其齿轮精度等级主要是根据齿轮的（　　）进行选择的。

A. 圆周速度的大小　　B. 转速的高低

C. 传递功率的大小　　D. 传递转矩的大小

11. 在闭式齿轮传动中，高速重载齿轮传动的主要失效形式是（　　）。

A. 齿面胶合　　B. 齿面疲劳点蚀

C. 齿面磨损　　D. 轮齿疲劳断裂

12. 对于齿面硬度大于 350 HBW 的钢制齿轮，其加工的工艺过程一般为（　　）。

A. 齿坯加工→淬火→切齿→磨齿　　B. 齿坯加工→切齿→磨齿→淬火

C. 齿坯加工→切齿→淬火→磨齿　　D. 齿坯加工→淬火→磨齿→切齿

13. 闭式软齿面齿轮传动的设计准则为（　　）。

A. 按齿面胶合进行设计

B. 按齿面磨损进行设计

C. 按齿根弯曲疲劳强度设计，然后校核齿面接触疲劳强度

D. 按齿面接触疲劳强度设计，然后校核齿根弯曲疲劳强度

14. 设计一对软齿面齿轮传动，从等强度要求出发应使（　　）。

A. 两者硬度相等

B. 小齿轮硬度高于大齿轮硬度

C. 大齿轮硬度高于小齿轮硬度

D. 小齿轮采用硬齿面、大齿轮采用软齿面

15. 在一对齿轮传动中，当齿面产生疲劳点蚀时，通常发生在（　　）。

A. 靠近齿顶处　　B. 靠近节线的齿顶部分

C. 靠近齿根处　　D. 靠近节线的齿根部分

16. 在设计闭式硬齿面齿轮传动中，当直径一定时，应取较少的齿数，并使模数增大以（　　）。

A. 提高齿面接触强度　　B. 提高轮齿的抗弯曲疲劳强度

C. 减少切削加工量，提高生产率　　D. 提高抗塑性变形能力

17. 为了提高齿轮传动的接触强度，可采取（　　）的方法。

A. 采用闭式传动　　B. 增大传动中心距

C. 减少齿数　　D. 增大模数

18. 在圆柱齿轮传动中，当齿轮的直径一定时，减小齿轮的模数、增加齿轮的齿数，可

以（ ）。

A. 提高齿轮的弯曲强度
B. 提高齿面的接触强度
C. 改善齿轮传动的平稳性
D. 减少齿轮的塑性变形

19. 齿轮传动在（ ）时，其齿宽系数 ψ_d 可取得大些。

A. 悬垂布置
B. 不对称布置
C. 对称布置
D. 同轴式减速器布置

20. 齿轮 1 和齿轮 2 材料的热处理方式、齿宽、齿数均相同，但模数不同，$m_1=2$ mm，$m_2=4$ mm，则它们的弯曲承载能力（ ）。

A. 相同
B. 齿轮 2 的比齿轮 1 的大
C. 与模数无关
D. 齿轮 1 的比齿轮 2 的大

21. 在标准直齿圆柱齿轮传动的弯曲疲劳强度计算中，齿形系数 Y_{Fa} 只取决于（ ）。

A. 模数 m
B. 齿数 z
C. 分度圆直径 d_1
D. 齿宽系数 ψ_d

22. 一对互相啮合的圆柱齿轮，通常使小齿轮的齿宽做得比大齿轮宽一些，其主要原因是（ ）。

A. 使传动平稳
B. 提高传动效率
C. 提高齿面接触强度
D. 便于安装，保证接触线承载宽度

23.（ ）不能提高齿轮传动的齿面接触承载能力。

A. d 不变而增大模数
B. 改善材料
C. 增大齿宽
D. 增大齿数以增大 d

24. 齿轮设计时，当因齿数选择过多而使直径增大时，若其他条件相同，则它的弯曲承载能力（ ）。

A. 成线性地增加
B. 不成线性但有所增加
C. 成线性地减少
D. 不成线性但有所减小

25. 直齿锥齿轮强度计算时，是以（ ）为计算依据的。

A. 大端当量直齿锥齿轮
B. 齿宽中点处的直齿圆柱齿轮
C. 齿宽中点处的当量直齿圆柱齿轮
D. 小端当量直齿锥齿轮

26. 对大批量生产、尺寸较大（D>500 mm）、形状复杂的齿轮，设计时应当选择（ ）。

A. 自由锻毛坯
B. 焊接毛坯
C. 模锻毛坯
D. 铸造毛坯

27. 一对圆柱齿轮传动，小齿轮分度圆直径 $d_1=50$ mm、齿宽 $b_1=55$ mm，大齿轮分度圆直径 $d_2=90$ mm、齿宽 $b_2=50$ mm，则齿宽系数 ψ_d 为（ ）。

A. 1.1　B. 1.0　C. 5/9　D. 1.3

28. 现有四个标准直齿圆柱齿轮，已知：齿数 $z_1=20$，$z_2=40$，$z_3=60$，$z_4=80$；模数 $m_1=4$ mm，$m_2=3$ mm，$m_3=2$ mm，$m_4=2$ mm，则齿形系数最大的为（ ）。

A. Y_{Fa1}　B. Y_{Fa2}　C. Y_{Fa3}　D. Y_{Fa4}

29. 一对直齿锥齿轮两齿轮的齿宽分别为 b_1、b_2，设计时应取（ ）。

A. $b_1>b_2$
B. $b_1=b_2$

C. $b_1<b_2$　　D. $b_1=b_2+$（30~50）mm

30. 斜齿轮和锥齿轮强度计算中的齿形系数 Y_{Fa} 和应力修正系数 Y_{Sa} 应按（　　）查表。

A. 实际齿数　　B. 分度圆处的圆周速度

C. 当量齿数　　D. 平均分度圆处的圆周速度

选择题参考答案：

1. B	2. A	3. B	4. C	5. D	6. A	7. B	8. D	9. D	10. A
11. A	12. C	13. D	14. B	15. D	16. B	17. B	18. C	19. C	20. B
21. B	22. D	23. A	24. B	25. C	26. D	27. B	28. A	29. B	30. C

第 11 章

蜗 杆 传 动

11.1 典型例题分析

例 11-1 已知一阿基米德蜗杆传动，其传动比 $i=18$，蜗杆头数 $z_1=2$，直径系数 $q=10$，分度圆直径 $d_1=80$ mm。试求：

（1）模数 m、蜗杆分度圆导程角 γ、蜗轮齿数 z_2 及分度圆螺旋角 β。

（2）蜗轮的分度圆直径 d_2 及蜗杆传动的中心距 a。

解：（1）确定蜗杆传动的基本参数。

$$m=\frac{d_1}{q}=\frac{80}{10}=8\ (\text{mm})$$

$$z_2=iz_1=18\times2=36$$

$$\gamma=\arctan\frac{z_1}{q}=\arctan\frac{2}{10}=11^\circ18'36''$$

$$\beta=\gamma=11^\circ18'36''$$

（2）求 d_2 和中心距 a。

$$d_2=mz_2=8\times36=288\ (\text{mm})$$

$$a=\frac{1}{2}m(q+z_2)=\frac{1}{2}\times8\times(10+36)=184\ (\text{mm})$$

例 11-2 如图 11-1 所示的蜗杆传动均以蜗杆为主动件。请在图 11-1 中标出蜗杆和蜗轮的转向、蜗轮齿的螺旋线方向及蜗杆、蜗轮所受各分力的方向。

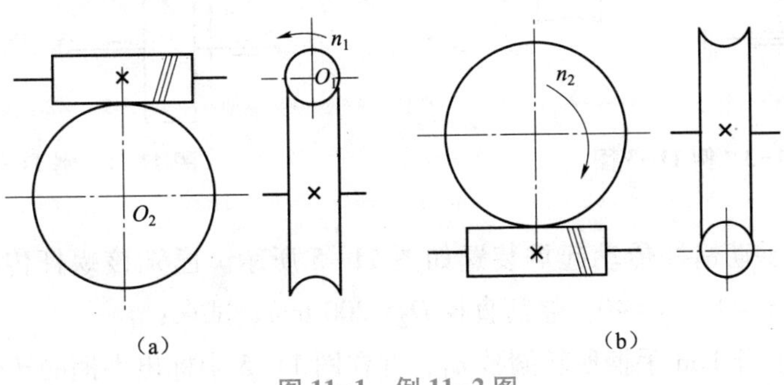

图 11-1 例 11-2 图

解： 蜗杆（或蜗轮）的转向、螺旋齿的螺旋线方向，蜗杆、蜗轮所受各分力的方向均标于图11-2的图解中。

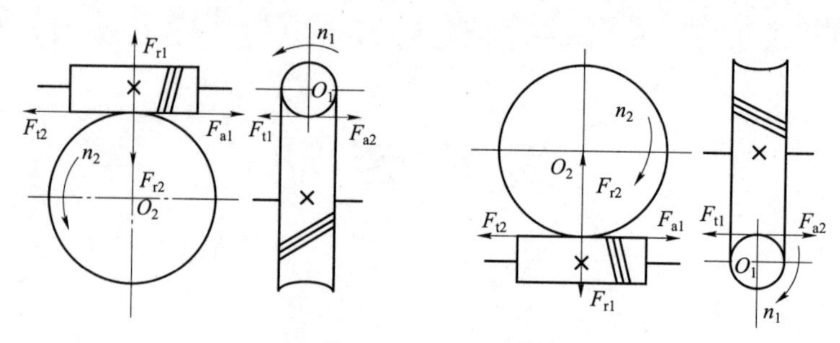

图11-2　例11-2图解

例11-3　图11-3所示为由斜齿轮和右旋蜗杆组成的轮系，已知主动蜗杆的转动方向。为使轴Ⅰ受到的轴向力最小，求：

（1）轮4的螺旋线方向和转动方向；

（2）轮2和轮3啮合点受到的径向力$\boldsymbol{F}_r$、轴向力$\boldsymbol{F}_a$和圆周力$\boldsymbol{F}_t$的方向。

解：（1）首先判断蜗杆的轴向力方向。由蜗轮轴向力方向和蜗杆圆周力方向相反可知蜗轮轴向力$\boldsymbol{F}_{a2}$方向向左。要使轴Ⅰ所受的轴向力最小，轮3的轴向力应向右，齿轮3的转动方向和蜗轮转动方向相同，由右旋蜗杆和蜗杆的转动方向可知蜗轮的转动方向n_2，由此可知轮3的转动方向，如图11-4所示。齿轮3为主动轮，根据其转动方向和轴向力方向可判断其螺旋线方向为右旋，而轮4和轮3是外啮合的，因此轮4的螺旋线方向为左旋，而轮4的转向和蜗轮2的转向相反。

（2）根据前面的方法可以分别判断蜗轮2和齿轮3的径向力$\boldsymbol{F}_r$、轴向力$\boldsymbol{F}_a$和圆周力$\boldsymbol{F}_t$，如图11-4所示。

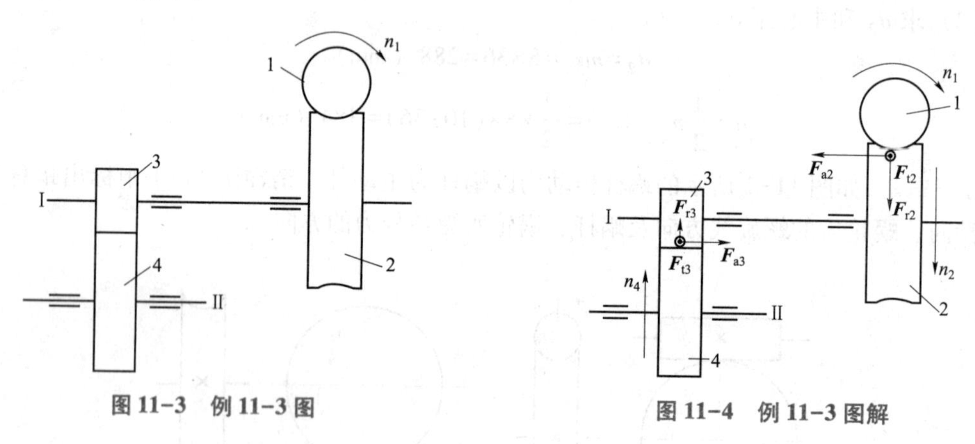

图11-3　例11-3图　　**图11-4　例11-3图解**

例11-4　一手动蜗杆传动起重装置如图11-5所示。已知该蜗杆传动的有关参数为：$m=8$ mm，$q=8$，$z_1=1$，$z_2=40$，卷筒直径$D_2=200$ mm。试求：

（1）使重物上升1 m手柄所转圈数n_1，并在图11-5中标出手柄的转向；

（2）若蜗杆和蜗轮之间当量摩擦系数$f_V=0.2$，求传动的啮合效率η_1，并说明该传动能否自锁。

（3）若起重量 $W=10^4$ N，人手推力 $P=200$ N，求手柄长度 L；

（4）重物下降时的手柄推力 P'。

解：（1）求手柄转过圈数 n_1。

重物上升 1 m 时卷筒转过圈数 n_2 为

$$n_2=\frac{1\ 000}{\pi D_2}$$

因为
$$n_1=in_2=\frac{z_2}{z_1}n_2$$

所以
$$n_1=\frac{z_2}{z_1}\cdot\frac{1\ 000}{\pi D_2}=\frac{40}{1}\times\frac{1\ 000}{3.14\times200}=63.7\text{（圈）}$$

手柄转向如图 11-5 所示。

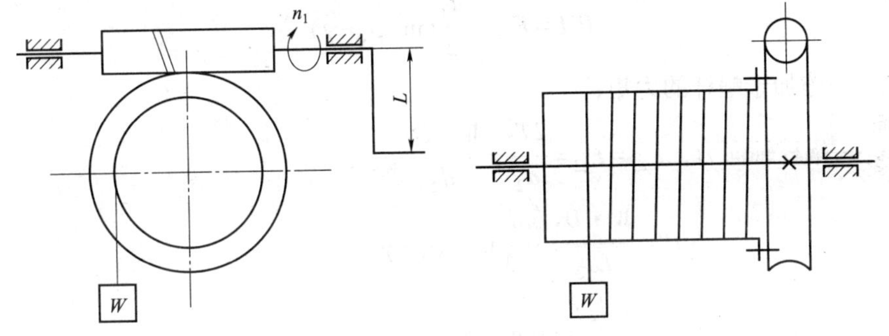

图 11-5　例 11-4 图

（2）计算啮合效率。

导程角：

$$\gamma=\tan^{-1}\frac{z_1}{q}=\tan^{-1}\frac{1}{8}=7°7'30''$$

当量摩擦角：

$$\varphi_V=\tan^{-1}f_V=\tan^{-1}0.2=11°18'36''$$

由于 $\gamma<\varphi_V$，故该蜗杆传动自锁。

啮合效率：

$$\eta_1=\frac{\tan\gamma}{\tan(\gamma+\varphi_V)}=\frac{\tan7°7'30''}{\tan(7°7'30''+11°18'36'')}=0.375$$

（3）计算手柄长度。

蜗轮转矩：

$$T_2=W\cdot\frac{D_2}{2}$$

蜗杆转矩：

$$T_1=PL$$

在忽略轴承效率时有：

$$T_2=T_1 i\eta_1=T_1\cdot\frac{z_2}{z_1}\cdot\eta_1$$

故得：

$$L=\frac{W\frac{D_2}{2}z_1}{P\eta_1 z_2}=\frac{10^4\times\frac{200}{2}\times 1}{200\times 0.375\times 40}=333.3\ (\text{mm})$$

（4）求重物下降时的手柄推力 P'。

重物下降是反行程，重物 W 作用于蜗轮轴的转矩 T_2 是主动力矩，但由于蜗杆传动具有自锁性，若使重物下降，则必须在蜗杆上施加一个与工作阻力矩相反方向的力矩，因而要有手柄推力 P'。

参照螺旋副自锁螺旋拧松力矩的关系式：

$$P'L=F_{a1}\cdot\frac{d_1}{2}\tan(\varphi_V-\gamma)$$

式中，$P'L$——施加于蜗杆的力矩；

F_{a1}——蜗杆轴向力，$F_{a1}=F_{t2}=\frac{2T_2}{d_2}=\frac{W\cdot D_2}{d_2}$。

故

$$\begin{aligned}P'&=\frac{W\cdot D_2}{Ld_2}\cdot\frac{d_1}{2}\tan(\varphi_V-\gamma)\\&=\frac{Wd_2 q}{2Lz_2}\tan(\varphi_V-\gamma)\\&=\frac{10^4\times 200\times 8}{2\times 333.3\times 40}\times\tan(11^\circ 18'36''-7^\circ 7'30'')\\&=43.91\ (\text{N})\end{aligned}$$

11.2 基本知识测试

选择题：

1. 根据蜗杆螺旋面的形成原理和加工方法可知，（　　）磨削困难，精度较低。
   A. 阿基米德蜗杆　　B. 渐开线蜗杆　　C. 法向直廓蜗杆
2. 阿基米德蜗杆的（　　）模数应符合标准值。
   A. 法向　　B. 端面　　C. 轴向
3. 蜗杆传动的中间平面是（　　）。
   A. 过蜗杆轴线且与蜗轮轴线垂直的平面。
   B. 过蜗轮轴线且与蜗杆轴线垂直的平面。
   C. 过蜗杆轴线的任一平面
   D. 过蜗轮轴线的任一平面
4. 在蜗杆传动中，当需要自锁时，应使蜗杆导程角（　　）当量摩擦角。
   A. 大于　　B. 小于　　C. 等于
5. 起吊重物用的手动蜗杆传动装置，应采用（　　）蜗杆。

A. 单头，小导程角
B. 单头，大导程角
C. 多头，小导程角
D. 多头，大导程角

6. 在蜗杆传动中，如果模数和蜗杆头数一定，则增加蜗杆分度圆直径将使（　　）。
A. 传动效率提高，蜗杆刚度降低
B. 传动效率降低，蜗杆刚度提高
C. 传动效率和蜗杆刚度都提高
D. 传动效率和蜗杆刚度都降低

7. 在蜗杆传动中，若模数和蜗杆分度圆直径一定，则增加蜗杆头数将使（　　）。
A. 传动效率提高，滑动速度降低
B. 传动效率降低，滑动速度提高
C. 传动效率和滑动速度都提高
D. 传动效率和滑动速度都降低

8. 在标准蜗轮传动中，若蜗杆头数一定，则增大蜗杆直径系数 q 将使啮合效率（　　）。
A. 增加
B. 减小
C. 不变
D. 可能增加或减小

9. 在计算蜗杆传动的传动比时，以下公式中（　　）是错误的。
A. $i=\omega_1/\omega_2$
B. $i=n_1/n_2$
C. $i=d_2/d_1$
D. $i=z_2/z_1$

10. 以下材料中，不可用于蜗轮材料的有（　　）。
A. ZCuSn10Pb1
B. ZCuSn5Pb5Zn5
C. HT150
D. 20CrMnTi

11. 为了限制蜗轮滚刀的数目，有利于滚刀标准化，规定（　　）为标准值。
A. 蜗轮齿数
B. 蜗轮分度圆直径
C. 蜗杆分度圆直径
D. 蜗杆头数

12. 为了提高蜗杆的刚度，应该（　　）。
A. 增大蜗杆的直径系数
B. 采用高强度合金钢做蜗杆材料
C. 增加蜗杆硬度，减小表面粗糙度值

13. 在高速、重载及载荷稳定的条件下，蜗杆的常用材料是（　　）。
A. 45 钢，调质
B. 45 钢，正火
C. 20Cr，渗碳淬火
D. 40Cr，表面淬火

14. 为了提高蜗杆传动的效率 η，在良好的润滑条件下，最有效的措施是（　　）。
A. 采用单头蜗杆
B. 采用多头蜗杆
C. 采用大直径系数的蜗杆
D. 提高蜗杆的转速

15. 对闭式蜗杆传动进行热平衡计算，其主要目的是（　　）。
A. 防止润滑油受热后外溢，造成环境污染
B. 防止润滑油温度过高使润滑条件恶化
C. 防止蜗轮材料在高温下力学性能下降
D. 防止蜗轮蜗杆发生热变形后正确啮合受到破坏

16. 蜗杆直径系数的表达式为（　　）。
A. $q=d_1/m$
B. $q=d_1m$
C. $q=a/m$
D. $q=a/d_1$

17. 开式蜗杆传动的主要失效形式是（　　）。
A. 轮齿折断和齿面胶合
B. 齿面磨损和轮齿折断
C. 齿面点蚀和齿面磨损
D. 齿面胶合和齿面点蚀

18. 尺寸较大的青铜蜗轮，常采用铸铁轮芯配上青铜轮缘，这主要是为了（　　）。

A. 使蜗轮导热性能好　　B. 切齿方便
C. 节约青铜　　D. 改变传动能力

19. 对于一般传递动力的闭式蜗杆传动，其选择蜗轮材料的主要依据是（　　）。
A. 蜗杆传动的啮合效率　　B. 齿面滑动速度 v_S
C. 配对蜗杆的材料　　D. 作用于蜗杆上力的大小

20. 组合蜗轮的齿圈与轮芯用过盈配合时，其配合方式为（　　）。
A. H7/k6　　B. H7/r6　　C. H7/h6　　D. H7/f6

21. 在蜗杆传动的强度计算中，如果蜗轮材料是铝铁青铜或灰铸铁，则其许用接触应力 $[\sigma_H]$ 与（　　）有关。
A. 蜗轮铸造方法　　B. 蜗杆齿面作用力的大小
C. 齿面滑动速度 v_s　　D. 蜗轮齿是单向受载还是双向受载

22. 蜗轮材料为 $\sigma_b<300$ MPa 的青铜而蜗杆材料为钢时，传动的承载能力通常决定于（　　）。
A. 蜗轮的弯曲强度　　B. 蜗轮的接触疲劳强度
C. 蜗轮的抗胶合能力　　D. 蜗轮的抗塑变能力

23. 在蜗杆传动中，轮齿承载能力的计算主要是针对（　　）来进行的。
A. 蜗杆齿面接触疲劳强度和蜗轮齿根弯曲疲劳强度
B. 蜗轮齿面接触疲劳强度和蜗杆齿根弯曲疲劳强度
C. 蜗轮齿面接触疲劳强度和蜗轮齿根弯曲疲劳强度
D. 蜗杆齿面接触疲劳强度和蜗杆齿根弯曲疲劳强度

24. 蜗杆传动容易发生的失效是（　　）。
A. 轮齿折断和齿面点蚀　　B. 齿面点蚀和胶合
C. 轮齿折断和齿面磨损　　D. 齿面磨损和胶合

25. 对于滑动速度 $v_s \geq 4$ m/s 的重要蜗杆传动，应采用（　　）作蜗轮齿圈的材料。
A. HT200　　B. ZCuSn10Pb1
C. 45 钢调质　　D. 18CrMnTi 渗碳淬火

26. 多级传动设计时，为了提高啮合效率，通常将蜗杆传动布置在（　　）。
A. 高速级　　B. 中速级　　C. 低速级　　D. 哪一级都可以

选择题参考答案：

1. A　2. C　3. A　4. B　5. A　6. B　7. C　8. B　9. C　10. D
11. C　12. A　13. D　14. B　15. B　16. A　17. B　18. C　19. B　20. B
21. C　22. B　23. C　24. D　25. B　26. A

第 12 章

滚 动 轴 承

12.1 典型例题分析

例 12-1 一农用水泵，决定选用深沟球轴承，轴颈直径 $d=35$ mm，转速 $n=2\ 900$ r/min，已知径向载荷 $F_R=1\ 810$ N，轴向载荷 $F_A=740$ N，预期寿命 $L'_{10h}=6\ 000$ h，试选择轴承的型号。

解： 根据轴颈直径和轴承所受载荷试选轴承型号为 6207。查手册得该轴承的额定动载荷 $C_r=25.5$ kN、额定静载荷 $C_{0r}=15.2$ kN。

$F_A/C_{0r}=740/15\ 200=0.049$，由教材中查得判别系数 $e\approx 0.26$。

因 $F_A/F_R=740/1\ 810=0.41>e$，故由教材中查得径向载荷系数 $X=0.56$、轴向载荷系数 $Y=1.71$。

由教材查表可得载荷系数 $f_P=1.1$、温度系数 $f_T=1.0$。

当量动载荷：

$$P=f_P(XF_R+YF_A)=1.1\times(0.56\times 1\ 810+1.71\times 740)=2\ 506.9\ (\text{N})$$

轴承寿命：

$$L_{10h}=\frac{10^6}{60n}\left(\frac{f_T C_r}{P}\right)^{\varepsilon}=\frac{10^6}{60\times 2\ 900}\left(\frac{1\times 25\ 500}{2\ 506.9}\right)^3=6\ 048.7\ (\text{h})>6\ 000\ \text{h}$$

满足要求，故该型号轴承合适。

例 12-2 图 12-1 所示为某轴用一对 7214AC 轴承支承，轴的转速 $n=1\ 450$ r/min，两个轴承所受的径向载荷 $F_{R1}=7\ 550$ N、$F_{R2}=3\ 980$ N，轴上轴向力 $F_a=2\ 270$ N，常温下工作，载荷系数 $f_P=1.2$，要求轴承的使用寿命不低于 2 000 h，试验算这对轴承。

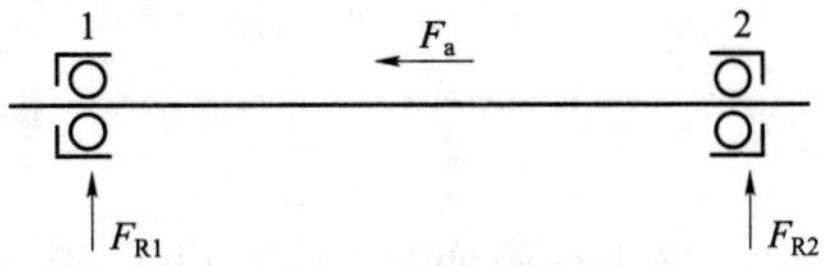

图 12-1 例 12-2 图

解：（1）求轴承的派生轴向力。

$$F_{S1}=eF_{R1}=0.68\times 7\ 550=5\ 134\ (\text{N})$$

$$F_{S2}=eF_{R2}=0.68\times 3\ 980=2\ 706.4\ (\text{N})$$

（2）求轴承的轴向载荷。

$$F_{S2}+F_a=2\ 706.4+2\ 270=4\ 976.4\ (\text{N})<F_{S1}$$

故轴承 1 放松，轴承 2 压紧。

$$F_{A1}=F_{S1}=5\ 134\ \text{N}$$
$$F_{A2}=F_{S1}-F_a=5\ 134-2\ 270=2\ 864\ (\text{N})$$

（3）求轴承的当量动载荷。

由于

$$\frac{F_{A1}}{F_{R1}}=\frac{5\ 134}{7\ 550}=0.68=e$$

故得 $X_1=1$，$Y_1=0$。

$$P_1=X_1F_{R1}+Y_1F_{A1}=1\times7\ 550+0\times5\ 134=7\ 550\ (\text{N})$$

由于

$$\frac{F_{A2}}{F_{R2}}=\frac{2\ 864}{3\ 890}=0.72>e$$

故得 $X_2=0.41$，$Y_2=0.87$。

$$P_2=X_2F_{R2}+Y_2F_{A2}=0.41\times3\ 980+0.87\times2\ 864=4\ 123.48\ (\text{N})$$

（4）求轴承的寿命。查得该轴承的基本额定动载荷 C_r 为 69.2 kN，由于 $P_1>P_2$，故得：

$$L_{10h}=\frac{10^6}{60n}\left(\frac{C_r}{f_PP_1}\right)^{\varepsilon}=\frac{10^6}{60\times1\ 450}\left(\frac{69.2\times1\ 000}{1.2\times7\ 550}\right)^3=5\ 121.7\ (\text{h})\ >2\ 000\ \text{h}$$

满足要求。

例 12-3　如图 12-2（a）所示，某轴用一对 30307 圆锥滚子轴承支承，轴承上所受的径向载荷 $F_{R1}=2\ 500$ N、$F_{R2}=5\ 000$ N，作用在轴上的外部轴向载荷 $F_{ae1}=400$ N，$F_{ae2}=2\ 400$ N。轴在常温下工作，载荷平稳，$f_P=1$。

试计算轴承当量动载荷的大小，并判断哪个轴承的寿命更短些？（注：30307 轴承的 $Y=1.6$，$e=0.37$，$F_S=F_R/(2Y)$；当 $F_A/F_R>e$ 时，$X=0.4$，$Y=1.6$；当 $F_A/F_R\leqslant e$ 时，$X=1$，$Y=0$）。

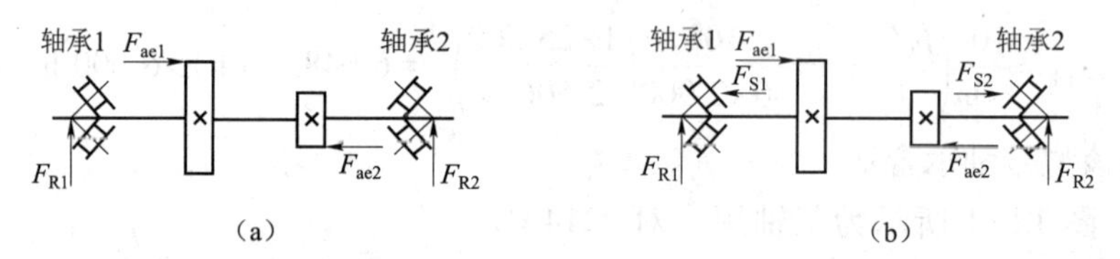

图 12-2　例 12-3 图

解：受力分析如图 12-2（b）所示，图中标出了派生轴向力 F_{S1}、F_{S2} 的方向。

派生轴向力的大小为

$$F_{S1}=F_{R1}/2Y=2\ 500/(2\times1.6)=781\ (\text{N})$$
$$F_{S2}=F_{R2}/2Y=5\ 000/(2\times1.6)=1\ 563\ (\text{N})$$

由于

$$F_{S1}+(F_{ae2}-F_{ae1})=781+(2\ 400-400)=2\ 781\ (\text{N})>F_{S2}$$

所以轴承 2 被压紧，轴承 1 被放松。

故得：

$$F_{A1}=F_{S1}=781\ \text{N},F_{A2}=F_{S1}+(F_{ae2}-F_{ae1})=2\ 781\ \text{N}$$

由于

$$F_{A1}/F_{R1}=781/2\ 500=0.31<e$$

$$F_{A2}/F_{R2}=2\ 781/5\ 000=0.56>e$$

所以

$$P_1=f_P(X_1F_{R1}+Y_1F_{A1})=1\times(1\times2\ 500+0)=2\ 500\ (\mathrm{N})$$

$$P_2=f_P(X_2F_{R2}+Y_2F_{A2})=1\times(0.4\times5\ 000+1.6\times2\ 781)=6\ 450\ (\mathrm{N})$$

因为 $P_1<P_2$，所以轴承 2 寿命短些。

12.2　基本知识测试

选择题：

1. 一直齿轮轴，其两端宜用（　　）。
A. 向心轴承　B. 推力轴承　C. 向心推力轴承

2. 滚动轴承中，仅能承受轴向力的轴承为（　　）。
A. NA 类　B. 5 类　C. N 类

3. 滚动轴承中，既能承受径向力，又能承受较大轴向力的轴承为（　　）。
A. 2 类　B. 1 类　C. 3 类

4. 下列四种型号的滚动轴承中，只能承受径向载荷的是（　　）。
A. 6208　B. N208　C. 30208　D. 51208

5. 下列各类轴承中，（　　）具有良好的调心作用。
A. 短圆柱滚子轴承　B. 推力球轴承
C. 圆锥滚子轴承　D. 调心滚子轴承

6. 向心推力轴承承受轴向载荷的能力与（　　）有关。
A. 轴承宽度　B. 滚动体数目　C. 轴承的载荷角　D. 轴承的接触角

7. 代号为 7212AC 的滚动轴承，对它的承载情况描述最准确的是（　　）。
A. 只能承受径向载荷　B. 能同时承受径向和单向轴向载荷
C. 只能承受轴向载荷　D. 单个轴承能承受双向载荷

8. 向心角接触轴承的接触角 α 为（　　）。
A. $0°<\alpha\leqslant45°$　B. $45°\leqslant\alpha\leqslant90°$　C. $\alpha=90°$

9. 在轴承公差等级 0、5、2 三级中，由高精度到低精度的排列顺序为（　　）。
A. 5，2，0　B. 2，5，0　C. 0，2，5

10. 以下各滚动轴承中，轴承公差等级最高的是（　　）。
A. N207/P5　B. 5207/P6　C. 6207/P4

11. 一角接触球轴承：内径 85 mm，宽度系列 0，直径系列 3，接触角 15°，公差等级为 6 级，游隙 2 组。其代号为（　　）。
A. 7317B/P62　B. 7317C/P6/C2　C. 7317/6/C2　D. 7317C/P62

12. 滚动轴承都有不同的直径系列，当两向心轴承代号中仅直径系列不同时，这两轴承的区别在于（　　）。
A. 内、外径都相同，滚动体数目不同
B. 内径相同，外径和宽度不同

C. 内、外径都相同，滚动体大小不同

D. 外径相同，内径和宽度不同

13. 在正常工作条件下，滚动轴承的主要失效形式是（　　）。

A. 塑性变形　　B. 滚道磨损　　C. 疲劳点蚀　　D. 滚动体破裂

14. 对于转速很低（$n \leqslant 10$ r/min）或间歇摆动的轴承，为了防止（　　），应以静强度计算为依据，进行轴承的强度计算。

A. 塑性变形　　B. 磨损　　C. 疲劳点蚀　　D. 滚动体破裂

15. 基本额定寿命是指同型号的轴承在相同条件下运转时，（　　）的轴承发生疲劳点蚀前运转的总转数。

A. 100%　　B. 90%　　C. 10%

16. 滚动轴承的基本额定动载荷是指（　　）。

A. 该轴承的使用寿命为 10^6 r 时，所受的载荷

B. 该轴承的使用寿命为 10^6 h 时，所能承受的载荷

C. 该轴承的平均寿命为 10^6 r 时，所能承受的载荷

D. 该轴承基本额定寿命为 10^6 r 时，所能承受的最大载荷

17. 按基本额定动载荷选定的滚动轴承，在预定使用期限内其破坏率最大为（　　）。

A. 1%　　B. 5%　　C. 10%　　D. 50%

18. 在滚动轴承的寿命计算公式中，对于滚子轴承和球轴承其寿命指数 ε 分别为（　　）。

A. 3/10，3　　B. 3/10，10/3　　C. 3，3/10　　D. 10/3，3

19. 3类、7类轴承是（　　）轴承。

A. 径向接触　　B. 角接触向心　　C. 轴向接触

20. 一根转轴采用一对滚动轴承支承，其承受载荷为径向力和较大的轴向力，并且冲击、振动较大，因此宜选择（　　）。

A. 深沟球轴承　　B. 角接触球轴承

C. 圆锥滚子轴承　　D. 推力球轴承

21. 若转轴在载荷作用下弯曲较大或轴承座孔不能保证良好的同轴度，则宜选用类型代号为（　　）的轴承。

A. 1或2　　B. 3或7　　C. N或NU　　D. 6或NA

22. 在进行滚动轴承组合设计时，对于跨距较大和工作温度较高的轴，轴的支承方式宜采用（　　）。

A. 双支点单向固定　　B. 一支点固定，另一支点游动

C. 双支点游动　　D. 轴和轴承内圈采用间隙配合

23. 滚动轴承转动套圈的配合（一般为内圈与转轴轴颈的配合）应采用（　　）。

A. 过盈量较大的配合，以保证内圈与轴颈紧密结合，载荷越大，过盈量越大

B. 具有一般过盈量的配合，以防止套圈在载荷作用下松动及轴承内部游隙消失，导致轴承发热磨损

C. 具有较小过盈量的配合，以便于轴承安装和拆卸

D. 具有间隙或过盈量很小的过渡配合，以保证套圈不致因过大的变形而影响工作精度

24. 同一根轴的两端支承，虽然承受载荷不等，但常采用一对相同型号的滚动轴承，其原因不包括（　　）。

A. 采用同型号的轴承，采购方便

B. 安装两轴承的座孔直径相同，加工方便

C. 安装轴承的轴颈直径相同，加工方便

D. 一次镗孔能保证两轴承孔中心线的同轴度，并有利于轴承正常工作

25. 各类滚动轴承的润滑方式通常可根据轴承的（　　）来选择。

A. 转速 n　　B. 当量动载荷 P

C. 轴颈圆周速度 v　　D. 内径与转速的乘积 dn

26. 与液体动压润滑轴承相比，滚动轴承（　　）。

A. 适应的最高转速较高　　B. 启动力矩较小

C. 承受冲击、振动的能力较强　　D. 使用寿命较长

选择题参考答案：

1. A　2. B　3. C　4. B　5. D　6. D　7. B　8. A　9. B　10. C
11. D　12. B　13. C　14. A　15. C　16. D　17. C　18. D　19. B　20. C
21. A　22. B　23. A　24. C　25. D　26. B

第 13 章

滑动轴承

13.1 典型例题分析

例 13-1 试设计一个起重机卷筒的滑动轴承。已知轴承的径向载荷 $F_r=2\times10^5$ N，轴颈直径 $d=200$ mm，轴的转速 $n=300$ r/min。

解：（1）确定轴承的结构型式。

根据轴承重载低速的工作要求，按非液体摩擦滑动轴承设计。采用剖分式结构以便于安装和维护，润滑方式采用油脂杯脂润滑。

（2）选择轴承材料。

按照重载低速的工作条件，由手册选用轴瓦材料为 ZCuAl10Fe3，根据其材料特性查得：

$$[p]=15\ \text{MPa},[pv]=12\ \text{MPa}\cdot(\text{m/s}),[v]=4\ \text{m/s}$$

（3）确定轴承宽度。

对于起重装置，宽径比可以取大些，取 $B/d=1.5$，则轴承宽度为

$$B=1.5\times200=300\ (\text{mm})$$

（4）验算轴承压强。

$$p=\frac{F_r}{dB}=\frac{2\times10^5}{200\times300}=3.33\ (\text{MPa})<[p]$$

（5）验算 v 及 pv 值。

$$v=\frac{\pi dn}{60\times1\,000}=\frac{3.14\times200\times300}{60\times1\,000}=3.14\ (\text{m/s})<[v]$$

$$[pv]=3.33\times3.14=10.47\ (\text{MPa}\cdot\text{m/s})<[pv]$$

从上面的验算可知所选材料合适。

（6）选择配合。

滑动轴承常用的配合有$\frac{H7}{f6}$、$\frac{H8}{f7}$、$\frac{H9}{d9}$，一般取$\frac{H9}{d9}$。

例 13-2 某一不完全液体润滑径向滑动轴承，其直径 $d=80$ mm，宽径比 $B/d=1.4$，轴承材料的许用值分别为$[p]=8$ MPa、$[v]=3$ m/s、$[pv]=15$ MPa·(m/s)。求当 $n=500$ r/min 时，轴承允许的最大载荷。

解：轴瓦的长度：

$$B=1.4d=1.4\times80=112\ (\text{mm})$$

（1）由轴承的平均比压 $p=\frac{F_r}{Bd}\leqslant[p]$。可得：

$$F_r\leqslant[p]Bd=8\times112\times80=71.68\ (\text{kN})$$

（2）由轴承的发热参数 $pv=\frac{F_r}{Bd}\cdot\frac{\pi dn}{60\times1\ 000}\leqslant[pv]$，可得：

$$F_r\leqslant\frac{60\ 000B[pv]}{\pi n}=\frac{60\ 000\times112\times15}{500\pi}=64.2\ (\text{kN})$$

（3）轴承的圆周速度：

$$v=\frac{\pi dn}{60\times1\ 000}=\frac{80\times500\pi}{60\ 000}=2.09\ (\text{m/s})\leqslant[v]$$

比较以上所求得的载荷后，可得轴承允许的最大载荷 $F_r=64.2$ kN。

13.2　基本知识测试

选择题：

1. 下列选项中，（　　）不是滑动轴承的特点。

A. 启动力矩小　　B. 对轴承材料要求高

C. 供油系统复杂　　D. 高、低速运转性能均好

2. 滑动轴承的润滑方法可以根据（　　）来选择。

A. 平均压强 p　　B. $\sqrt{pv^3}$

C. 轴颈圆周速度 v　　D. pv 值

3. 在流体动压滑动轴承中，油孔和油槽应开在（　　）。

A. 非承载区　　B. 承载区　　C. 任何位置均可

4. 在非液体润滑滑动轴承设计中，限制 p 值的主要目的是（　　）。

A. 防止轴承衬材料发生塑性变形

B. 防止轴承衬材料过度磨损

C. 防止轴承衬材料因压力过大而过度发热

D. 防止出现过大的摩擦阻力矩

5. 在非液体润滑滑动轴承设计中，限制 pv 值的主要目的是（　　）。

A. 防止轴承因发热而产生塑性变形

B. 防止轴承过度磨损

C. 防止轴承因过度发热而产生胶合

6. 在压力 p 较小且 p 和 pv 均合格的轴承中，条件 $v\leqslant[v]$（　　）。

A. 还需验算　　B. 不必验算

C. 需根据情况才能确定是否要验算。

7. 下列材料中，不能用来作为滑动轴承轴瓦或轴承衬的材料是（　　）。

A. ZSnSb11Cu6　　B. HT200　　C. GCr15　　D. ZCuPb30

8. 在滑动轴承轴瓦及轴承衬的材料中，用于高速、重载轴承，能承受变载荷及冲击载

荷的是（　　）。

A. 铅青铜　　B. 巴氏合金　　C. 铅锡合金　　D. 灰铸铁

9. 在滑动轴承轴瓦材料中，最宜用于润滑充分的低速重载轴承的是（　　）。

A. 铅青铜　　B. 巴氏合金　　C. 铝青铜　　D. 锡青铜

10. 在滑动轴承材料中，（　　）通常只用于作为双金属或三金属轴瓦的表层材料。

A. 铸铁　　B. 轴承合金　　C. 铸造锡磷青铜　　D. 铸造黄铜

11. 下列轴承材料中，具有自润滑作用的是（　　）。

A. ZCuSn10Pb1　　B. HT300　　C. 尼龙　　D. 粉末冶金

12. 宽径比 B/d 是设计滑动轴承时首先要确定的重要参数之一，通常取 B/d 为（　　）。

A. 1~10　　B. 0.1~1　　C. 3~5　　D. 0.3~1.5

13. 高速、重载或变载重要机械中的轴承，常选用的润滑方式是（　　）。

A. 浸油润滑　　B. 压力润滑　　C. 飞溅润滑　　D. 滴油润滑

14. 旋盖式油杯是应用最广泛的（　　）装置。

A. 滴油润滑　　B. 脂润滑　　C. 压力润滑　　D. 油芯润滑

15. 液体动压润滑向心滑动轴承，在其他条件不变的情况下，随外载荷的增加（　　）。

A. 油膜压力不变，油膜厚度减小　　B. 油膜压力减小，油膜厚度减小

C. 油膜压力增加，油膜厚度减小　　D. 油膜压力增加，油膜厚度不变

选择题参考答案：

1. A　2. B　3. A　4. B　5. C　6. A　7. C　8. A　9. C　10. B

11. D　12. D　13. B　14. B　15. C

第 14 章

轴和轴毂连接

14.1 典型例题分析

例 14-1 图 14-1 所示为一齿轮安装在直径 $d=35$ mm 的轴上，已知轴与齿轮的材料均为 45 钢，工作时有轻微冲击，轴传递的转矩 $T=300$ N · m。试选取普通平键连接并校核其挤压强度。

解： 由轴径 $d=35$ mm，在标准中选取 A 型普通平键，其 $b\times h=10$ mm×8 mm，由轮毂宽度 $B=70$ mm 选取键长 $L=63$ mm。轴与齿轮的材料均为 45 钢，由教材查得键连接的许用挤压应力$[\sigma_p]=120\sim100$ MPa，取$[\sigma_p]=110$ MPa。

$$\sigma_p=\frac{2T}{dh'l}=\frac{4T}{dh(L-b)}=\frac{4\times300\times10^3}{35\times8\times(63-10)}=80.9\ \text{MPa}<[\sigma_p]$$

满足强度要求。

例 14-2 请指出图 14-2 中轴系结构的错误，并提出改正意见。

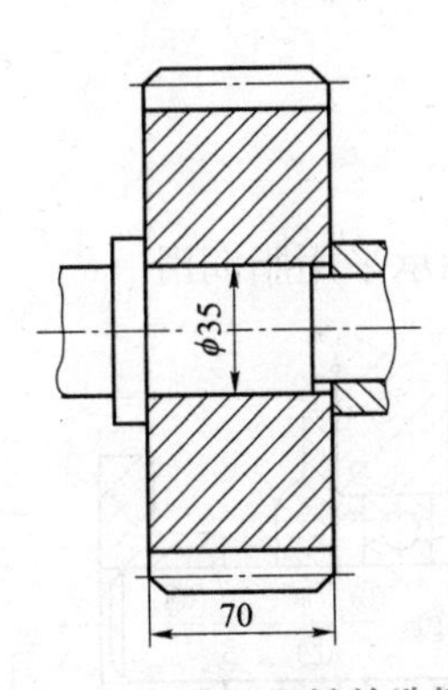

图 14-1 普通平键的选择

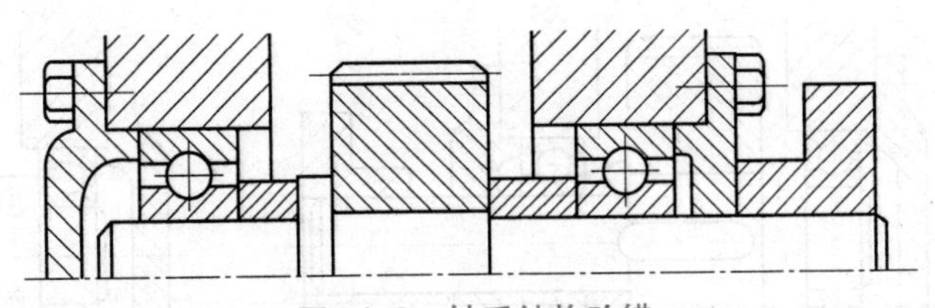

图 14-2 轴系结构改错

解： 如图 14-3 所示。

(1) 两个轴承端盖与箱体接触面间应有调整垫片；

(2) 箱体上与端盖的接触面应铸有凸台，以减小加工面；

(3) 轴端太长，可与轴承左端面平齐或略长；

(4) 没有必要设置套筒，可改为外径不超过内圈厚 2/3 的台阶，靠轴肩给轴承定位；

(5) 齿轮与轴之间应有键连接；

（6）与齿轮配合的轴头长度应比齿轮宽度短 1~2 mm；
（7）套筒、轴肩高度应低于轴承内圈高度，否则轴承无法拆卸；
（8）轴承内外圈剖面线方向应相同；
（9）应有轴承安装台阶；
（10）透盖与轴之间应有间隙，且应有密封毡圈；
（11）右轴承端盖外端面中部应内凹，以减少加工面，且轴承盖应有退刀槽；
（12）联轴器与透盖不能接触，联轴器应右移，以保证旋转件与固定件留有适当距离；
（13）联轴器与轴间应有轴肩定位，与其配合段轴径应减小；
（14）联轴器与轴间应有键连接，且应与齿轮处安装的键在同一母线上；
（15）轴右端不应超出联轴器端面，应缩进 1~2 mm；
（16）某些类型的联轴器应画出联轴器孔的中心线；
（17）剖分式箱体的结合面不需要打剖面线。

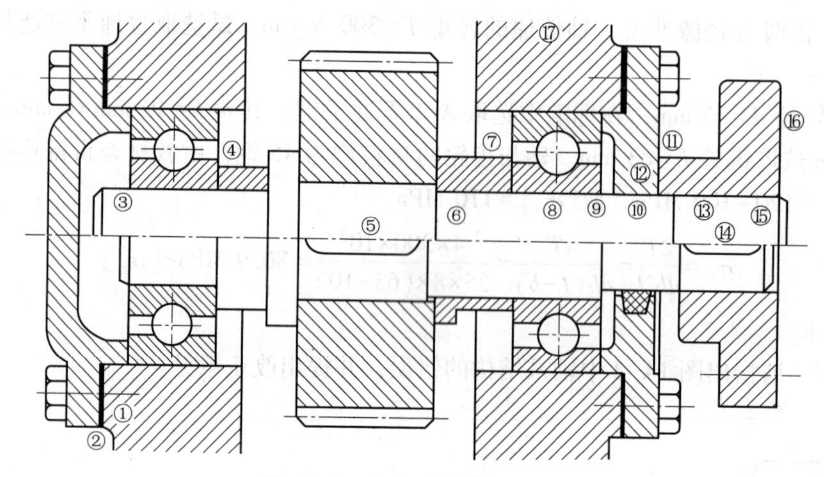

图 14-3　改正后的轴系结构

例 14-3　分析如图 14-4（a）所示轴系的错误结构，并改正，轴承采用脂润滑。

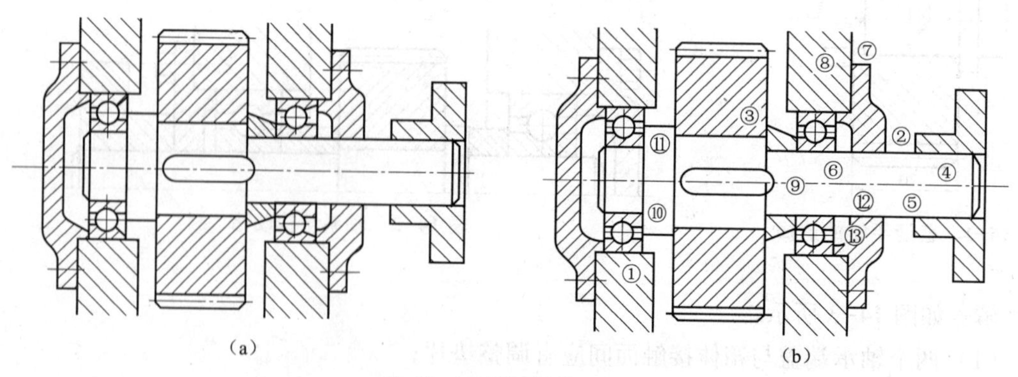

图 14-4　轴系结构改错

解： 此轴系有以下几个方面的错误，如图 14-4（b）所示：
（1）角接触球轴承安装方式不正确；

（2）轴身与端盖无间隙；
（3）套筒顶不住齿轮；
（4）联轴器周向未固定；
（5）联轴器轴向未固定；
（6）悬伸轴精加工过长，装配轴承不便；
（7）箱体端面的加工面与非加工面没有分开；
（8）端盖与箱体端面之间无垫片；
（9）齿轮周向定位键过长，套筒无法装入；
（10）左端轴承处轴肩过高。
（11）齿轮油润滑，轴承脂润滑而无挡油环；
（12）无密封；
（13）箱体孔投影线可见。
改正后的图形如图 14-5 所示。

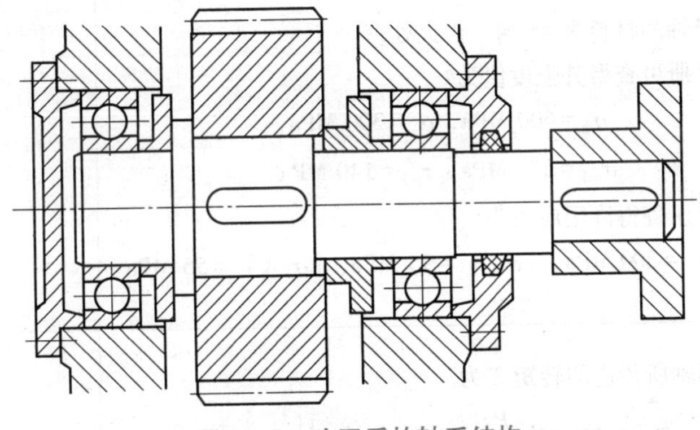

图 14-5　改正后的轴系结构

例 14-4　试设计如图 14-6 所示二级圆柱齿轮减速器的中间轴。已知电动机与减速器输入轴间用普通 V 带传动，电动机型号为 Y160M1-2，功率 $P=11$ kW，额定转速 $n=2\,930$ r/min，$i_{V带}=2$。各级齿轮的传动参数见表 14-1。

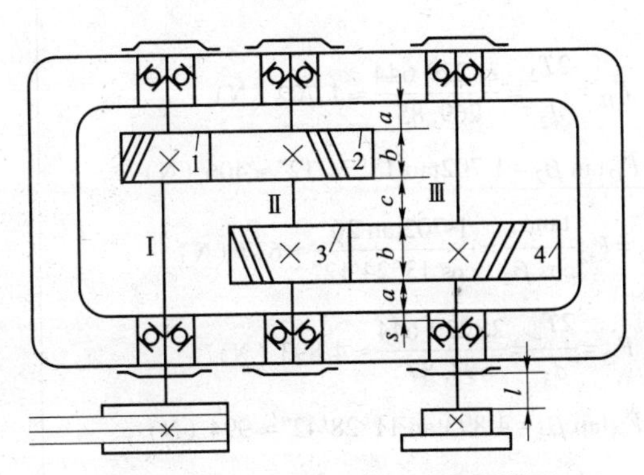

图 14-6　二级圆柱齿轮减速器简图

表 14-1　各级齿轮的传动参数

齿轮	齿数 z	法向模数 m_n/mm	端面模数 m_t/mm	齿宽 b/mm	螺旋角 β	齿向	分度圆直径 d/mm	转速 n/ $(\mathrm{r\cdot min^{-1}})$
1	22	3. 5	3. 598	80	13°24′12″	右旋	79. 16	1 465
2	75	3. 5	3. 598	75	13°24′12″	左旋	269. 85	430
3	23	4	4. 082	85	11°28′42″	左旋	93. 87	430
4	95	4	4. 082	80	11°28′42″	右旋	387. 79	104

解： 轴的受力分析及弯矩、扭矩图如图 14-7 所示。设计的计算项目、计算说明及计算结果见表 14-2。

表 14-2　计算项目、说明及结果

计算项目	计算说明	计算结果
1. 选择轴的材料，确定许用应力	选择轴的材料为 45 钢，正火处理。 由手册可查得其强度值为 $\sigma_b=600$ MPa，$\sigma_s=300$ MPa， $\sigma_{-1}=275$ MPa，$\tau_{-1}=140$ MPa。 由手册查得许用应力为 $[\sigma_{+1b}]=200$ MPa，$[\sigma_{0b}]=95$ MPa，$[\sigma_{-1b}]=55$ MPa	$[\sigma_{+1b}]=200$ MPa $[\sigma_{0b}]=95$ MPa $[\sigma_{-1b}]=55$ MPa
2. 计算轴的载荷	中间轴所传递的转矩 T 为 $T=9.55\times10^6\dfrac{P}{n}\eta=9.55\times10^6\times\dfrac{11}{430}\times0.94$ $\approx229\ 644$（N·mm） 式中，η 为一级 V 带与一对齿轮传动的效率（略去滚动轴承的功耗），此处取 $\eta=0.94$。 轴上斜齿圆柱齿轮的圆周力 F_t、轴向力 F_a、径向力 F_r 为 $F_{t2}=\dfrac{2T_2}{d_2}=\dfrac{2\times229\ 644}{269.85}\approx1\ 702$（N） $F_{a2}=F_{t2}\tan\beta_2=1\ 702\tan13°24'12''\approx406$（N） $F_{r2}=F_{t2}\dfrac{\tan\alpha_n}{\cos\beta_2}=\dfrac{1\ 702\tan20°}{\cos13°24'12''}\approx637$（N） $F_{t3}=\dfrac{2T_2}{d_3}=\dfrac{2\times229\ 644}{93.87}\approx4\ 893$（N） $F_{a3}=F_{t3}\tan\beta_3=4\ 893\tan11°28'42''\approx994$（N） $F_{r3}=F_{t3}\dfrac{\tan\alpha_n}{\cos\beta_3}=\dfrac{4\ 893\tan20°}{\cos11°28'42''}\approx1\ 817$（N）	$T=229\ 644$ N·mm $\eta=0.94$ $F_{t2}=1\ 702$ N $F_{a2}=406$ N $F_{r2}=637$ N $F_{t3}=4\ 893$ N $F_{a3}=994$ N $F_{r3}=1\ 817$ N

续表

计算项目	计算说明	计算结果
3. 估算轴径，选取轴承型号	由公式可知： $$d \geqslant A\sqrt[3]{\frac{P}{n}}$$ 由手册可知：45 号钢，其 $A=118 \sim 107$，则： $$d \geqslant (118 \sim 107)\sqrt[3]{\frac{11 \times 0.94}{430}}=34.1 \sim 30.9\ (\mathrm{mm})$$ 考虑到选用滚动轴承，取 $d_{轴径}=40$ mm。若选用圆锥滚子轴承，则其型号为 30308，由手册查得其有关数据为： 外径 $D=90$ mm，孔径 $d=40$ mm，$B=23$ mm，$C=20$ mm，$T=25.25$ mm（取宽度 $T=25$ mm 计算），$a=19.5$ mm（取 $a=19$ mm 计算）。 轴承采用飞溅润滑，轴上不设置挡油盘	$d_{轴径}=40$ mm
4. 轴的结构设计	考虑到轴上零件从轴的两端依次安装（小齿轮、左套筒和左端轴承由左端装配；大齿轮、右套筒和右端轴承由右端装配）并轴向固定，各轴段相应的直径和长度分别为： 轴承处直径：$d_1=d_7=40$ mm（由转矩初估基本轴径 d，再考虑滚动轴承标准定出）； 轴承处长度：$l_1=l_7=27$ mm（为轴承宽度 $T+2$ mm）； 齿轮处直径：$d_3=d_5=50$ mm（考虑齿轮结构尺寸和装拆方便，齿轮孔径应大于所通过的轴径）； 齿轮处长度：$l_3=83$ mm，$l_5=73$ mm（由齿轮轮毂宽度确定。为保证套筒紧靠齿轮端面，使齿轮轴向固定，其轴段长度应略小于轮毂长度）； 轴环直径：$d_4=60$ mm［两齿轮分别用轴环两端面定位，根据轴径为 50 mm，按设计手册中的推荐值，轴环高度为 $h=(0.07 \sim 0.1)d=3.5 \sim 5$ mm，取 $h=5$ mm，故轴环直径为 $d_4=(50+2\times5)\mathrm{mm}=60$ mm］； 轴环处宽度：$l_4=10$ mm（轴环宽度为 $1.4h=1.4\times5$ mm$=7$ mm，取 $l_4=10$ mm）； 套筒处直径：$d_2=d_6=45$ mm（因轴头与轴径相差较大，为减小应力集中，故增加过渡台阶）； 套筒处长度：$l_2=l_6=15$ mm，分别等于轴环左边和轴环右边轴上零件宽度与间距之和减去已定轴段长度之和，即： $$l_2=(25+5+10+85)-(83+27)=15\ (\mathrm{mm})$$ $$l_6=(25+5+10+75)-(27+73)=15\ (\mathrm{mm})$$ 轴承与箱体内壁的距离 $s=5$ mm； 齿轮与箱体内壁的距离 $a=10$ mm； 选用普通平键连接，由手册按轴径 $d=50$ mm 查相应键的尺寸，可得 $b\times h\times L$ 为 14 mm×9 mm×63 mm 及 14 mm×9 mm×70 mm。 作轴的结构图如图 14-7（a）所示	$d_1=d_7=40$ mm $l_1=l_7=27$ mm $d_3=d_5=50$ mm $l_3=83$ mm $l_5=73$ mm $d_4=60$ mm $l_4=10$ mm $d_2=d_6=45$ mm $l_2=l_6=15$ mm

续表

计算项目	计算说明	计算结果
5. 轴的受力分析	（1）确定跨距 $L_1=\frac{1}{2}\times 85+15+(25-19)=64\ (\mathrm{mm})$ $L_2=\frac{1}{2}\times(85+75)+10=90\ (\mathrm{mm})$ $L_3=\frac{1}{2}\times 75+15+(25-19)=59\ (\mathrm{mm})$ （2）求轴的支反力，作轴的受力简图［见图14-7（b）］ 水平面支反力［见图14-7（c）］： $F_{BH}=\frac{F_{t2}(L_1+L_2)+F_{t3}L_1}{L_1+L_2+L_3}$ $=\frac{1\ 702\times(64+90)+4\ 893\times 64}{64+90+59}=2\ 701\ (\mathrm{N})$ $F_{AH}=F_{t2}+F_{t3}-F_{BH}=1\ 702+4\ 893-2\ 701=3\ 894\ (\mathrm{N})$ 垂直面支反力［见图14-7（e）］： $F_{BV}=\frac{F_{a2}\frac{d_2}{2}+F_{a3}\frac{d_3}{2}+F_{r3}L_1-F_{r2}(L_1+L_2)}{L_1+L_2+L_3}$ $=\frac{406\times\frac{269.85}{2}+994\times\frac{93.87}{2}+1\ 817\times 64-637\times(64+90)}{64+90+59}$ $=562\ (\mathrm{N})$ $F_{AV}=F_{r3}-F_{r2}-F_{BV}=1\ 817-637-562$ $=618\ (\mathrm{N})$ （3）作弯矩图、转矩图 水平面弯矩图 M_H［见图14-7（d）］： $M_{CH}=F_{AH}L_1=3\ 894\times 64=249\ 216\ (\mathrm{N\cdot mm})$ $M_{DH}=F_{BH}L_3=2\ 701\times 59=159\ 359\ (\mathrm{N\cdot mm})$ 垂直面弯矩图 M_V［见图14-7（f）］： $M_{CV左}=F_{AV}L_1=618\times 64=39\ 552\ (\mathrm{N\cdot mm})$ $M_{CV右}=M_{CV左}+F_{a3}\frac{d_3}{2}=39\ 552+\frac{994\times 93.87}{2}$ $=86\ 205\ (\mathrm{N\cdot mm})$ $M_{DV右}=F_{BV}L_3=562\times 59=33\ 158\ (\mathrm{N\cdot mm})$ $M_{DV左}=M_{DV右}-F_{a2}\frac{d_2}{2}=33\ 158-\frac{406\times 269.85}{2}$ $=-21\ 622\ (\mathrm{N\cdot mm})$	$L_1=64$ mm $L_2=90$ mm $L_3=59$ mm $F_{BH}=2\ 701$ N $F_{AH}=3\ 894$ N $F_{BV}=562$ N $F_{AV}=618$ N $M_{CH}=249\ 216$ N·mm $M_{DH}=159\ 359$ N·mm $M_{CV左}=39\ 552$ N·mm $M_{CV右}=86\ 205$ N·mm $M_{DV右}=33\ 158$ N·mm $M_{DV左}=-21\ 622$ N·mm

续表

计算项目	计算说明	计算结果
5. 轴的受力分析	合成弯矩图［见图 14-7（g）］ $M_{C左}=\sqrt{M_{CH}^2+M_{CV左}^2}=\sqrt{249\ 216^2+39\ 552^2}$ $=252\ 335$（N·mm） $M_{C右}=\sqrt{M_{CH}^2+M_{CV右}^2}=\sqrt{249\ 216^2+86\ 205^2}$ $=263\ 704$（N·mm） $M_{D左}=\sqrt{M_{DH}^2+M_{DV左}^2}=\sqrt{159\ 359^2+(-21\ 622)^2}$ $=160\ 819$（N·mm） $M_{D右}=\sqrt{M_{DH}^2+M_{DV右}^2}=\sqrt{159\ 359^2+33\ 158^2}$ $=162\ 772$（N·mm） 转矩图［见图 14-7（h）］，转矩 $T=229\ 644$ N·mm	$M_{C左}=252\ 335$ N·mm $M_{C右}=263\ 704$ N·mm $M_{D左}=160\ 819$ N·mm $M_{D右}=162\ 772$ N·mm $T=229\ 644$ N·mm
6. 按弯矩和转矩的合成应力校核轴的强度	由图 14-7（g）可知，截面 C 处弯矩最大，故校核该截面的强度。截面 C 的当量弯矩： $M_e=\sqrt{M_C^2+(\alpha T)^2}=\sqrt{263\ 704^2+(0.58\times229\ 644)^2}$ $=295\ 432$（N·mm） 式中，$\alpha=\dfrac{[\sigma_{-1b}]}{[\sigma_{0b}]}=\dfrac{55}{95}=0.58$。 由公式可得： $\sigma_e=\dfrac{M_e}{W}=\dfrac{M_e}{0.1d^3}=\dfrac{295\ 432}{0.1\times50^3}=23.63$（MPa） 因 $\sigma_e<[\sigma_{-1b}]=55$ MPa，故截面 C 的强度足够	$M_e=295\ 432$ N·mm $\sigma_e=23.63$ MPa $\sigma_e<[\sigma_{-1b}]$
7. 绘制轴的零件工作图		如图 14-8 所示

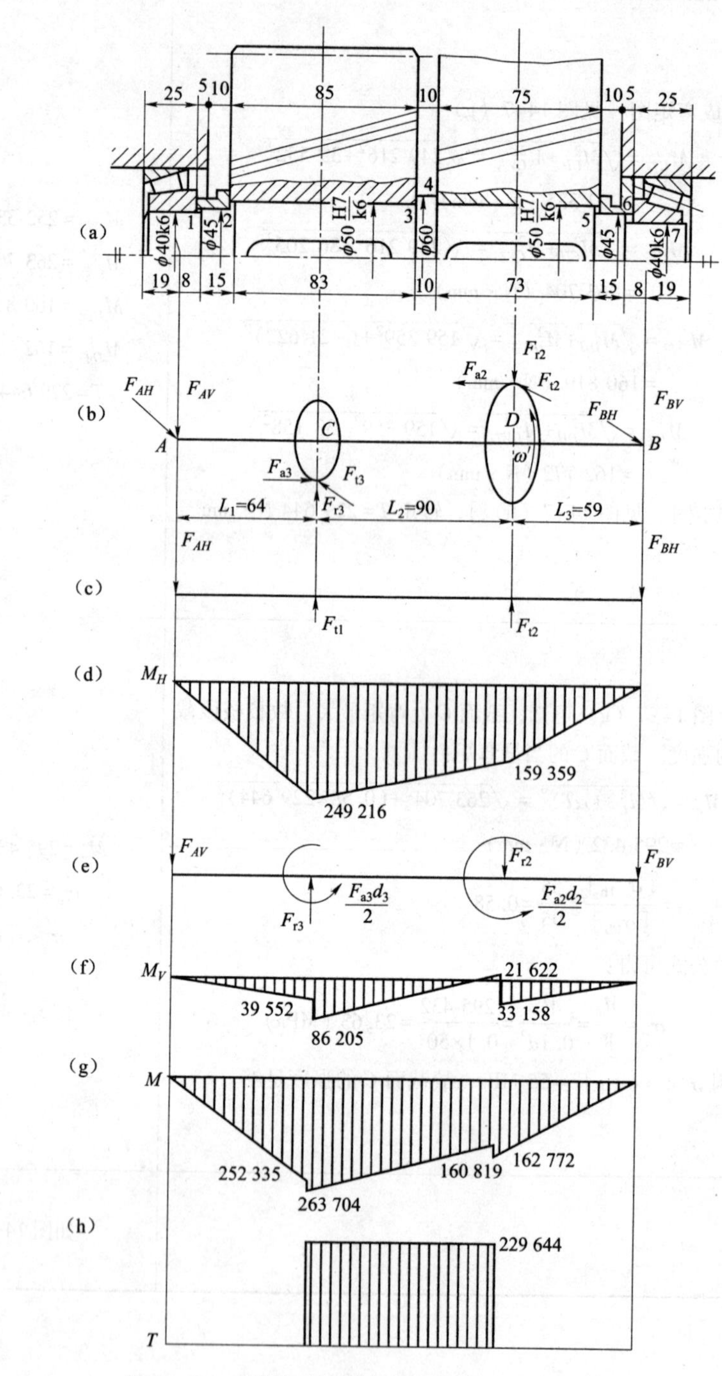

图 14-7　减速器中间轴的受力分析及其弯、扭矩图

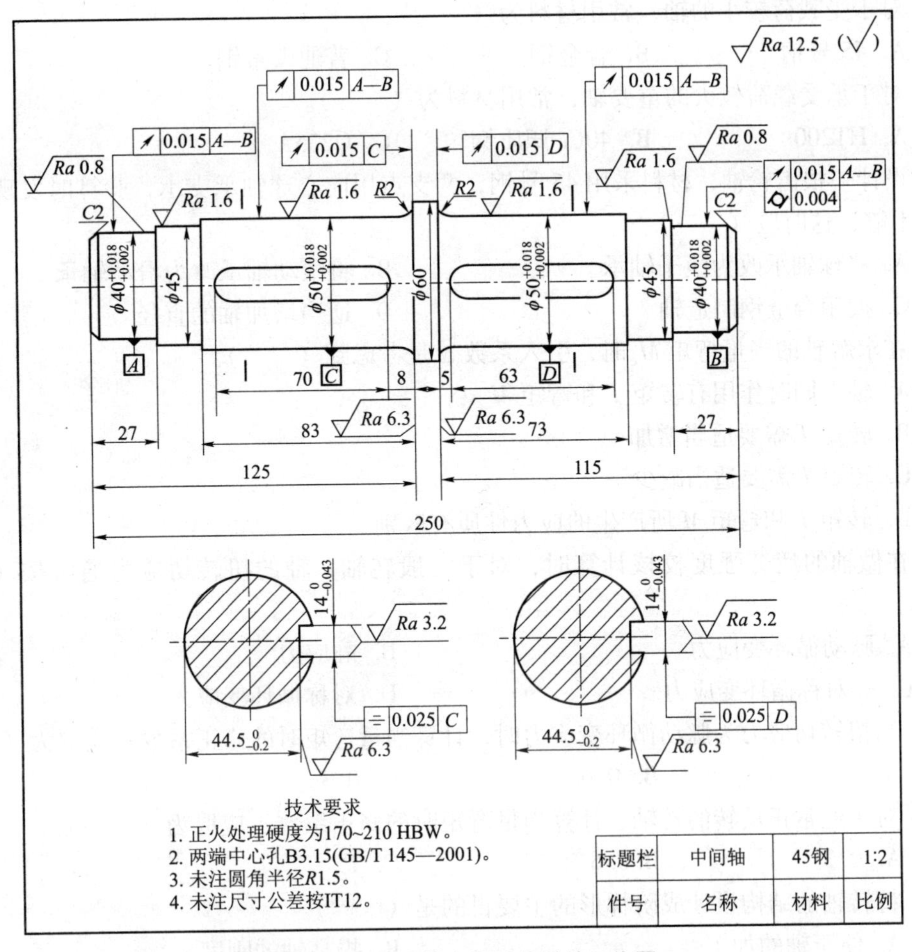

图 14-8 减速器中间轴的零件工作图

14.2 基本知识测试

选择题：

1. 工作时既承受弯矩又承受转矩的轴，称为（　　）。

   A. 传动轴　　B. 转轴　　C. 心轴

2. 工作时只承受弯矩不传递转矩的轴，称为（　　）。

   A. 心轴　　B. 转轴　　C. 传动轴

3. 火车车厢的车轮轴按承载情况分析，应是（　　）。

   A. 心轴　　B. 转轴　　C. 传动轴

4. 自行车的前、中、后轴，按承载情况分析，应（　　）。

   A. 都是转动心轴

   B. 分别是固定心轴、转轴和固定心轴

   C. 都是转轴

   D. 分别是转轴、转动心轴和固定心轴

5. 对于受载荷较小的轴，常用材料为（　　）。

A. 45号钢　　B. 合金钢　　C. 普通碳素钢

6. 对于承受载荷较大的重要轴，常用材料为（　　）。

A. HT200　　B. 40Cr调质钢　　C. Q235A

7. 设计一根齿轮轴，材料采用45号钢，两支点用向心球轴承支承，验算时发现轴的弯曲刚度不够，这时应（　　）。

A. 将球轴承改为滚子轴承　　B. 将滚动轴承改为滑动轴承

C. 换用合金钢制造轴　　D. 适当增加轴的直径

8. 在求解轴的当量弯矩 M_e 时，引入系数 α 是考虑到（　　）。

A. 轴上同时作用有转矩 T 和弯矩 M

B. 转矩 T 需要适当增加

C. 转矩 T 需要适当减少

D. 转矩 T 和弯矩 M 所产生的应力性质有区别

9. 在做轴的疲劳强度校核计算时，对于一般转轴，轴的扭转切应力通常按（　　）考虑。

A. 脉动循环变应力　　B. 静应力

C. 非对称循环变应力　　D. 对称循环变应力

10. 当扭转切应力为脉动循环变应力时，计算当量弯矩时的修正系数 α 应取为（　　）。

A. 1　　B. 0.6　　C. 0.3

11. 对于经常正反转的转轴，计算当量弯矩时的修正系数 α 应取为（　　）。

A. 0.3　　B. 0.6　　C. 1

12. 将转轴的结构设计成阶梯形的主要目的是（　　）。

A. 便于轴的加工　　B. 提高轴的刚度

C. 便于轴上零件的固定和装拆　　D. 提高轴的强度

13. 当采用套筒、螺母或轴端挡圈作轴向固定时，为了使零件的端面靠紧定位面，安装零件的轴段长度应（　　）零件轮毂的宽度。

A. 大于等于　　B. 小于　　C. 大于　　D. 等于

14. 普通平键连接的主要用途是使轴与轮毂之间（　　）。

A. 沿轴向固定并传递轴向力　　B. 沿轴向可做相对滑动并具有导向作用

C. 沿周向固定并传递转矩　　D. 安装与拆卸方便

15. 普通平键连接一般多选用（　　）。

A. C型　　B. A型　　C. B型

16. 轴上零件的周向固定方法有多种形式，对于普通机械，当传递转矩较大时，宜采用（　　）。

A. 花键　　B. 紧定螺钉

C. 锁紧挡圈　　D. 销连接

17. 在齿轮减速器中，低速轴轴颈一般比高速轴轴颈（　　）。

A. 大　　B. 小　　C. 一样

18. 轴环的作用是（　　）。

A. 作为轴加工时的定位面　　B. 提高轴的强度
C. 使轴上零件获得轴向定位　　D. 提高轴的刚度

19. 在轴的初步计算中，轴的直径是按（　　）来初步确定的。
A. 弯曲强度　　B. 扭转强度
C. 轴段上零件的孔径　　D. 轴段的长度

20. 转轴上的载荷和支点位置都已确定后，轴的直径可以根据（　　）来进行计算或校核。
A. 弯曲强度　　B. 扭转强度　　C. 弯扭合成强度

21. 增大轴在截面变化处的过渡圆角半径，有利于（　　）。
A. 零件的轴向定位　　B. 降低应力集中，提高轴的疲劳强度
C. 使轴的加工方便　　D. 零件的周向定位

22. 对轴进行表面强化处理，可以提高轴的（　　）。
A. 静强度　　B. 刚度　　C. 疲劳强度　　D. 耐冲击性能

23. 设计减速器中的轴，其一般设计步骤为（　　）。
A. 先进行结构设计，再作转矩、弯曲应力和安全系数校核
B. 按弯曲应力初估轴颈，再进行结构设计，最后校核转矩和安全系数
C. 根据安全系数定出轴颈和长度，再校核转矩和弯曲应力
D. 按转矩初估轴颈，再进行结构设计，最后校核弯曲应力和安全系数

24. 当轴上零件要求承受较大的轴向力时，应采用（　　）来进行轴向固定。
A. 圆螺母　　B. 紧定螺钉
C. 锁紧挡圈　　D. 弹性挡圈

25. 零件在轴上的轴向固定方法中，对轴的强度削弱最大的是（　　）。
A. 圆螺母　　B. 紧定螺钉
C. 锁紧挡圈　　D. 弹性挡圈

26. 普通平键的剖面尺寸通常是根据（　　）从标准中选取。
A. 传递转矩的大小　　B. 传递功率的大小
C. 轮毂的长度　　D. 轴的直径

27. 键的长度主要是根据（　　）进行选择的。
A. 传递转矩的大小　　B. 传递功率的大小
C. 轮毂的长度　　D. 轴的直径

28. 轴上键槽用盘铣刀加工的优点是（　　）。
A. 装配方便　　B. 对中性好　　C. 减小应力集中

29. 平键连接若不能满足强度条件要求，则可在轴上安装一对平键，使它们沿圆周相隔（　　）。
A. 90°　　B. 120°　　C. 135°　　D. 180°

30. 为了不过于严重削弱轴和轮毂的强度，两个切向键最好布置成（　　）。
A. 相隔 180°　　B. 相隔 120°~135°
C. 相隔 90°　　D. 在轴的同一母线上

31. 标准普通平键连接的承载能力，通常取决于（　　）。

A. 键、轮毂和轴中较弱者的挤压强度　B. 轴、轮毂中较弱者的挤压强度
C. 键、轴中较弱者的挤压强度　D. 键、轮毂中较弱者的挤压强度

32. 在载荷性质相同时，导向平键的许用挤压应力应取得比普通平键小，这是为了（　）。
A. 减轻磨损　B. 减轻轮毂滑移时的阻力
C. 补偿键磨损后工作表面的减小　D. 增加导向的精确度

33. 当轮毂轴向移动距离较小时，可以采用的连接是（　）。
A. 普通平键　B. 半圆键　C. 导向平键　D. 滑键

34. 可传递轴向力的连接是（　）。
A. 普通平键　B. 半圆键　C. 导向平键　D. 楔键

35. 对轴削弱最大的键是（　）。
A. 平键　B. 楔键　C. 花键　D. 半圆键

36. 半圆键连接的主要优点是（　）。
A. 工艺性好，装配方便　B. 键槽的应力集中较小
C. 对轴的强度削弱较轻　D. 能轴向固定

37. 平键连接的可能失效形式为（　）。
A. 疲劳点蚀　B. 弯曲疲劳破坏
C. 胶合　D. 压溃、磨损、剪切破坏

38. 半圆键连接的工作面为（　）。
A. 顶面　B. 底面　C. 两侧面　D. 端面

39. 楔键和（　），两者的接触面都具有 1∶100 的斜度。
A. 轴上键槽的底面　B. 轮毂上键槽的底面
C. 键槽的侧面

40. 与平键连接相比，楔键连接的主要缺点是（　）。
A. 键的斜面加工困难　B. 楔紧后在轮毂中产生初应力
C. 键安装时易损坏键　D. 轴和轴上零件对中性差

41. 楔键和切向键通常不宜用于（　）的连接。
A. 传递较大转矩　B. 要求准确对中　C. 要求轴向固定

42. 某变速齿轮需在轴上频繁移动，拟采用矩形花键连接，若两连接表面硬度均大于 50 HRC，则该连接宜采用（　）定心方式。
A. 大径　B. 小径　C. 齿面　D. 任意

43. 花键连接与平键连接（采用多键时）相比较，（　）的观点是错误的。
A. 承载能力比较大
B. 旋转零件在轴上有良好的对中性和沿轴移动的导向性
C. 对轴的削弱比较严重
D. 可采用研磨加工来提高连接质量和加工精度

44. 应用较广的花键齿形是（　）。
A. 矩形与三角形　B. 渐开线与三角形
C. 矩形与渐开线　D. 矩形、渐开线与三角形

选择题参考答案:

1. B　2. A　3. A　4. B　5. C　6. B　7. D　8. D　9. A　10. B

11. C　12. C　13. B　14. C　15. B　16. A　17. A　18. C　19. B　20. C

21. B　22. C　23. D　24. A　25. A　26. D　27. C　28. C　29. D　30. B

31. A　32. A　33. C　34. D　35. D　36. A　37. D　38. C　39. B　40. D

41. B　42. B　43. C　44. C

第 15 章

联轴器、离合器与弹簧

15.1 典型例题分析

例 15-1 电动机经减速器驱动链式输送机工作。已知电动机的功率 $P=15$ kW，电动机的转速 $n=1\ 460$ r/min，电动机的直径和减速器输入轴的直径均为 42 mm。两轴同轴度好，输送机工作时启动频繁并有轻微冲击。试选择联轴器的类型和型号。

解： 由于联轴器连接的电动机轴和减速器的输入轴同轴度好，且启动频繁并有轻微冲击，故选择有弹性元件的挠性联轴器可以缓冲减振，如弹性套柱销联轴器和弹性柱销联轴器等。

（1）类型选择。

为了隔离振动与冲击，选用弹性套柱销联轴器。

（2）载荷计算。

取工况系数 $K=1.5$，计算转矩为

$$T_c=KT=9\ 550\ K\frac{P}{n}=9\ 550\times1.5\times\frac{15}{1\ 460}=147.2\ (\mathrm{N\cdot m})$$

（3）型号选择。

从国标 GB/T 4323—2002 中查得，LT6 型弹性套柱销联轴器的许用转矩为 250 N · m，许用最大转速为 3 800 r/min，钢制联轴器轴孔直径为 42 mm，主动端选用有沉孔的短圆柱形轴孔（J 形）、A 型键槽，从动端选择无沉孔的短圆柱形轴孔（J_1形）、B 型键槽，两键槽沿圆周相隔 120°。本题选用的弹性套柱销联轴器标记为

$$\text{LT6 联轴器}\ \frac{\mathrm{J}42\times84}{\mathrm{J}_1 42\times84}\ \text{GB/T 4323—2002}$$

注意：联轴器的轴孔类型、长度以及键槽类型的选择，可根据使用场合和机器的结构要求确定。

例 15-2 试设计一圆柱螺旋压缩弹簧。已知该弹簧在一般载荷条件下工作，要求中径 $D_2=18$ mm，外径 $D\leqslant22$ mm。已知当初始安装载荷 $F_1=220$ N 时，其相应的变形量 $\lambda_1=8$ mm；当最大工作载荷 $F_2=500$ N 时，其相应的变形量 $\lambda_2=20$ mm。

解：

（1）根据工作条件选择材料并确定其许用应力。

因弹簧在一般载荷条件下工作，故可按Ⅲ类弹簧来考虑，选用价格较低的 C 级碳素弹簧钢丝。根据 $d=D-D_2\leqslant(22-18)=4$ mm，试取 $d=3$ mm。

由教材中表 15-4 查得 $\sigma_b = 1\ 570$ MPa，根据教材中表 15-3 可知：

$$[\tau] = 0.5\sigma_b = 0.5\times 1\ 570 = 785\ (\text{MPa})$$

（2）选择旋绕比。试取旋绕比 $C=5$，并由下面公式来计算弹簧的曲度系数 K。

$$K = \frac{4C-1}{4C-4} + \frac{0.615}{C} = \frac{4\times 5-1}{4\times 5-4} + \frac{0.615}{5} = 1.31$$

（3）弹簧丝直径 d 的计算。

$$d \geqslant \sqrt{\frac{8KF_2C}{\pi\ [\tau]}} = 1.6\times\sqrt{\frac{KF_2C}{[\tau]}} = 1.6\times\sqrt{\frac{1.31\times 500\times 5}{785}} \approx 3.26\ (\text{mm})$$

故取弹簧丝直径 $d=3.5$ mm 才能满足强度要求。

弹簧中径：

$$D_2 = Cd = 5\times 3.5 = 17.5\ (\text{mm})$$

弹簧外径：

$$D = D_2 + d = 17.5 + 3.5 = 21\ (\text{mm})$$

计算所得尺寸符合题中限制的尺寸，满足要求。

（4）弹簧工作圈数 n 的计算。

弹簧的刚度：

$$C_S = \frac{F}{\lambda} = \frac{F_2 - F_1}{\lambda_2 - \lambda_1} = \frac{500-220}{20-8} = 23\ (\text{N/mm})$$

根据刚度的计算，由教材中表 15-3 查得 $G = 80\times 10^3$ MPa，则弹簧有效圈数 n 为

$$n = \frac{Gd}{8C_SC^3} = \frac{80\times 10^3\times 3.5}{8\times 23\times 5^3} = 12.17\ (\text{圈})$$

故取 $n=12$ 圈。

选 YI 型支承结构，取支承圈数 $n_2 = 2.5$ 圈，则弹簧的总圈数为

$$n_1 = n + n_2 = 12 + 2.5 = 14.5\ (\text{圈})$$

（5）计算弹簧有关尺寸。

弹簧内径：

$$D_1 = D_2 - d = 17.5 - 3.5 = 14\ (\text{mm})$$

自由高度：

$$H_0 = nt + 2d = 12\times 8 + 2\times 3.5 = 103\ (\text{mm})$$

此处 t 为弹簧节距——相邻两圈轴向距离，一般取 $t=(0.3\sim0.5)\ D_2$，这里取 $t=8$ mm。

其他尺寸计算略。

（6）绘制弹簧工作图。

略。

15.2 基本知识测试

选择题：

1. 联轴器和离合器的主要作用是（　　）。

A. 连接两轴一同旋转并传递转矩　　B. 补偿两轴的相对位移
C. 防止机器发生过载　　D. 缓和冲击，减少振动

2. 用来连接两轴，并需在转动中随时接合和分离的连接件为（　）。
A. 联轴器　　B. 离合器　　C. 制动器

3. 凸缘联轴器可依靠铰制孔螺栓来保证被连接两轴的同轴度，也可依靠联轴器上的对中榫来保证两轴的同轴度，以上两者比较，前者的优点是（　）。
A. 制造比较方便　　B. 装配比较方便
C. 拆卸比较方便　　D. 对中精度较高

4. 在载荷平稳、传递转矩较大且两轴同轴度要求较高时，宜选用（　）。
A. 十字滑块联轴器　　B. 凸缘联轴器
C. 弹性联轴器

5. 对于连接载荷平稳、需正反转或启动频繁的传递中小转矩的轴，宜选用（　）。
A. 十字滑块联轴器　　B. 弹性套柱销联轴器
C. 万向联轴器　　D. 齿式联轴器

6. 在下列联轴器中，能补偿两轴的相对位移以及可以缓冲吸振的是（　）。
A. 凸缘联轴器　　B. 齿式联轴器
C. 万向联轴器　　D. 弹性柱销联轴器

7. 对于要求有综合位移、传递转矩较大、启动频繁、经常正反转的重型机械，常用的联轴器是（　）。
A. 凸缘联轴器　　B. 夹壳联轴器
C. 齿式联轴器　　D. 十字滑块联轴器

8. 对于径向位移较大、转速较低、载荷平稳无冲击的两轴，宜选用的联轴器是（　）。
A. 弹性套柱销联轴器　　B. 万向联轴器
C. 十字滑块联轴器　　D. 弹性柱销联轴器

9. 两轴在工作中仅需要单向接合传动时，应选用（　）离合器。
A. 安全离合器　　B. 超越式离合器　　C. 摩擦离合器

10. 汽车变速箱输出轴和后桥之间采用的联轴器是（　）。
A. 弹性柱销联轴器　B. 十字滑块联轴器　C. 万向联轴器

11. 凸缘联轴器是一种（　）联轴器。
A. 刚性　　B. 无弹性元件挠性
C. 金属弹性元件挠性　　D. 非金属弹性元件挠性

12. 万向联轴器属于（　）式联轴器。
A. 刚性固定　　B. 刚性可移　　C. 弹性可移

13. 齿式联轴器是一种（　）联轴器。
A. 刚性　　B. 无弹性元件挠性
C. 金属弹性元件挠性　　D. 非金属弹性元件挠性

14. 当两轴夹角不等于零时，万向联轴器的主要缺点是（　）。
A. 传递的转矩较小
B. 主动转速恒定时，从动轴转速作周期性变化

C. 工作寿命很短

15. 弹性套柱销联轴器的主要缺点是（　　）。

A. 只能允许两轴线有相对角偏移

B. 只能允许两轴线有相对径向偏移

C. 在轴线相对角位移较大时，橡胶圈的磨损较快

16. 十字轴式万向联轴器允许两轴间最大夹角 α 可达（　　）。

A. 10°　　B. 45°　　C. 60°　　D. 30°

17. 牙嵌式离合器一般用在（　　）的场合。

A. 传递转矩很小、接合速度很低　　B. 传递转矩较大、接合速度很低

C. 传递转矩很小、接合速度很高　　D. 传递转矩较大、接合速度很高

18. 在牙嵌式离合器中，矩形牙型使用较少，其主要原因是（　　）。

A. 传递转矩小　　B. 牙齿强度不高

C. 不便接合与分离　　D. 只能传递单向转矩

19. 牙嵌式离合器的常用牙型有矩形、梯形、锯齿形和三角形等，当传递较大转矩时常用的牙型为梯形，因为（　　）。

A. 强度高，容易接合和分离，且能补偿磨损

B. 接合后没有相对滑动

C. 牙齿接合面间有轴向作用力

20. 若多片摩擦离合器的内、外摩擦片数分别为 m_1、m_2，则摩擦接合面数是（　　）。

A. m_1+m_2　　B. m_1+m_2-1　　C. m_1+m_2+1　　D. 2（m_1+m_2）

21. 下列材料不能用作弹簧材料的是（　　）。

A. 65　　B. 65Mn　　C. 60Si2MnA　　D. ZSnSb11Cu6

22. 圆柱螺旋弹簧的旋绕比是（　　）的比值。

A. 弹簧丝直径 d 与中径 D_2　　B. 弹簧丝直径 d 与自由高度 H_0

C. 中径 D_2 与弹簧丝直径 d　　D. 自由高度 H_0 与弹簧丝直径 d

23. 旋绕比 C 选得过小，则弹簧（　　）。

A. 刚度过小、易颤动　　B. 卷绕困难，且工作时内侧应力大

C. 尺寸过大、结构不紧凑　　D. 易产生失稳现象

24. 圆柱螺旋弹簧可按曲梁受（　　）的程度进行强度计算。

A. 拉伸　　B. 压缩　　C. 扭转　　D. 弯曲

25. 圆柱螺旋弹簧的有效圈数是按弹簧的（　　）要求计算得到的。

A. 强度　　B. 刚度　　C. 稳定性　　D. 结构尺寸

选择题参考答案：

1. A　2. B　3. C　4. B　5. B　6. D　7. C　8. C　9. B　10. C

11. A　12. B　13. B　14. B　15. C　16. B　17. B　18. C　19. A　20. B

21. D　22. C　23. B　24. C　25. B

第 16 章

螺纹连接与螺旋传动

16.1 典型例题分析

例 16-1 一厚度 $\delta=12$ mm 的钢板用四个螺栓固连在厚度 $\delta_1=30$ mm 的铸铁支架上，螺栓的布置有 A、B 两种方案，如图 16-1 所示。已知载荷 $F_\Sigma=12\ 000$ N，$l=400$ mm，$a=100$ mm。试问哪种螺栓布置方案更合理？

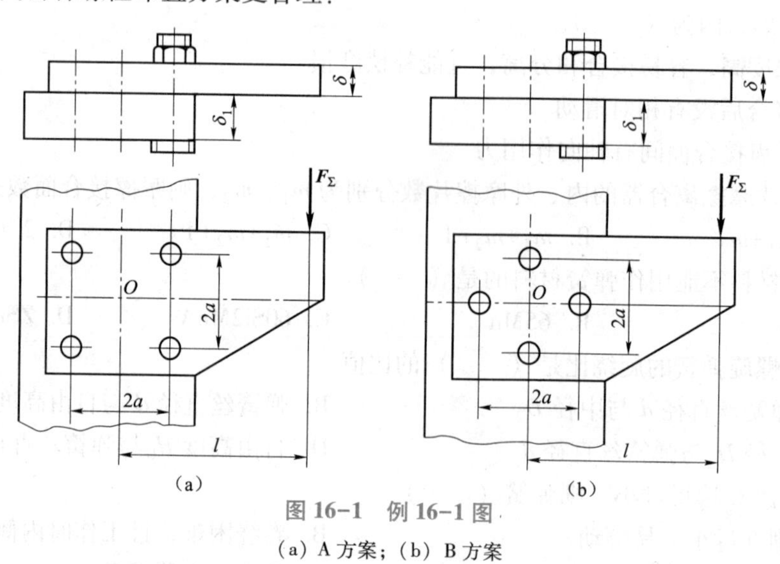

图 16-1 例 16-1 图

(a) A 方案；(b) B 方案

解：对于载荷作用在螺栓组形心之外的螺栓组连接，解题关键就是要将其转化为四种典型的简单受力状态。然后进行载荷分配，找出受力最大的螺栓所受的各种载荷，用矢量叠加原理求得该螺栓所受的最大载荷。显然，使螺栓组受力最大的螺栓承受较小的载荷是比较合理的布置方案。

（1）螺栓组的受力分析。将载荷 $\boldsymbol{F}_\Sigma$ 向螺栓组形心简化，简化后得一横向载荷 $\boldsymbol{F}_\Sigma$ 和一旋转力矩 $T=F_\Sigma l=4\ 800\times10^3$ N · mm，如图 16-2 所示。

（2）确定各个螺栓所受的横向载荷。

① 在横向力 $\boldsymbol{F}_\Sigma$ 作用下，各螺栓所受横向载荷 $\boldsymbol{F}_1$ 大小相同，且与 $\boldsymbol{F}_\Sigma$ 同向。

$$F_1=F_\Sigma/4=12\ 000/4=3\ 000\ (\text{N})$$

② 在旋转力矩 T 作用下：由于各个螺栓中心至形心 O 点的距离相等，所以各个螺栓所

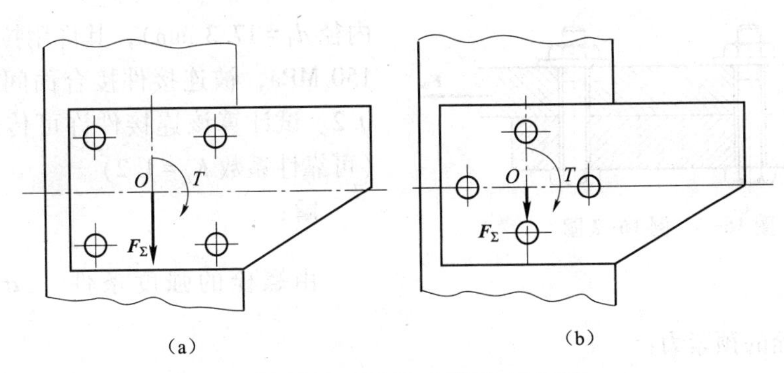

图 16-2　例 16-1 答图（1）

受的横向载荷 F_2 大小也相同，但方向各垂直于螺栓中心与形心连线，如图 16-3 所示。

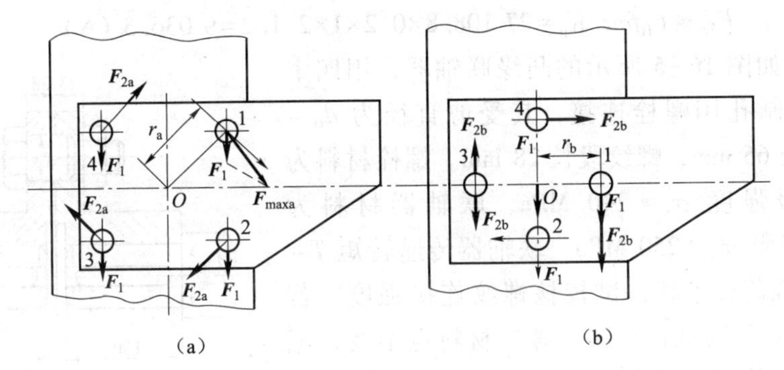

图 16-3　例 16-1 答图（2）

（a）A 方案；（b）B 方案

A 方案中，各螺栓离形心距离：

$$r_a=\sqrt{a^2+a^2}=\sqrt{100^2+100^2}=141.4\ (\text{mm})$$

故得

$$F_{2a}=\frac{T}{zr_a}=\frac{4\ 800\times10^3}{4\times141.4}=8\ 487\ (\text{N})$$

由图 16-3（a）可见，螺栓 1 和 2 所受两力夹角 α 较小，故其承受最大的横向力为

$$\begin{aligned}F_{amax}&=\sqrt{F_1^2+F_{2a}^2+2F_1F_{2a}\cos\alpha}\\&=\sqrt{3\ 000^2+8\ 487^2+2\times3\ 000\times8\ 487\cos45^\circ}\\&=10\ 820\ (\text{N})\end{aligned}$$

B 方案中，$r_b=a=100$ mm，故得：

$$F_{2b}=\frac{T}{zr_b}=\frac{4\ 800\times10^3}{4\times100}=12\ 000\ (\text{N})$$

由图 16-3（b）可见，螺栓 1 受最大的横向力为

$$F_{bmax}=F_1+F_{2b}=3\ 000+12\ 000=15\ 000\ (\text{N})$$

（3）根据计算结果比较两方案。

因为 $F_{amax}<F_{bmax}$，故知 A 方案比较合理。

例 16-2　在如图 16-4 所示的普通螺栓连接中，螺栓的个数为 2，采用 M20 的螺栓（其

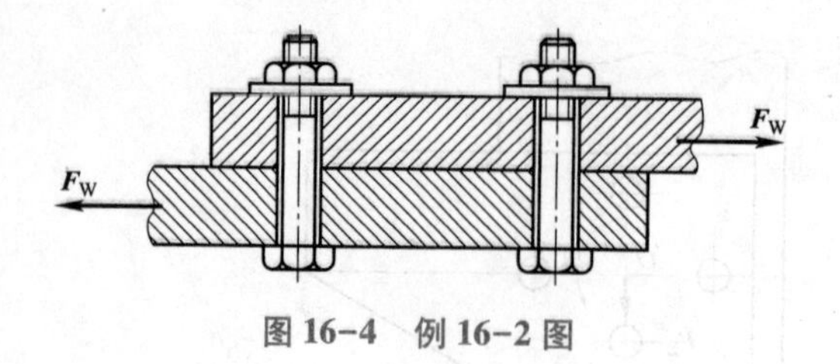

图 16-4　例 16-2 图

内径 $d_1=17.3$ mm)，其许用拉应力 $[\sigma]=150$ MPa，被连接件接合面间摩擦因数 $f=0.2$。试计算该连接件许可传递的载荷 F_W（可靠性系数 $K_n=1.2$）。

解：

由螺栓的强度条件 $\sigma_{ca}=\dfrac{1.3F_0}{\pi d_1^2/4}\leqslant[\sigma]$，可得螺栓的预紧力：

$$F_0\leqslant\frac{\pi d_1^2[\sigma]}{4\times1.3}=\frac{17.3^2\times150\pi}{4\times1.3}=27\ 108.8\ (\text{N})$$

由连接接合面不滑移的条件 $F_0fmz\geqslant K_nF_W$，可得：

$$F_W\leqslant F_0fmz/K_n=27\ 108.8\times0.2\times1\times2/1.2=9\ 036.3\ (\text{N})$$

例 16-3　如图 16-5 所示的凸缘联轴器，用四个 M16 六角头铰制孔用螺栓连接，其受剪直径为 $d_0=17$ mm，螺栓长 65 mm，螺纹段长 28 mm。螺栓材料为 Q235 钢，屈服强度 $\sigma_s=240$ MPa，联轴器材料为 HT250，强度极限 $\sigma_b=250$ MPa。联轴器传递转矩 $T=2\ 000$ N·m，载荷较平稳，试校核螺纹连接强度。若改用 4 个 M16 的普通螺栓连接，螺栓材料也不变，试求螺栓连接允许传递的最大转矩（结合面间的摩擦因数 $f=0.12$，装配时控制预紧力）。

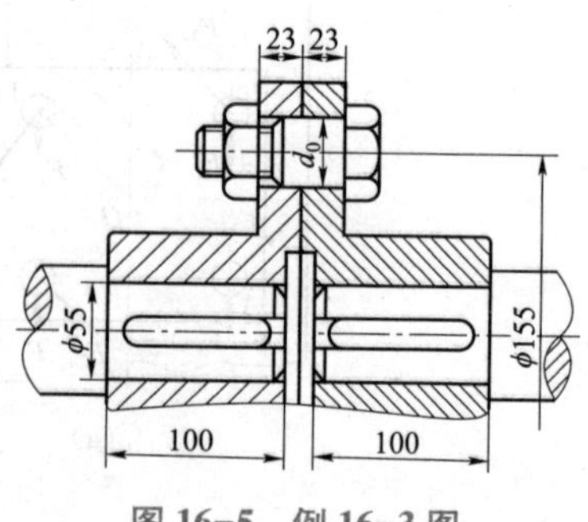

图 16-5　例 16-3 图

注意：受剪螺栓连接的许用切应力 $[\tau]=\sigma_s/2.5$。许用挤压应力（静载）：对钢 $[\sigma_p]=\sigma_s/1.25$；对铸铁 $[\sigma_p]=\sigma_b/2.5$。

解：(1) 螺栓的许用切应力 $[\tau]=\dfrac{\sigma_s}{2.5}=\dfrac{240}{2.5}=96$ (MPa)

连接许用挤压应力：

$$[\sigma_p]=\frac{\sigma_b}{2.5}=\frac{250}{2.5}=100\ (\text{MPa})$$

(2) 单个螺栓所受的横向载荷：

$$F_S=\frac{2T}{zD}=\frac{2\times2\ 000\times1\ 000}{4\times155}=6\ 451.6\ (\text{N})$$

(3) 螺栓杆与孔壁挤压面的最小长度：

$$h_1=65-28-23=14\ (\text{mm})$$

(4) 螺栓的剪切强度：

$$\tau=\frac{4F_S}{\pi d_0^2m}=\frac{4\times6\ 451.6}{\pi\times17^2\times1}=28.44\ (\text{MPa})<[\tau]$$

(5) 连接的挤压强度：

$$\sigma_p=\frac{F_S}{h_1d_0}=\frac{6\ 451.6}{14\times17}=27.1\ (\text{MPa})<[\sigma_p]$$

故该螺纹连接的强度满足要求。

(6) 改用 4 个 M16 的普通螺栓连接，则应满足以下条件。

设每个螺栓所受的预紧力为 F_0，结合面间不滑动的条件为

$$zfF_0\frac{D_0}{2}\geqslant K_nT$$

即
$$T\leqslant zfF_0\frac{D_0}{2K_n}$$

取 $K_n=1.2$，并代入 $z=4$、$f=0.12$、$D_0=155$ mm，可得：

$$T\leqslant zfF_0\frac{D_0}{2K_n}=31F_0$$

紧连接螺栓仅受预紧力的强度条件为

$$\sigma_{ca}=1.3F_0\Big/\left(\frac{\pi}{4}d_1^2\right)\leqslant[\sigma]$$

由手册可查得普通螺栓 M16 的危险剖面直径（小径）$d_1=13.835$ mm，控制预紧力时，安全系数 $S=1.5$，故许用应力为

$$[\sigma]=\sigma_s/S=240/1.5=160\ (\text{MPa})$$

螺栓可承受的最大预紧力为

$$F_0\leqslant[\sigma]\frac{\pi}{5.2}d_1^2=18\ 493\ \text{N}$$

允许传递的最大转矩为 $T\leqslant31F_0\leqslant31\times18\ 493=573\ 283\ (\text{N}\cdot\text{mm})=573.283\ \text{N}\cdot\text{m}$

由此可见，此时螺纹连接允许传递的最大转矩为 573.283 N·m，远小于联轴器需要传递的转矩 2 000 N·m，故改为普通螺栓连接时不能满足强度要求。

16.2　基本知识测试

选择题：

1. 在常用的螺纹连接中，自锁性能最好的螺纹是（　　）。

A. 三角形螺纹　　B. 梯形螺纹

C. 锯齿形螺纹　　D. 矩形螺纹

2. 相同公称尺寸的三角形细牙螺纹和粗牙螺纹相比，因细牙螺纹的螺距小、内径大，故细牙螺纹（　　）。

A. 自锁性好，强度低　　B. 自锁性好，强度高

C. 自锁性差，强度低　　D. 自锁性差，强度高

3. 螺纹升角增大，则连接的自锁性（　　）。

A. 提高　　B. 不变

C. 降低　　D. 可能提高，也可能降低

4. 计算螺纹的导程时，使用螺纹的（　　）。

A. 公称直径　　B. 小径　　C. 大径　　D. 中径

5. 当螺纹副的摩擦因数一定时，螺纹的牙型角越大，则（　　）。

A. 当量摩擦因数越小，自锁性能越好　　B. 当量摩擦因数越大，自锁性能越好
C. 当量摩擦因数越大，自锁性能越差　　D. 当量摩擦因数越小，自锁性能越差

6. 在常用的螺旋传动中，传动效率最高的螺纹是（　　）。
A. 三角形螺纹　　B. 梯形螺纹
C. 矩形螺纹　　D. 锯齿形螺纹

7. 车床丝杠等螺旋传动中的螺纹多用（　　）。
A. 三角形螺纹　　B. 梯形螺纹
C. 锯齿形螺纹　　D. 矩形螺纹

8. 设计螺栓组连接时，虽然每个螺栓的受力不一定相等，但各个螺栓仍采用相同的材料、直径和长度，这主要是为了（　　）。
A. 受力均匀　　B. 外型美观
C. 购买方便　　D. 便于加工和装配

9. 用双头螺柱连接的两个被连接件的孔（　　）。
A. 全为螺纹孔
B. 全是通孔
C. 一个是通孔，另一个是螺纹孔
D. 一个是一半通孔、一半是螺纹孔，另一个是螺纹孔

10. 当两个被连接件之一太厚，不宜制成通孔且连接不需要经常拆装时，往往采用（　　）。
A. 螺栓连接　　B. 螺钉连接
C. 双头螺柱连接　　D. 便于加工和装配的连接

11. 某箱体与箱盖采用螺纹连接，箱体被连接处厚度较大，且材料较软、强度较低，需要经常装拆箱盖进行修理，则一般宜采用（　　）。
A. 双头螺柱连接　　B. 螺栓连接
C. 螺钉连接　　D. 紧定螺钉连接

12. 当螺栓组承受横向载荷或旋转力矩时，若用普通螺栓连接，则该螺栓组中的螺栓（　　）。
A. 受扭矩作用
B. 受拉力作用
C. 同时受扭转和拉伸作用
D. 既可能受到扭转作用，也可能受到拉伸作用

13. 当采用铰制孔用螺栓连接承受横向载荷或旋转力矩时，该螺栓组中的螺栓（　　）。
A. 必受剪切力作用　　B. 必受拉力作用
C. 同时受到剪切与拉伸的作用　　D. 既受剪切又受挤压作用

14. 计算螺栓连接的拉伸强度时，考虑到拉伸与扭转的复合作用，应将拉伸载荷增加到原来的（　　）倍。
A. 1.1　　B. 1.5　　C. 1.3　　D. 0.3

15. 螺纹连接防松的根本问题在于（　　）。
A. 增加螺纹连接的刚度　　B. 防止螺纹副的相对转动

C. 增加螺纹连接的横向力　　D. 增加螺纹连接的轴向力

16. 在螺纹连接中，采用双螺母的目的是（　　）。

A. 实现自锁　　B. 防松

C. 预紧　　D. 增加螺母强度

17. 当轴上安装的零件需要承受轴向力时，为了能承受较大的轴向力，应采用（　　）来轴向固定。

A. 圆螺母　　B. 紧定螺钉　　C. 弹性挡圈

18. 在铰制孔用螺栓连接中，螺栓杆与孔的配合一般为（　　）。

A. 间隙配合　　B. 过渡配合　　C. 过盈配合　　D. 可以任选

19. 预紧力为 F_0 的单个紧螺栓连接，受到轴向工作载荷 F 作用后，螺栓受到的总拉力 F_Σ（　　）$F_0'+F$。

A. 大于　　B. 等于　　C. 小于　　D. 大于或等于

20. 受轴向工作载荷的紧螺栓连接，为保证被连接件不出现缝隙，要求（　　）。

A. 剩余预紧力应小于零　　B. 剩余预紧力应等于零

C. 剩余预紧力应大于零　　D. 预紧力应大于零

21. 不控制预紧力时，螺栓安全系数的选择与其直径有关，这是因为（　　）。

A. 直径小，易过载　　B. 直径小，不易控制预紧力

C. 直径大，材料缺陷多　　D. 直径大，安全

22. 对受轴向变载荷的紧螺栓连接，提高疲劳强度的有效措施是（　　）。

A. 增大被连接件刚度　　B. 减小被连接件刚度

C. 增大螺栓的刚度

23. 若要提高受轴向变载荷作用的紧螺栓的疲劳强度，则可（　　）。

A. 在被连接件间加橡胶垫片　　B. 在螺母下安装弹性元件

C. 采用精制螺栓　　D. 增大螺栓长度

24. 在螺栓连接的结构设计中，若被连接件的表面是锻件或铸件的毛面时，应将安装螺栓孔处加工成沉头座孔或凸台，其目的是（　　）。

A. 安置防松装置　　B. 便于螺栓连接的安装

C. 避免产生偏心载荷　　D. 避免螺栓受拉力过大

选择题参考答案：

1. A　2. B　3. C　4. D　5. B　6. C　7. B　8. D　9. C　10. B
11. A　12. C　13. D　14. C　15. B　16. B　17. A　18. B　19. B　20. C
21. A　22. A　23. B　24. C

第17章

机械运转的平衡与调速

17.1 典型例题分析

例 17-1 图 17-1（a）所示为一厚度 $B=12$ mm 的钢制凸轮，质量 $m=1.2$ kg，质心 S 离轴心的偏心距 $e=4$ mm。为了平衡此凸轮，拟在 $R=40$ mm 的圆周上钻 3 个直径相同且相互错开 60° 的孔，试求应钻孔的直径（已知钢材密度 $\rho=7.8\times10^{-6}$ kg/mm³）。

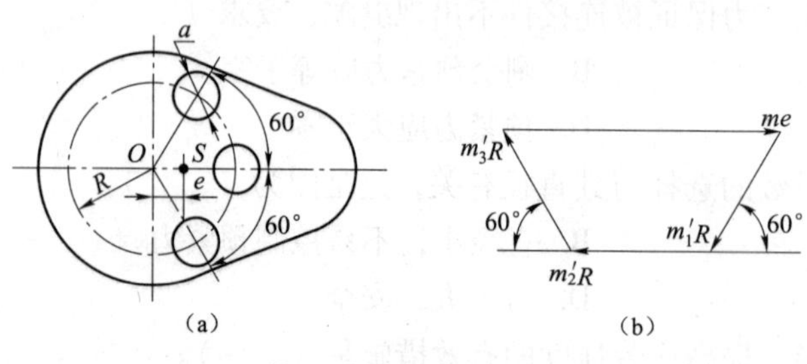

图 17-1 例 17-1 图

解：由题意可知，此凸轮厚度较小，所以凸轮的平衡为静平衡。凸轮的不平衡质径积为 me，每个钻孔的质径积为 $-m'R$，可按去除的钻孔的体积、密度计算出质径积 $-m'R$，即：

$$-m'R=-\frac{\pi d^2}{4}B\rho R$$

下面用向量图解法求解：

取比例尺 $\mu_W=0.1$ kg · mm/mm，根据静平衡条件 $\sum m_i\boldsymbol{r}_i=0$ 作向量多边形。由题意可知，$me=4.8$ kg · mm，且水平向右，按比例尺画出 $\boldsymbol{me}$。三个钻孔的质径积大小相等，并互相错开 60°，$m_i'\boldsymbol{R}$ 的方向与钻孔中心径向相反，如图 17-1（b）所示。图 17-1 中代表 $m_1'R$、$m_2'R$ 和 $m_3'R$ 的线段长度均为 24 mm。

由图得到 $-m'R=-24\times\mu_W=-24\times0.1=-2.4$ kg · mm，代入式（1），可得：

$$d^2=\frac{4m'R}{\pi B\rho R}=\frac{4\times2.4\times10^6}{\pi\times12\times7.8\times40}$$

$$d=28.57\text{ mm}$$

故钻孔直径应为 28.57 mm。

例 17-2 在如图 17-2 所示的转子中，已知各偏心质量 $m_1=10$ kg，$m_2=15$ kg，$m_3=20$ kg，$m_4=10$ kg，它们的回转半径分别为 $r_1=40$ cm，$r_2=r_4=30$ cm，$r_3=20$ cm。又知各偏心质量所在的回转平面间的距离为 $l_{12}=l_{23}=l_{34}=30$ cm，各偏心质量的方位角如图 17-2 所示。若置于平衡基面 Ⅰ 及 Ⅱ 中的平衡质量 m_{bI} 及 m_{bII} 的回转半径均为 50 cm，试求 m_{bI} 和 m_{bII} 的大小及方位。

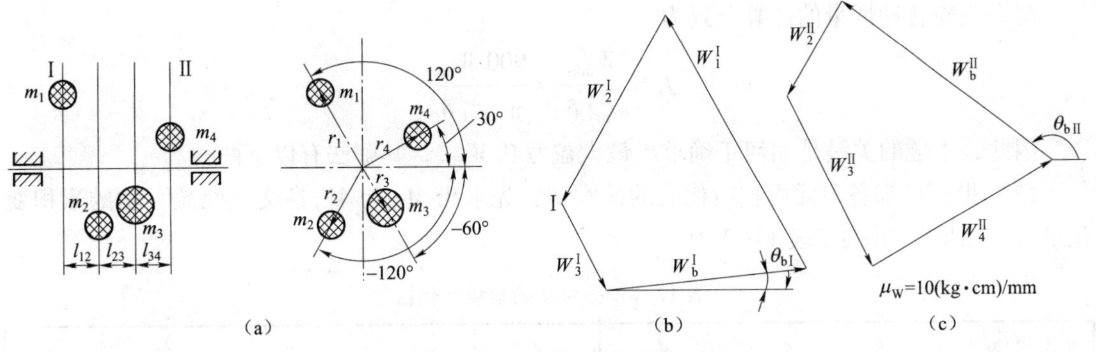

图 17-2 例 17-2 图

解：根据动平衡条件有：

$$m_1r_1+\frac{2}{3}m_2r_2+\frac{1}{3}m_3r_3+m_{b\mathrm{I}}r_{b\mathrm{I}}=0$$

$$m_4r_4+\frac{2}{3}m_3r_3+\frac{1}{3}m_2r_2+m_{b\mathrm{II}}r_{b\mathrm{II}}=0$$

以 μ_W 作质径积多边形，如图 17-2（b）及图 17-2（c）所示。由图可得：

平衡基面Ⅰ：

$$m_{b\mathrm{I}}=\mu_W W_b^{\mathrm{I}}/r_{b\mathrm{I}}=10\times28/50=5.6\ (\mathrm{kg})$$

$$\theta_{b\mathrm{I}}=6°$$

平衡基面Ⅱ：

$$m_{b\mathrm{II}}=\mu_W W_b^{\mathrm{II}}/r_{b\mathrm{II}}=10\times37/50=7.4\ (\mathrm{kg})$$

$$\theta_{b\mathrm{II}}=145°$$

例 17-3 某多气缸原动机的等效力矩图如图 17-3 所示，等效阻力矩 M_{er} 为常数，f_1，f_2，…各块面积所代表的功的绝对值如表 17-1 所示，等效构件的平均转速 n_m 为 120 r/min，运转不均匀系数的许用值为［δ］=0.06，忽略其他构件的转动惯量。试确定飞轮的等效转动惯量 J_F，并指出最大、最小角速度出现在什么位置。

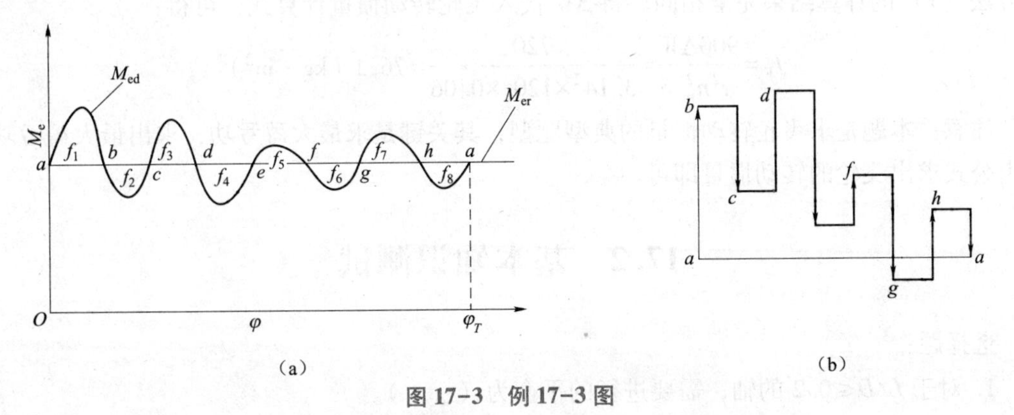

图 17-3 例 17-3 图

表 17-1 单元面积代表的盈亏功

面积代号	f_1	f_2	f_3	f_4	f_5	f_6	f_7	f_8
等效力矩所作功的绝对值/J	580	320	390	520	190	390	260	190

解：飞轮转动惯量的计算公式为

$$J_F=\frac{W_{max}}{\omega_m^2[\delta]}=\frac{900\ W_{max}}{\pi^2n^2[\delta]}$$

因此，本题的关键是如何正确求出最大盈亏功 W_{max}，其解法有以下两种。

（1）根据已知各单元面积所代表的盈亏功，先求出 M_{ed} 与 M_{er} 各交点处盈亏功的累积变化量（即 ΔW），并列于表 17-2 中。

表 17-2　盈亏功的累积变化量

位置	a	b	c	d	e	f	g	h	a
面积代号	0	f_1	f_1-f_2	$f_1-f_2+f_3$	$f_1-f_2+f_3-f_4$	$f_1-f_2+f_3-f_4+f_5$	$f_1-f_2+f_3-f_4+f_5-f_6$	$f_1-f_2+f_3-f_4+f_5-f_6+f_7$	$f_1-f_2+f_3-f_4+f_5-f_6+f_7-f_8$
ΔW/J	0	580	260	650	130	320	−70	190	0

由此可知，D 点处 ΔW 最大，G 点处 ΔW 最小，φ_d 与 φ_g 即此系统出现 ω_{max} 与 ω_{min} 的位置。最大盈亏功为

$$W_{max}=\Delta W_{max}-\Delta W_{min}=650-(-70)=720\ (\mathrm{J})$$

（2）用能量指示图求解。具体做法是：开始可任作一水平线为基线，并选一交点为起始点，然后分别按比例用垂直向量表示上述面积，向上为正，向下为负，依次首尾相接，如图 17-3（b）所示。图中最高点 d 和最低点 g 分别表示机械系统动能最高和最低时的位置，即 ω_{max} 与 ω_{min} 对应的位置。因此，点 d 和 g 间的垂直距离即相当于相应区间内正、负面积代数和的绝对值，故代表最大盈亏功 W_{max}。由图 17-3（b）可知：

$$\Delta W=|f_4+f_5+f_6|=|-520+190-390|=720\ (\mathrm{J})$$

与方法（1）的计算结果完全相同。将 ΔW 代入飞轮转动惯量计算式，可得：

$$J_F=\frac{900\Delta W}{\pi^2n_m^2\ \delta}=\frac{720}{3.14^2\times120^2\times0.06}=76.1\ (\mathrm{kg\cdot m^2})$$

注意：本题是求飞轮转动惯量的典型题型，其关键是求最大盈亏功，求出最大盈亏功后再由公式求出飞轮的转动惯量即可。

17.2　基本知识测试

选择题：

1. 对于 $L/D\leqslant0.2$ 的轴，需要进行的平衡为（　　）。

   A. 静平衡　　　B. 动平衡　　　C. 不需要

2. 经动平衡的回转件（　　）静平衡的。

   A. 不是　　　B. 一定是　　　C. 不一定是

3. 经静平衡的回转件（　　）动平衡的。

A. 不是　　B. 一定是　　C. 不一定是

4. 回转件静平衡的条件是分布在回转件上的各个偏心质量的（　　）。

A. 离心惯性力合力为零

B. 离心惯性力的合力矩为零

C. 离心惯性力合力及合力矩均为零

D. 离心惯性力的合力及合力矩均不为零

5. 对动平衡回转件，应满足（　　）的条件。

A. $\Sigma \boldsymbol{F}_i=0$　　B. $\Sigma \boldsymbol{M}_i=0$　　C. $\Sigma \boldsymbol{F}_i=0$ ，$\Sigma \boldsymbol{M}_i=0$

6. 为减小机械运转中周期性速度波动的程度，应在机械中安装（　　）。

A. 飞轮　　B. 调速器　　C. 变速装置

7. 在机械系统中安装飞轮后可使其周期性速度波动（　　）。

A. 消除　　B. 增加　　C. 减小

8. 当平均速度 ω_{m} 一定时，不均匀系数 δ 越大，则表示 ω_{max} 与 ω_{min} 之差越（　　）。

A. 小　　B. 大　　C. 不变

9. 若不考虑其他因素，则为减轻飞轮的重量，飞轮应装在（　　）。

A. 高速轴上　　B. 低速轴上　　C. 任意轴上

10. 在机械系统的启动阶段，系统的动能（　　）。

A. 减少，并且输入功大于总消耗功

B. 增加，并且输入功大于总消耗功

C. 增加，并且输入功小于总消耗功

D. 不变，并且输入功等于零

11. 在机械系统速度波动的一个周期中，（　　）。

A. 当系统出现盈功时，系统的运转速度将降低，此时飞轮将储存能量

B. 当系统出现亏功时，系统的运转速度将加快，此时飞轮将储存能量

C. 当系统出现亏功时，系统的运转速度将降低，此时飞轮将释放能量

D. 当系统出现盈功时，系统的运转速度将加快，此时飞轮将释放能量

选择题参考答案：

1. A　2. B　3. C　4. A　5. C　6. A　7. C　8. B　9. A　10. B　11. C

第18章

机械传动系统运动设计

18.1 典型例题分析

例 18-1 在机电产品中，一般均采用电动机作为动力源，为了满足产品的动作要求，经常需要把电动机输出的旋转运动进行变换（例如改变转速的大小和方向或改变运动形式），以实现产品所要求的运动形式。现要求把电动机的旋转运动变换为直线运动，请列出5种可实现该运动变换的传动形式，并画出机构示意图。若要求机构的输出件能实现复杂的直线运动规律，则该采用何种传动形式？

解：实现该运动变换的传动形式有：

（1）凸轮机构；

（2）曲柄滑块机构；

（3）齿轮齿条机构；

（4）螺旋传动机构；

（5）摆动导杆滑块机构。其机构示意图如图18-1所示。若要求输出件实现复杂的直线运动规律，则应选用移动从动件盘形凸轮机构。

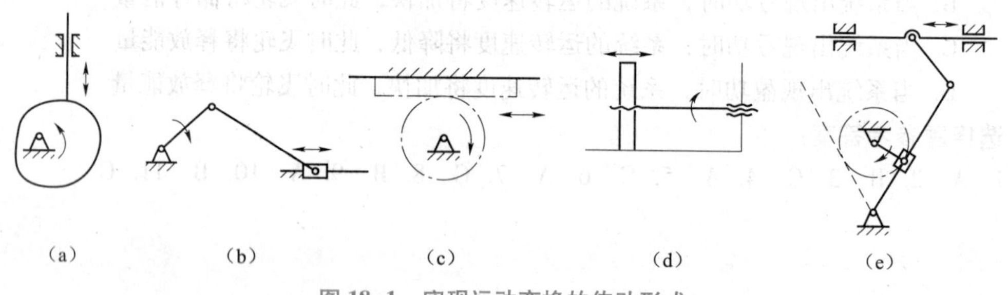

图 18-1　实现运动变换的传动形式

例 18-2 如图18-2所示的两种传动方案，你认为哪种方案较好？试分析并说明原因。

解：B方案较好，原因：

（1）B方案中，带传动在高速级，其有效拉力 F_e 较小，要求带的型号、带轮尺寸、预紧力均较小。而A方案上述情况相反。

（2）B方案中，齿轮传动第一级小齿轮远离带轮，第二级大齿轮远离输出联轴器，使这两根轴的受扭段长，单位长度的扭转变形小、扭转刚度大，载荷沿齿向分布均匀。而A方案上述情况相反。

（3）B 方案中，带传动的紧边在下、松边在上，有利于增大包角；而 A 方案中，带传动的紧边在上、松边在下，对包角不利。

（4）B 方案中，带传动直接与电动机连接，因带传动有缓冲及吸振功能，故可将齿轮传动的不平稳性减缓，有利于电动机的工作；而 A 方案中齿轮箱与电动机直接连接，齿轮传动的不平稳性将直接影响到电动机。

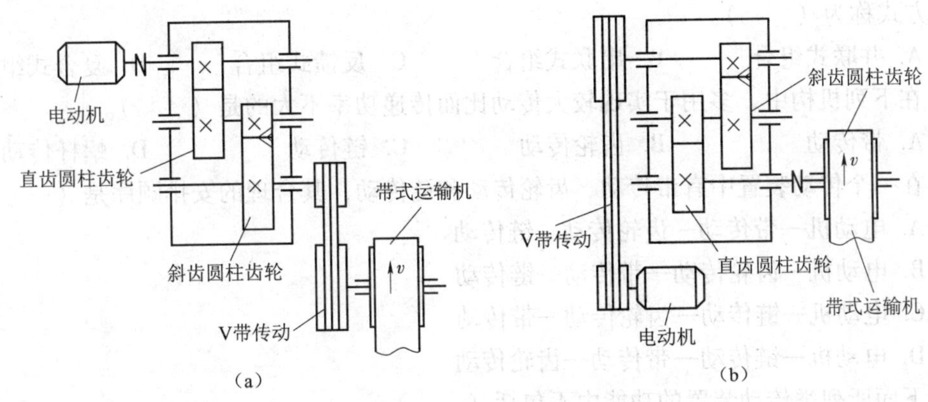

图 18-2　两种传动方案比较

例 18-3　两级圆柱齿轮传动中，若有一级为斜齿，另一级为直齿，试问斜齿圆柱齿轮应置于高速级还是低速级？为什么？若为直齿锥齿轮和圆柱齿轮所组成的两级传动中，则锥齿轮应置于高速级还是低速级？为什么？

解：

（1）在两级圆柱齿轮传动中，斜齿轮应置于高速级。主要是因为高速级转速高，用斜齿圆柱齿轮传动，工作平稳；在精度等级相同时，斜齿轮允许传动的圆周速度较高；在忽略摩擦阻力影响时，高速级小齿轮的转矩是低速级小齿轮的 $1/i$（i 是高速级的传动比），其轴向力小。

（2）由锥齿轮和圆柱齿轮组成的两级传动中，锥齿轮一般应置于高速级。主要是因为当传动功率一定时，低速级转矩大，则齿轮的尺寸和模数也大，若锥齿轮的锥距 R 和模数 m 大，则加工困难，其加工成本会大大提高。

18.2　基本知识测试

选择题：

1. 在下列三种传动方案中，最合理的方案是（　　）。

   A. 电动机→开式圆柱齿轮→单级圆柱齿轮减速器→带传动→工作机

   B. 电动机→带传动→单级圆柱齿轮减速器→开式圆柱齿轮→工作机

   C. 电动机→带传动→开式圆柱齿轮→单级圆柱齿轮减速器→工作机

2. 机械传动系统设计的第一个步骤是（　　）。

   A. 选择传动机构类型和拟定总体布置方案

   B. 确定传动系统的总传动比并分配总传动比

C. 计算机械传动系统的性能参数

D. 确定传动装置的主要几何尺寸

3. 下列机构中，能够输出任意运动规律的移动、摆动的是（　　）。

A. 连杆机构　　B. 棘轮机构　　C. 凸轮机构　　D. 槽轮机构

4. 在机构组合系统中，若前一级子机构的输出构件即后一级子机构的输入构件，则这种组合方式称为（　　）。

A. 并联式组合　　B. 串联式组合　　C. 反馈式组合　　D. 复合式组合

5. 在下列机构中，多用于实现较大传动比而传递功率不大的是（　　）。

A. 带传动　　B. 齿轮传动　　C. 链传动　　D. 蜗杆传动

6. 在一个传动装置中有带传动、齿轮传动和链传动，其合理的安排顺序是（　　）。

A. 电动机—带传动—齿轮传动—链传动

B. 电动机—齿轮传动—带传动—链传动

C. 电动机—链传动—齿轮传动—带传动

D. 电动机—链传动—带传动—齿轮传动

7. 下面所列举传动装置的功能中不包括（　　）。

A. 改变运动形式　　B. 分配原动机的功率给几个工作机构

C. 增大功率　　D. 吸收部分功率

8. 在下列传动形式中，传动比误差最大的是（　　）。

A. 链传动　　B. 带传动　　C. 蜗杆传动　　D. 齿轮传动

选择题参考答案：

1. B　2. A　3. C　4. B　5. D　6. A　7. C　8. B

附录　机械设计基础试卷

一、判断题（每小题 1 分，共 10 分）

（　　）1. 机械零件是运动的单元，而构件是制造的单元。

（　　）2. 一切自由度不为 1 的机构，其各构件之间都不可能具有确定的相对运动。

（　　）3. 滚子从动件盘形凸轮基圆半径是凸轮的最小向径。

（　　）4. 普通 V 带传动的弹性滑动是带传动中一定要避免的一种现象。

（　　）5. 在一定转速下，要减轻链传动的不均匀性和动载荷，应减小链条节距、增大链轮齿数。

（　　）6. 与滚动轴承相比，滑动轴承承载能力高、抗振性好、噪声低。

（　　）7. 蜗杆传动中的标准模数值是在法向平面上。

（　　）8. 在平面定轴轮系中，其传动比的符号可用外啮合齿轮的对数确定。

（　　）9. 两标准齿轮安装时实际中心距大于标准中心距，则 $\alpha'>\alpha$。

（　　）10. 弹性联轴器是利用弹性元件的变形来补偿两轴间的位移的。

二、选择题（每小题 2 分，共 20 分）

1. 机构处于死点位置时其压力角为（　　）。

A. 0°　　B. 45°　　C. 90°　　D. 60°

2. 在曲柄摇杆机构中，为提高机构的传力性能，应该（　　）。

A. 增大传动角 γ　　B. 减小传动角 γ

C. 增大压力角 α　　D. 减小极位夹角 θ

3. 渐开线标准齿轮的根切现象，发生在（　　）。

A. 模数较大时　　B. 模数较小时

C. 齿数较少时　　D. 齿数较多时

4. 转化轮系传动比 i_{GK}^{H} 应为（　　）。

A. n_G/n_K　　B. $(n_G-n_H)/(n_K-n_H)$

C. $(n_K-n_H)/(n_G-n_H)$

5. 设计链传动时，在一般情况下最好用（　　）。

A. 奇数链节　　B. 偶数链节　　C. 均可

6. 在凸轮机构中，基圆半径减小，会使机构压力角（　　）。

A. 增大　　B. 减小　　C. 不变

7. 带传动中 V 带是以（　　）作为公称长度的。

A. 外周长度　　B. 内周长度　　C. 基准长度

8. 按齿面接触疲劳强度设计计算圆柱齿轮传动时，若两齿轮材料的许用接触应力 $[\sigma_{H1}]\neq[\sigma_{H2}]$，则在计算公式中应代入（　　）进行计算。

A. 大者　　B. 小者　　C. 两者分别代入

9. 平键连接中的平键截面尺寸 $b \times h$ 是按（　　）选定的。

A. 转矩 T　　B. 功率 P　　C. 轴径 d

10. 进行螺栓连接的结构设计时，被连接件与螺母和螺栓头接触表面处需要加工，这是为了（　　）。

A. 不致损伤螺栓头和螺母　　B. 增大接触面积，不易松脱

C. 防止产生附加载荷

三、简答题（每小题 5 分，共 25 分）

1. 找出下列机构在图示位置时的所有瞬心（用符号 P_{ij} 直接标注在图 1 上）。

2. 根据图 2 中注明的尺寸判断铰链四杆机构是曲柄摇杆机构、双曲柄机构，还是双摇杆机构，并说明原因。

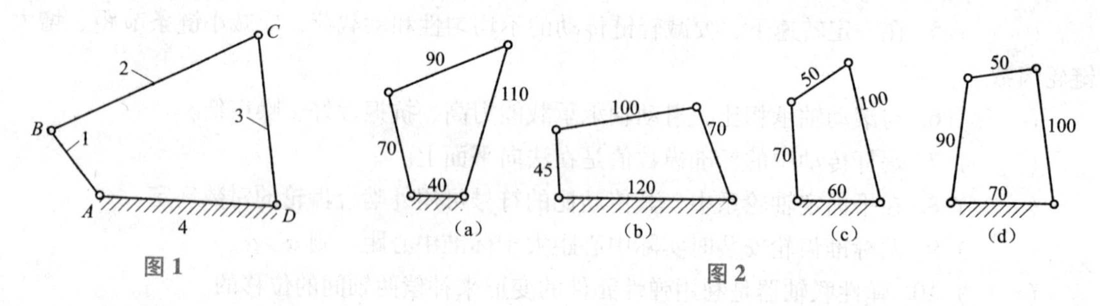

图 1　　图 2

3. 请说明带的弹性滑动及打滑的区别。为什么说打滑一般发生在小带轮上？

4. 分别说明外啮合平行轴斜齿圆柱齿轮传动、阿基米德蜗杆传动的正确啮合条件。

5. 闭式软齿面齿轮传动的设计准则是什么？闭式硬齿面齿轮传动的设计准则是什么？

四、计算题（共 35 分）

1. 计算如图 3 所示机构的自由度（若含有复合铰链、局部自由度或虚约束，应明确指出），并说明原动件数应为多少合适。（10 分）

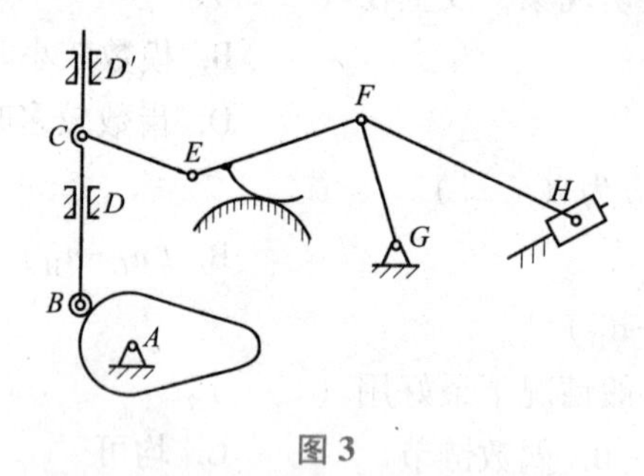

图 3

2. 某传动装置中有一对渐开线标准直齿圆柱齿轮（正常齿制）。其中小齿轮 $z_1 = 24$，$d_{a1} = 78$ mm，标准中心距 $a = 135$ mm。试计算所需大齿轮的主要几何尺寸。

（1）模数 m 及齿轮 2 的齿数 z_2；

（2）齿轮 2 的分度圆直径 d_2 及齿顶圆直径 d_{a2}；

（3）齿轮 2 的齿顶高 h_a 及齿根高 h_f、分度圆上的齿距 p 及齿厚 s；

（4）这对齿轮传动的传动比 i_{12}。（10 分）

3. 如图4所示转轴两端各用一个30206轴承支承，已知轴承1和轴承2的径向载荷分别为$F_{R1}=584$ N，$F_{R2}=1\ 776$ N，轴上作用的轴向载荷$F_a=146$ N。轴承的派生轴向力F_S的计算式$F_S=\frac{F_R}{2Y}$，$e=0.37$，当轴承的轴向载荷F_A与径向载荷F_R之比$\frac{F_A}{F_R}>e$时，$X=0.4$，$Y=1.6$；当$\frac{F_A}{F_R}\leqslant e$时，$X=1$，$Y=0$。轴承载荷有中等冲击，载荷系数$f_p=1.5$，工作温度不大于100 ℃，试求：

（1）轴承1和轴承2的轴向载荷F_{A1}和F_{A2}。

（2）轴承1和轴承2的当量动载荷P_1和P_2。（15分）

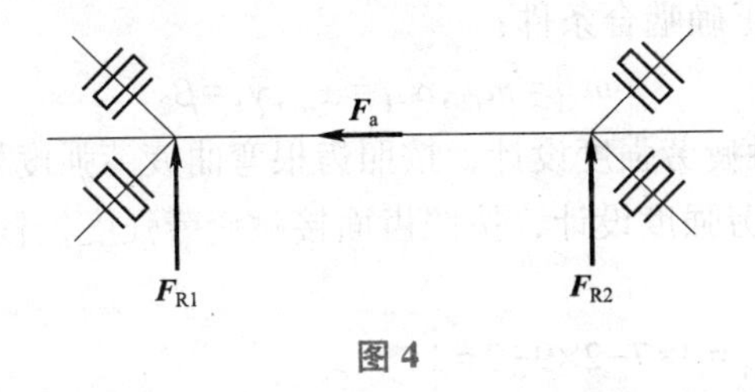

图4

五、结构改错题（10分）

试指出图5中的错误（不少于10个），用数字作记号标出轴系结构设计中的错误之处，并分别说明各处错误的原因。润滑方式、倒角和圆角忽略不计。（例：①—加工面和非加工面没区分开）

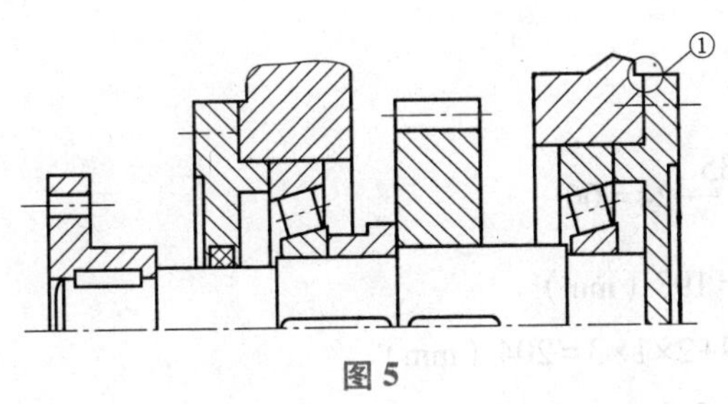

图5

参考答案：

一、判断题

1. ×　2. ×　3. ×　4. ×　5. √　6. √　7. ×　8. √　9. √　10. √

二、选择题

1. C　2. A　3. C　4. B　5. B　6. A　7. C　8. B　9. C　10. C

三、简答题

1. 如图6所示。

2.（1）40+110<70+90，且最短杆为机架，故该机构为双曲柄机构；

（2）45+120<70+100，且以最短杆相邻杆为机架，故该机构为曲柄摇杆机构；

（3）50+100>70+60，故该机构为双摇杆机构；

（4）50+100<70+90，且以最短杆对面杆件为机架，故该机构为双摇杆机构。

3.（1）弹性滑动是由于带工作时紧边与松边的拉力差和带的弹性变形引起的带与带轮

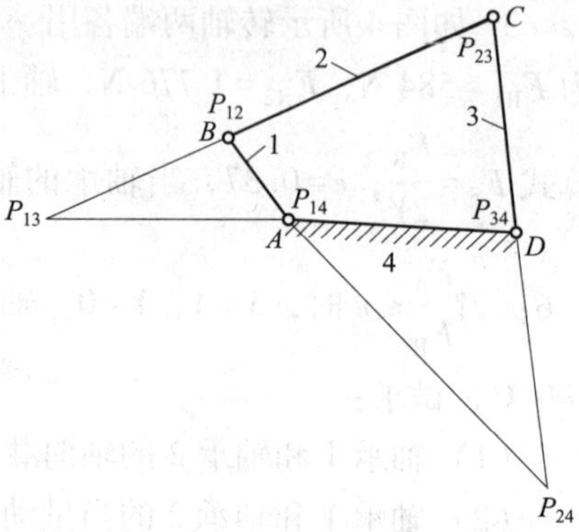

间微量的相对滑动，是带传动工作时的固有特性，不可避免。打滑时由于过载引起的带与带轮间显著的相对滑动，是一种失效形式，可以避免。

（2）由于大带轮的包角总是大于小带轮上的包角，大带轮上的最大有效拉力大于小带轮上的最大有效拉力，所以打滑容易发生在小带轮上。

图 6

4. 外啮合平行轴斜齿圆柱齿轮传动的正确啮合条件：

$$m_{n1}=m_{n2},\alpha_{n1}=\alpha_{n2},\beta_1=-\beta_2$$

阿基米德蜗杆传动的正确啮合条件：

$$m_{x1}=m_{t2},\alpha_{x1}=\alpha_{t2},\gamma_1=\beta_2$$

5. （1）按照齿面接触疲劳强度设计，按照齿根弯曲疲劳强度校核。

（2）按照齿根弯曲疲劳强度设计，按照齿面接触疲劳强度校核。

四、计算题

1. **解**：$F=3n-2P_L-P_H=3\times7-2\times9-2=1$

F 处有一个复合铰链；D、D' 处其中之一为虚约束；B 处有一个局部自由度。

原动件数目应等于自由度数，所以原动件数应为 1。

2. **解**：（1）$\because\ d_{a1}=mz_1+2h_a^*m$

$$\therefore\quad m=\frac{d_{a1}}{z_1+2h_a^*}=\frac{78}{24+2\times1}=3\ (\text{mm})$$

$$\because\quad a=\frac{1}{2}m(z_1+z_2)$$

$$\therefore\quad z_2=\frac{2a}{m}-z_1=\frac{2\times135}{3}-24=66$$

（2）$d_2=mz_2=3\times66=198\ (\text{mm})$

$d_{a2}=mz_2+2h_a^*m=198+2\times1\times3=204\ (\text{mm})$

（3）$h_a=h_a^*m=1\times3=3\ (\text{mm})$

$h_f=(h_a^*+c^*)m=(1+0.25)\times3=3.75\ (\text{mm})$

$p=\pi m=9.42\ \text{mm}$

$$s=\frac{p}{2}=4.71\ \text{mm}$$

（4）$i_{12}=\dfrac{z_2}{z_1}=\dfrac{66}{24}=2.75$

3. **解**：（1）① 受力分析如图 7 所示。

② 求派生轴向力 F_S：

$$F_{S1}=\frac{F_{R1}}{2Y}=\frac{584}{2\times1.6}=182.5\ (\text{N})$$

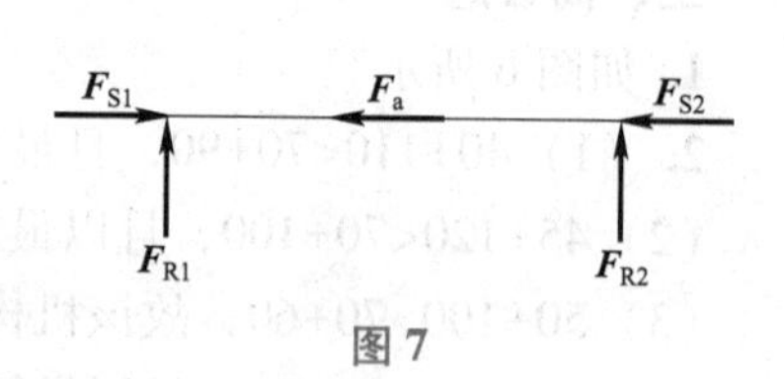

图 7

$F_{S2}=\frac{F_{R2}}{2Y}=\frac{1\,776}{2\times1.6}=555$（N）

③ 求轴向载荷 F_A：

$\because F_{S2}+F_a=555+146=701$（N）$>F_{S1}=182.5$ N

∴ 左轴承 1 被压紧，右轴承 2 被放松。

$\therefore F_{A1}=F_{S2}+F_a=701$ N

$F_{A2}=F_{S2}=555$ N

（2）求当量动载荷 P。

$\frac{F_{A1}}{F_{R1}}=\frac{701}{584}=1.2>e=0.37$

$\therefore X_1=0.4,\ Y_1=1.6$

$\therefore P_1=X_1F_{R1}+Y_1F_{A1}=0.4\times584+1.6\times701=1\,355.2$（N）

$\frac{F_{A2}}{F_{R2}}=\frac{555}{1\,776}=0.31<e=0.37$

$\therefore X_2=1,\ Y_2=0$

$\therefore P_2=X_2F_{R2}+Y_2F_{A2}=1\times1\,776+1.6\times555=2\,664$（N）

五、结构改错题（见图 8）

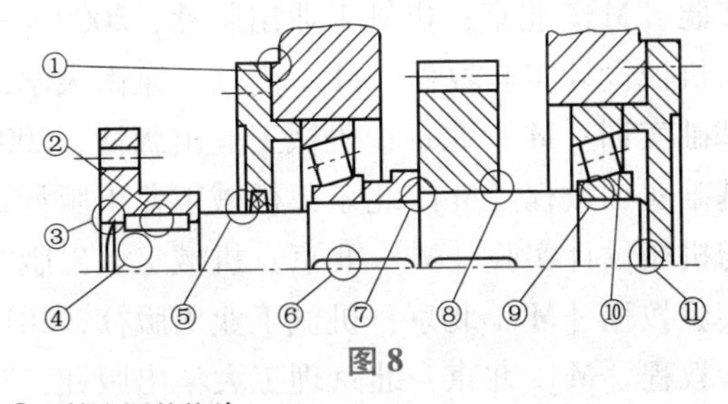

图 8

①—缺少调整垫片；

②—联轴器轮毂键槽结构不对，键顶面不应与轮毂接触；

③—与齿轮键槽不在轴的同一母线上；

④—键槽处没有局部剖；

⑤—端盖孔与轴之间无间隙；

⑥—多一个键；

⑦—齿轮左端面定位不可靠；

⑧—齿轮右侧无轴向定位；

⑨—轴承安装方向不对；

⑩—轴承外圈定位超高；

⑪—轴与轴承盖相碰。

参考文献

[1] 杨昂岳. 实用机械原理与机械设计实验技术 [M]. 长沙：国防科技大学出版社，2009.
[2] 胡德飞. 机械基础课程实验 [M]. 北京：机械工业出版社，2009.
[3] 宋立权. 机械基础实验 [M]. 北京：机械工业出版社，2009.
[4] 王洪欣. 机械原理与机械设计实验教程 [M]. 南京：东南大学出版社，2008.
[5] 张建中. 机械设计基础学习与训练指南 [M]. 北京：高等教育出版社，2003.
[6] 周家麟. 机械设计基础实训 [M]. 北京：机械工业出版社，2006.
[7] 蔡广新. 机械设计基础实训教程 [M]. 北京：机械工业出版社，2009.
[8] 徐起贺. 面向岗位创新的机械创新设计实践体系研究 [J]. 河南机电高等专科学校学报，2008，16（2）：67-71.
[9] 李杜国. 机械设计及理论 [M]. 北京：科学出版社，2003.
[10] 杨昂岳. 实用机械原理与机械设计实验技术 [M]. 长沙：国防科技大学出版社，2009.
[11] 胡德飞. 机械基础课程实验 [M]. 北京：机械工业出版社，2009.
[12] 宋立权. 机械基础实验 [M]. 北京：机械工业出版社，2009.
[13] 王洪欣. 机械原理与机械设计实验教程 [M]. 南京：东南大学出版社，2008.
[14] 周家麟. 机械设计基础实训 [M]. 北京：机械工业出版社，2006.
[15] 蔡广新. 机械设计基础实训教程 [M]. 北京：机械工业出版社，2009.
[16] 翟之平. 机械原理与机械设计实验 [M]. 北京：机械工业出版社，2016.
[17] 李安生. 机械原理实验教程 [M]. 北京：机械工业出版社，2011.
[18] 刘莹. 机械基础实验教程 [M]. 北京：北京理工大学出版社，2007.
[19] 吴军. 机械基础综合实验指导书 [M]. 北京：机械工业出版社，2014.
[20] 陈松玲. 机械原理与机械设计实验教程 [M]. 南京：江苏大学出版社，2017.
[21] 周晓玲. 机械设计基础实验教程 [M]. 西安：西安电子科技大学出版社，2016.
[22] 郭卫东. 机械原理实验教程 [M]. 北京：科学出版社，2014.
[23] 张建中. 机械设计基础学习与训练指南 [M]. 北京：高等教育出版社，2003.
[24] 邢琳. 机械设计习题与指导 [M]. 北京：机械工业出版社，2008.
[25] 吴宗泽. 机械设计学习指南 [M]. 北京：机械工业出版社，2005.
[26] 侯文英. 机械设计习题与指导 [M]. 北京：机械工业出版社，2009.
[27] 王继荣. 机械原理习题集及学习指导 [M]. 北京：机械工业出版社，2005.
[28] 王三民. 机械原理与设计学习及解题指南 [M]. 北京：机械工业出版社，2009.
[29] 陈晓南. 机械原理学习指导 [M]. 西安：西安交通大学出版社，2001.
[30] 彭文生. 机械设计与机械原理考研指南（上册）[M]. 武汉：华中科技大学出版社，2000.
[31] 彭文生. 机械设计与机械原理考研指南（下册）[M]. 武汉：华中科技大学出版社，2000.

[32] 陶民华. 机械设计学习指南 [M]. 北京：机械工业出版社，1991.
[33] 葛文杰. 机械原理常见题型解析及模拟题 [M]. 西安：西北工业大学出版社，1998.
[34] 孙桓. 机械原理教学指南 [M]. 北京：高等教育出版社，1998.
[35] 濮良贵. 机械设计学习指南（第四版）[M]. 北京：高等教育出版社，2001.
[36] 京玉海. 机械设计基础学习指导与习题 [M]. 北京：北京理工大学出版社，2007.
[37] 徐起贺. 面向岗位创新的机械创新设计实践体系研究 [M]. 河南机电高等专科学校学报，2008，16（2）：67-71.